北京市农林科学院新品种、新技术、新产品

科技成果汇编

主编◎程贤禄

中国农业大学 出版社

ZHONGGUONONGYEDAXUE CHUBANSHE

图书在版编目（CIP）数据

北京市农林科学院新品种、新技术、新产品科技成果汇编 / 程贤禄主编.
—北京：中国农业大学出版社，2016.12
ISBN 978-7-5655-1746-4

Ⅰ. ①北… Ⅱ. ①程… Ⅲ. ①农业技术—科技成果—汇编—北京 Ⅳ. ①S-12

中国版本图书馆CIP数据核字（2016）第294703号

书　　名	北京市农林科学院新品种、新技术、新产品科技成果汇编
主　　编	程贤禄

策划编辑	张　蕊　汪春林	责任编辑	张　蕊　赵秋菊
封面设计	大名文化		
出版发行	中国农业大学出版社		
社　　址	北京市海淀区圆明园西路2号	邮政编码	100193
电　　话	发行部 010-62818525，8625	读者服务部	010-62732336
	编辑部 010-62732617，2618	出　版　部	010-62733440
网　　址	http://www.cau.edu.cn/caup	E-mail	cbsszs@cau.edu.cn
经　　销	新华书店		
印　　刷	北京美图印刷有限公司		
版　　次	2016年12月第1版　　2016年12月第1次印刷		
规　　格	880×1230　32开本　14.75印张　410千字		
定　　价	108.00元		

图书如有质量问题本社发行部负责调换

编委会

主　编：程贤禄

副主编：（按姓氏笔画排序）

王玉柱　王守现　王纪华　刘　彦　孙向军

孙素芬　杨信廷　邹国元　张风廷　张秀海

武占会　武菊英　赵久然　秦向阳

编　委：（按姓氏笔画排序）

王荣焕　田立平　冯晓元　时　朝　宋　婧

张云鹤　张开春　张丽英　陈　葵　周　锋

孟　鹤　赵秋菊　高　亮　黄　杰　黄丛林

梁丽娜　梁国栋　韩立英　魏　蕾

前　言

　　北京市农林科学院是北京市属唯一一所农林科学研究机构，始建于1958年。经过近60年的建设，全院已建有专业研究机构14个，从业人员1700多人，形成了覆盖农、林、牧、渔的综合性农业科研体系，发展成为学科齐全、设备先进、学术水平较高、推广服务及产业能力较强，为北京农业发展提供强有力科技支撑的综合性农业科研机构。

　　近年来，全院坚持以科技促进经济发展方式转变为主线，发扬"求实创新、团结奋进、争创一流、和谐发展"的农科精神，围绕北京都市型现代农业和城乡一体化发展需求，持续深化科研与产业结合，加快成果应用和转化落地，为都市型农业建设和"四化"同步发展贡献应有之力。2012年我院启动了科技惠农行动计划，通过实施折子工程和"双百工程"，聚集整合全院科技服务资源，产业带动和服务能力显著提升。为了进一步推动惠农计划的实施，全面展示全院先进农业科技成果、加快科技成果转化、支撑北京现代农业建设，推动我院成果在京津冀一体化中发挥更大作用，扩大成果在全国的辐射范围，我们特对近年来全院研究开发的新优科研成果进行了征集、遴选，共筛选出各类科研成果426项，其中新品种237个、新技术90项、新产品99项，并编撰了《北京市农林科学院新品种、新技术、新产品科技成果汇编》（以下简称《汇编》）。《汇编》详细列举了每个成果的名称、选育（研发）单位，成果特性、应用效果、适宜地区、联系单位和联系方式，并对每个成果配备了图片说明，以期增强可读性和观赏性，希望对广大农业管理工作者和生产者有所帮助。

本《汇编》在编辑过程中，得到了院属各单位的大力支持，在此表示由衷地感谢！由于水平有限，纰漏之处请批评指正。

编　者

目　录

· **新品种**

· 新技术

· 新产品

1 新品种

一、粮食作物

1. 品种名称：小麦"京冬 17"

选育单位：北京市农林科学院杂交小麦工程技术研究中心

品种特性：冬性，中早熟，成熟期比对照京冬 8 号早 1 天左右。幼苗半匍匐，叶色浓绿，分蘖力中等，成穗率较高。株高 75 厘米左右，株型紧凑，叶片上冲。穗纺锤形，长芒，白壳，白粒，半角质。平均亩穗数 39.6 万穗、穗粒数 34.1 粒、千粒重 41.3 克。抗倒性较强；抗寒性较好；抗病性表现为中抗秆锈病、条锈病，高感叶锈病、白粉病。2006 年、2007 年分别测定混合样：容重 796 克／升、782 克／升，蛋白质（干基）含量 15.56%、15.22%，湿面筋含量 36.1%、36.5%，沉降值 37.5 毫升、34.8 毫升，吸水率 58.8%、59.0%，稳定时间 4.4 分钟、4.5 分钟，最大抗延阻力 258E.U、258E.U，延伸性 16.0 厘米、16.8 厘米，拉伸面积 58 厘米^2、61 厘米^2。

适种地区：适宜在北部冬麦区的北京、天津、河北中北部、山西中部和东南部的中高水肥地种植，也适宜在新疆阿拉尔地区水地种植。

联系单位：北京市农林科学院杂交小麦工程技术研究中心
联 系 人：张凤廷　联系电话：010-51503104
通讯地址：北京市海淀区曙光花园中路9号　100097
电子邮箱：bjhwc2003@126.com

2. 品种名称：小麦"京冬18"

选育单位：北京市农林科学院杂交小麦工程技术研究中心

品种特性：冬性，中早熟，成熟期比对照京冬8号早0.5天左右。幼苗半匍匐，叶色浓绿，分蘖力中等，成穗率较高。株高79.4厘米左右，株型紧凑。穗纺锤形，长芒，白壳，白粒，籽粒半角质。平均亩穗数42.67万穗、穗粒数31.7粒、千粒重42.3克。抗倒性较强；抗寒性介于中等和较好之间；抗病性表现为高抗条锈病、中感白粉病、高感叶锈病、感黄矮病。2009年、2010年分别测定混合样：硬度指数62、62.4，容重788克/升、803克/升，蛋白质含量（干基）14.71%、13.78%，湿面筋32.4%、30.8%，沉降值31.8毫升、30.0毫升，吸水率55.7%、58.3%，面团稳定时间2.6分钟、2.1分钟，拉伸面积48厘米^2、34厘米^2，延伸性144毫米、136毫米，最大抗延阻力236E.U、164E.U。

适种地区: 适宜在北部冬麦区的北京、天津、河北中北部、山西中部和东南部的中高水肥地种植,也适宜在新疆阿拉尔地区水地种植。

联系单位:北京市农林科学院杂交小麦工程技术研究中心
联 系 人:张凤廷 联系电话:010-51503104
通讯地址:北京市海淀区曙光花园中路9号 100097
电子邮箱:bjhwc2003@126.com

3. 品种名称:小麦"京冬22"

选育单位: 北京市农林科学院杂交小麦工程技术研究中心

品种特性: 冬性,中早熟,成熟期比对照京冬8号早熟1天左右。幼苗半匍匐,分蘖力中等,成穗率中等。株高80厘米左右,株型紧凑。穗纺锤形,长芒,白壳,红粒,半角质。平均亩穗数40.8万穗,穗粒数31.4粒,千粒重40.2克。抗倒性中等。抗寒性好;抗慢叶锈病,

京冬22号

中感条锈病、秆锈病,高感白粉病。2006年、2007年分别测定混合样:容重798克/升、790克/升,蛋白质(干基)含量17.07%、17.72%,湿面筋含量38.1%、39.0%,沉降值34.7毫升、33.9毫升,吸水率59.8%、59.8%,稳定时间3.8分钟、3.4分钟,最大抗延阻力174E.U、190E.U,延伸性15.4厘米、16.0厘米,拉伸面积38厘米^2、44厘米^2。

适种地区：适宜在北部冬麦区的北京、天津、河北中北部遵化以外地区、山西中部和东南部的水地种植，也适宜在新疆阿拉尔地区水地种植。

联系单位：北京市农林科学院杂交小麦工程技术研究中心

联 系 人：张凤廷　联系电话：010-51503104

通讯地址：北京市海淀区曙光花园中路9号　100097

电子邮箱：bjhwc2003@126.com

4. 品种名称：小麦"京冬24号"

选育单位：北京市农林科学院杂交小麦工程技术研究中心

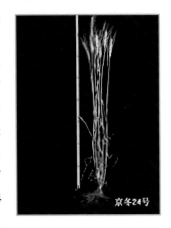

品种特性：冬性，中熟，节水区试全生育期250天，与对照京冬8号相近。幼苗半匍匐，分蘖力较强，成穗率较高，株高80厘米左右。穗纺锤形，长芒、白壳、白粒。节水区试平均亩穗数42.71万穗、穗粒数27.2粒、千粒重39.4克。区试抗性表现为：抗寒性较好，两年抗寒鉴定越冬死茎率平均11.8%（2007年9.2%，2008年14.4%）；经中国农业科学院植保所接种鉴定，表现中抗条锈病、中感叶锈病和白粉病、高感秆锈病。2008年经农业部谷物品质监督检验中心测定，容重772克/升，蛋白质含量（干基）14.84%，湿面筋含量（14%湿基）33.4%，沉降值29毫升，吸水率58%，面团稳定时间3.1分钟，拉伸面积35厘米^2，延伸性 168 毫米，最大抗延阻力 138E.U.。

适种地区： 适宜在北京地区中上肥力地块节水栽培种植。

联系单位：北京市农林科学院杂交小麦工程技术研究中心
联 系 人：张凤廷　联系电话：010-51503104
通讯地址：北京市海淀区曙光花园中路 9 号　100097
电子邮箱：bjhwc2003@126.com

5. 品种名称：小麦"京花9号"

选育单位： 北京市农林科学院杂交小麦工程技术研究中心

品种特性： 冬性，成熟较早，比京冬 8 号早熟 2 ～ 3 天。幼苗半匍匐，分蘖力、成穗率中等，株高 85 厘米左右。穗纺锤形，长芒、白壳、红粒。区试平均亩穗数 39.74 万穗、穗粒数 29.6 粒、千粒重 42.6 克。抗寒性较好；抗病性一般，抗慢条锈病、中感白粉病和秆锈病。

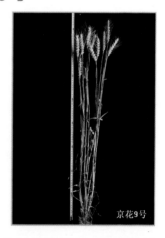

京花9号

2005 － 2006、2006 － 2007 两年度参加北部冬麦区水地组区域试验，平均亩产 418.2 千克，与对照京冬 8 号产量持平。优质强筋小麦，表现为高容重、高蛋白和强面筋，容重 803 克 / 升，蛋白质含量 17.33%，湿面筋含量 35.5%，沉降值 40.85 毫升，吸水率 58.1%，面团稳定时间 13.3 分钟，拉伸面积 101.5 厘米^2，延伸性 141 毫米，最大抗延阻力 558E.U.。

适种地区： 适于北部冬麦区（京、津、廊、唐、保北和山西晋中、晋东南等地）中至中上等肥力地块种植。

联系单位：北京市农林科学院杂交小麦工程技术研究中心
联 系 人：张凤廷　联系电话：010-51503104
通讯地址：北京市海淀区曙光花园中路9号　100097
电子邮箱：bjhwc2003@126.com

6.品种名称：小麦"京花11号"

选育单位：北京市农林科学院杂交小麦工程技术研究中心

品种特性：京审麦2014002、国审麦2016030。常规小麦新品种，高产、稳产、抗倒伏，增产潜力大；籽粒饱满、粒重高、品质好。

冬性，全生育期254天，比对照品种中麦175晚熟2天。幼苗半匍匐，分蘖力中等，成穗率较高。株高74.5厘米，抗寒性中等。穗纺锤形，长芒、白壳、白粒。亩穗数46.3万穗，穗粒数27.3粒、千粒重44.8克。抗病性鉴定，条锈病免疫，高感叶锈病和白粉病。品质检测，籽粒容重769克/升，蛋白质含量15.80%，湿面筋含量34.0%，沉降值31.3毫升，吸水率61.2%，面团稳定时间3.8分钟，最大拉伸阻力201E.U，延伸性174毫米，拉伸面积51厘米^2。2012－2014两年度国家区域试验中，平均亩产461.2千克，

比对照品种增产 3.4%。2014 － 2015 年度生产试验平均亩产
501.8 千克，比中麦 175 增产 8.1%。

适种地区：适宜北部冬麦区的北京、天津、河北中北部、
山西北部冬麦区有浇水条件地区种植，也适宜新疆阿拉尔冬麦
区种植。

联系单位：北京市农林科学院杂交小麦工程技术研究中心
联 系 人：张凤廷　联系电话：010-51503104
通讯地址：北京市海淀区曙光花园中路 9 号　100097
电子邮箱：bjhwc2003@126.com

7. 品种名称：小麦"京麦 8 号"

选育单位：北京市农林科学院杂交小麦工程技术研究中心

品种特性：京审麦 2014003。光温敏二系杂交小麦节水品
种，适应性强，丰产性好，植株繁茂，节水栽培条件下能表现
出更高的增产优势。

冬性，中早熟品种。幼苗半匍匐，分蘖力好，成穗率较高。
节水组种植平均株高 69.7 厘米。穗纺锤形，长芒、白壳、白

粒。平均亩穗数 33.65
万穗、穗粒数 26.0 粒、
千粒重 36.0 克。抗寒
性中等，慢条锈病。
2013 年品质检测结果
为：硬度指数 46，容
重 750 克 / 升，蛋白质
含量（干基）15.06%，

湿面筋含量 36.9%，沉降指数 31.5 毫升，吸水率 54.0%。北京市小麦节水组区试平均亩产 288.0 千克，比对照京冬 8 号平均增产 10.0%。2013 年区试平均亩产 277.79 千克，比对照京冬 8 号增产 12.9%，增产极显著。2013 年生产试验平均亩产 290.6 千克，比对照京冬 8 号增产 16.7%。

适种地区：适宜在北京平原地区种植。

联系单位：北京市农林科学院杂交小麦工程技术研究中心
联 系 人：张凤廷　联系电话：010-51503104
通讯地址：北京市海淀区曙光花园中路 9 号　100097
电子邮箱：bjhwc2003@126.com

8. 品种名称：小麦"京麦 9 号"

选育单位：北京市农林科学院杂交小麦工程技术研究中心

品种特性：京审麦 2015002。光温敏二系杂交小麦品种，繁茂性好，适应性强，产量要素协调，表现出穗大、粒多的高产、稳产特性，熟期较早，落黄好，适宜中高肥力地块种植，增产潜力大。

冬性。成熟期与对照中麦 175 相近。幼苗半匍匐，分蘖力强，分蘖成穗率较高。区域试验平均株高 84.4 厘米。穗纺锤形，长芒、白壳、白粒。产量要素协调，平均亩穗数 45.3 万穗、穗粒数 30.3 粒、千粒重 41.0 克。抗寒性较好，抗病性中等。2014 年品质检测结果为：硬度指数 51，容重 775 克 / 升，蛋白质含量（干基）14.72%，湿面筋含量 31.5%，沉降指数 30.4 毫升。2013 年、2014 年参加北京市小麦高肥组区域试验，平均亩产 451.1 千克，比对照中麦 175 平均增产 9.6%。2013 年区域试验平均亩产 415.6 千克，比对照中麦 175 增产 8.1%，增产极显著；2014 年区域试验平均亩产 486.6 千克，比对照中麦 175 增产 10.9%，增产极显著。2014 年生产试验平均亩产 470.8 千克，比对照中麦 175 增产 12.9%。产量潜力 550 千克 / 亩（1 亩≈ 667 米 ^{2}，全书同）。

适种地区：适宜北京地区中等及中上等肥力地块种植。

联系单位：北京市农林科学院杂交小麦工程技术研究中心
联 系 人：张风廷　联系电话：010-51503104
通讯地址：北京市海淀区曙光花园中路 9 号　100097
电子邮箱：bjhwc2003@126.com

9. 品种名称：小麦"京生麦1号"

选育单位：北京市农林科学院农业生物技术研究中心

品种特性：冬性、中晚熟，成熟期比对照京 411 晚 2 天，幼苗半匍匐，株高 85 厘米，穗纺锤形，长芒、白壳、红粒，籽粒角质，饱满度较好。经中国农业科学院植保所鉴定，中感条锈病和白粉病，中抗至中感叶锈病；抗寒性较好。品种突出特点是穗大、粒多、千粒重较高、抗倒能力较强，在高水肥条件下增产潜力大。

适种地区：北京市及其周边地区。

联系单位：北京市农林科学院农业生物技术研究中心
联 系 人：张立全、张晓东　联系电话：010-51503800
通讯地址：北京市海淀区曙光花园中路 9 号　　100097
电子邮箱：zhangxiaodong@baafs.net.cn

10. 品种名称：玉米"京科 665"

选育单位：北京市农林科学院玉米研究中心

品种特性：2013 年通过国家审定（国审玉 2013003）。具有高产稳产、籽粒品质优、抗多种病虫害、抗逆广适、易制种等突出优势。

在东华北春玉米区出苗至成熟 128 天，比对照郑单 958 早熟 1 天。株型半紧凑，株高 294 厘米，穗位高 121 厘米。果穗筒形，穗轴红色，穗长 18 厘米，穗行数 16～18 行。籽粒黄色、半马齿形，百粒重 38.0 克。经农业部谷物及制品质量监督检验测试中心（哈尔滨）测定，籽粒容重 770 克/升、粗

蛋白含量10.52%、粗脂肪含量3.68%、粗淀粉含量74.54%、赖氨酸含量0.32%。经农业部指定病虫害鉴定单位接种鉴定和生产实践证明综合抗性好，抗玉米螟，中抗大斑病、弯孢叶斑病和茎腐病。2011－2012年参加国家东华北春玉米品种区域试验，平均亩产789.5千克，比对照郑单958增产4.2%；生产试验平均亩产766.2千克，比对照郑单958增产9.8%。

适种地区：北京，天津，河北北部，山西中晚熟区，辽宁中晚熟区（不含丹东），吉林中晚熟区，内蒙古赤峰、通辽，陕西延安地区春播种植。

联系单位：北京市农林科学院玉米研究中心
联 系 人：赵久然　联系电话：010-51503936
通讯地址：北京市海淀区曙光花园中路9号　100097
电子邮箱：maizezhao@126.com

11. 品种名称：玉米"京科968"

选育单位：北京市农林科学院玉米研究中心

品种特性：2011年通过国家审定（国审玉2011007）。具有产量潜力高、籽粒品质优、抗多种病虫害、抗逆广适、易制种等突出优势。2012－2016年连续5年被农业部推荐为全国玉米主导品种，并被吉林省列为玉米主导品种、被北京市列为更新换代玉米新品种和玉米高产创建主导品种。

在东华北地区出苗至成熟 128 天，与郑单 958 相当。株型半紧凑，株高 296 厘米，穗位高 120 厘米，果穗筒形，穗长 18.6 厘米，穗行数 16 ～ 18 行，穗轴白色，籽粒黄色、半马齿形，百粒重 39.5 克。2009 － 2010 年参加国家东华北春玉米品种区域试验，平均亩产 807.7 千克，较郑单 958 显著增产（增幅 8.07%）；生产试验平均亩产 716.3 千克，比郑单 958 增产 10.4%，居第 1 位。大田生产中，在新疆、内蒙等地涌现出大量"农户吨粮田"。在玉米高产创建活动中，多个地块实现亩产超吨粮，并创造了亩产 1362.07 千克（14% 含水率）的该品种最高产量纪录（机械实收籽粒产量）。

经农业部谷物及制品质量监督检验测试中心（哈尔滨）测定，籽粒容重 767 克 / 升，大大超过国家一级标准（710 克 / 升）；粗淀粉含量 75.42%，达到一级高淀粉玉米标准；粗蛋白含量 10.54%，达到一级饲料玉米指标。容重、淀粉含量和蛋白质含量三项指标都达到国家一级商品玉米质量标准，籽粒商品性好。熟期适宜，比郑单 958 稍早或相当，收获果穗后可及时脱籽粒、及早卖粮。是粮库、饲料企业和加工企业都喜欢收购的品种类型。

经国家青贮玉米品种区试指定品质检测单位——北京农学院植物科学技术学院检测，全株中性洗涤纤维含量 38.28%，优于国家一级标准（≤ 45%）；酸性洗涤纤维含量 14.91%，优于国家一级标准（≤ 23%）；粗蛋白含量 8.60%，超过国家一级标准（≥ 7%）；淀粉含量 33.79%。中性洗涤纤维含量、酸性洗涤纤维含量和粗蛋白含量三项青贮品质指标均优于国家一级标准，青贮品质为一级。

经农业部指定病虫害鉴定单位接种鉴定和生产实践证明，抗大斑病、灰斑病、丝黑穗病、茎腐病和弯孢菌叶斑病；高抗玉米螟，是非转基因抗玉米螟品种；并对低温冷害、高温干旱、阴雨寡照、粘虫、蚜虫等具有较强耐抗性。

适种地区：北京，天津，山西中晚熟区，内蒙古赤峰、通辽，辽宁中晚熟区（丹东除外），吉林中晚熟区，陕西延安和河北承德、张家口、唐山地区春播种植。

联系单位：北京市农林科学院玉米研究中心
联 系 人：赵久然　联系电话：010-51503936
通讯地址：北京市海淀区曙光花园中路 9 号　100097
电子邮箱：maizezhao@126.com

12. 品种名称：玉米"京单 28"

选育单位：北京市农林科学院玉米研究中心

品种特性：2006 年通过北京市审定（京审玉 2006004），2007 年通过国家审定（国审玉 2007001）、河北省审定（冀审玉 2007010 号）、天津市引种（津准引玉 2006009）和内蒙古认定（蒙认玉 2007013 号），2009 年通过黑龙江省审定（黑审玉 2009001）。

（1）早熟性突出。在京津唐地区夏播出苗至成熟 95 天，比目前夏播主栽品种郑单 958 早熟 7 天左右。在京津唐地区夏播能正常成熟，6 月中下旬播种，9 月底前后成熟收获。也可春季早播早收，实现早播不早衰、晚播能成熟。具有夏玉米贴茬直播和春玉米等雨播种广适型播期的优点，对确保玉米稳产和优质具有重要意义。

（2）增产显著、广适性好。2005 - 2006 年参加国家京津唐夏播早熟玉米品种区域试验平均亩产 659.4 千克，比对照增产 10.1%；参加北京市区试平均亩产 618.4 千克，比对照增产 30.3%，均名列第 1 位。

（3）品质优良。籽粒大，金黄色，千粒重 400 克以上，容重 746 克/升，超过国家一级标准（710 克/升）。经农业部谷物品种检测中心检测，粗淀粉含量高达 76.72%，达到高淀粉玉米一级标准（75%），在市场上被优质优价优先收购。

（4）耐密植、抗倒伏。自 2007 年以来，连续多年被农业部列为耐密型主导品种。在国家京津唐夏播早熟玉米品种区域试验和生产试验中抗倒性列第 1 位。在河北夏播、东北春播等多地遭遇严重风灾，郑单 958、先玉 335 等绝大多数玉米品种都发生了大面积倒伏倒折，而种植的京单 28 经受住了考验，未发生倒伏，被农民称赞为"铁秆王"。

（5）耐旱性强。经中国农业科学院作科所、河北省农业科学院等多家单位鉴定，京单 28 的抗旱能力为一级，是经鉴定的抗旱性最突出的新品种之一。自 2007 年以来，被北京市列为玉米雨养旱作主导品种，节水增效，生态效益显著。

适种地区：适宜在北京，天津，河北，以及黑龙江省第一积温带上限，内蒙古自治区 ≥ 10℃活动积温 2600℃以上地区种植。

联系单位：北京市农林科学院玉米研究中心
联 系 人：王荣焕　联系电话：010-51503703
通讯地址：北京市海淀区曙光花园中路9号　100097
电子邮箱：ronghuanwang@126.com

13. 品种名称：玉米"京单58"

选育单位：北京市农林科学院玉米研究中心

品种特性：具有早熟性好、耐密抗倒、抗旱节水、抗病抗逆、高产优质等优势。2010年通过国家审定（国审玉2010004），2013年通过内蒙古认定（蒙认玉2013005号）。2013年被北京市列为更新换代玉米新品种，2014年被农业部列为全国玉米主导品种，2015年被北京市列为良种补贴和生态补贴品种。

在京津唐地区出苗至成熟98天。株型紧凑，株高240厘米，穗位高90厘米。果穗筒形，穗长17厘米，穗行数14行，穗轴白色，籽粒黄色、半马齿形，百粒重42.3克。经农业部谷物及制品质量监督检验测试中心（哈尔滨）测定，籽粒容重747克/升，粗蛋白含量8.98%，粗脂肪含量3.68%，粗淀粉含量

74.21%，赖氨酸含量 0.25%。经中国农业科学院作物科学研究所两年接种鉴定，抗小斑病，中抗大斑病和茎腐病。2008－2009 年参加国家京津唐玉米品种区域试验平均亩产 634.4 千克，比对照京玉 7 号增产 7.1%；2009 年生产试验平均亩产 645.9 千克，比对照京玉 7 号增产 10.3%。

适种地区：北京，天津，河北的廊坊、沧州北部、保定北部以及河南，安徽，江苏，山东等夏播区；内蒙古自治区 ≥10℃活动积温 2600℃以上地区春播种植。

联系单位：北京市农林科学院玉米研究中心
联 系 人：王元东 联系电话：010-51503561
通讯地址：北京市海淀区曙光花园中路 9 号 100097
电子邮箱：wyuandong@126.com

14. 品种名称：玉米"京单 68"

选育单位：北京市农林科学院玉米研究中心
品种特性：具有早熟性好、耐密抗倒、抗旱节水、抗病抗逆、高产稳产等优势。2010 年通过国家审定（国审玉 2010003）。

被北京市列为更新换代玉米新品种、玉米高产创建主导品种、夏播玉米主推品种、良种补贴和生态补贴品种。

在京津唐地区出苗至成熟 98 天。株型

紧凑，株高 247 厘米，穗位高 99 厘米。果穗筒形，穗长 17 厘米，穗行数 14 行，穗轴白色，籽粒黄色、半马齿形，百粒重 41.5 克。经中国农业科学院作物科学研究所两年接种鉴定，抗小斑病，中抗茎腐病。经农业部谷物及制品质量监督检验测试中心（哈尔滨）测定，籽粒容重 730 克/升、粗蛋白含量 8.78%、粗脂肪含量 3.90%、粗淀粉含量 73.65%、赖氨酸含量 0.26%。2008 - 2009 年参加京津唐玉米品种区域试验平均亩产 643.8 千克，比对照京玉 7 号增产 8.7%，2009 年生产试验平均亩产 674.7 千克，比对照京玉 7 号增产 15.2%。

适种地区：北京，天津，河北的唐山、廊坊、保定北部、沧州北部夏播种植。

联系单位：北京市农林科学院玉米研究中心
联 系 人：王晓光　联系电话：010-51503878
通讯地址：北京市海淀区曙光花园中路 9 号　100097
电子邮箱：xiaoguangwang2005@126.com

15. 品种名称：玉米"京农科 728"

选育单位：北京市农林科学院玉米研究中心、北京市农业科学院种业科技有限公司

品种特性：具有早熟、高产、优质、抗倒、耐密、抗旱节水、籽粒脱水快、直接机收籽粒、适宜全程机械化等突出优势，是符合当前玉米生产和市场需求的优势品种。2012 年通过国家审定（国审玉 2012003）、2014 年通过北京市审定（京审玉 2014006），适宜在京津冀区种植；2016 年通过黑龙江省审定（黑

审玉 2016017）和内蒙古认定（蒙认玉 2016001 号）。2013 年被北京市列为更新换代玉米新品种，2014 年被北京市列为玉米补贴品种、玉米主推品种和高产创建主导品种，并被列为京津冀一体化主推玉米新品种，2015 年被农业部推荐为全国玉米主导品种。

在京津唐夏播区出苗至成熟 98 天，6 月中下旬播种、9 月底至 10 月初收获，夏播能保证充分成熟、品质优。株型紧凑，株高 276 厘米，穗位 94.5 厘米，果穗筒形，穗长 17.7 厘米，穗行数 14 ~ 16 行，穗轴红色，籽粒黄色，半马齿形，百粒重 37.1 克。2010 - 2011 年参加国家京津唐夏玉米品种区域试验平均亩产 715.2 千克，比对照品种京单 28 增产 8.8%；在大田生产中亩产 700 千克以上，2013 年在北京市最高亩产达 866 千克。

籽粒金黄色，成熟度好；容重 757 克 / 升、粗蛋白含量 9.03%、粗淀粉含量 73.33%；籽粒营养品质高、商品品质好。抗大斑病、小斑病和茎腐病，耐密抗倒，抗旱性好，完全利用自然降水不灌溉条件下也能实现高产稳产，适宜雨养旱作，利于节水。广适性好，在京津冀地区春、夏播均可，并且早播不早衰、晚播能成熟。适应区域广，并对地块和环境具有较好的适应性。耐密抗倒性强、后期站立性好、籽粒后期脱水快，可直接机收籽粒，适宜全程机械化，省工、省力、增效。

适种地区：京津冀，黑龙江第二、第三积温带，内蒙古自治区以及黄淮海夏播区等地种植。

联系单位：北京市农林科学院玉米研究中心
联 系 人：王荣焕　联系电话：010-51503703
通讯地址：北京市海淀区曙光花园中路9号　100097
电子邮箱：ronghuanwang@126.com

16. 品种名称：玉米"NK718"

选育单位：北京市农林科学院玉米研究中心、北京农业科学院种业科技有限公司、合肥丰乐种业股份有限公司

品种特性：2011年通过内蒙古审定（蒙审玉2011003号），2015年通过陕西省审定（陕审玉2015010）。

株型半紧凑。株高295厘米，穗位124厘米。果穗筒形，白轴，穗长17.3厘米，穗粗5.2厘米，穗行数16.1行，行粒数36.6粒，穗粒数587粒，出籽率83.6%。籽粒偏马齿形、橙黄色，百粒重33.1克。2010年中国农业部谷物及制品质量监督检验测试中心（哈尔滨）测定，容重770克/升，籽粒含粗蛋白8.46%、粗脂肪3.97%、粗淀粉75.32%、赖氨酸0.29%。

2010年吉林省农业科学院植保所人工接种、接虫抗性鉴定，高抗茎腐病，中抗大斑病、丝黑穗病，抗玉米螟。2008年参加内蒙古中早熟组玉米预备试验平均亩产826.8千克，

比对照四单 19 增产 13.16%，平均生育期 130 天；2009 年区域试验平均亩产 927.9 千克，比对照郑单 958 增产 8.2%，平均生育期 131.5 天；2010 年生产试验平均亩产 831.0 千克，比对照郑单 958 增产 3.9%，平均生育期 131.3 天。

在陕西夏播种植生育期平均 98 天，株高 279 厘米，穗位 104 厘米。穗长 22.3 厘米，穗粗 5.2 厘米，穗行数 16.1 行，行粒数 36.6 粒，穗粒数 587 粒，穗粒重 190.2 克，千粒重 321 克，出籽率 88.6%。籽粒容重 736 克／升、粗淀粉 75.08%、粗蛋白 9.59%、粗脂肪 3.98%。抗茎腐病、穗腐病、大斑病和小斑病。两年区试平均亩产 629 千克。

NK718果穗照片

适种地区：内蒙古自治区巴彦淖尔市、赤峰市、通辽市 ≥ 10℃活动积温 2900℃以上适宜区域春播种植，陕西关中灌区夏播种植。

联系单位：北京市农林科学院玉米研究中心
联 系 人：赵久然　联系电话：010-51503936
通讯地址：北京市海淀区曙光花园中路 9 号　100097
电子邮箱：maizezhao@126.com

17. 品种名称：玉米"MC278"

选育单位：北京市农林科学院玉米研究中心
品种特性：2014 年通过内蒙古审定（蒙审玉 2014003）。

株型半紧凑,株高 302 厘米,穗位 104 厘米。果穗长筒形,粉轴,穗长 19.5 厘米,穗粗 4.7 厘米,穗行数 16 ~ 18 行,行粒数 41 粒,单穗粒重 222.7 克,出籽率 84.8%。籽粒马齿形,橙黄色,百粒重 34.7 克。2013 年农业部谷物及制品质量监督检验测试中心(哈尔滨)测定,容重 744 克/升、粗蛋白 9.35%、粗脂肪 3.54%、粗淀粉 73.27%、赖氨酸 0.29%。2013 年吉林省农业科学院植

保所人工接种、接虫抗性鉴定,中抗大斑病、丝黑穗病、高抗茎腐病。2010 年参加内蒙古自治区中熟组预备试验平均亩产 834.0 千克,比对照兴垦 3 号增产 9.4%,平均生育期 126 天,与对照同期;2012 年参加中晚熟组区域试验平均亩产 937.3 千克,比对照丰田 6 号增产 7.3%,平均生育期 133 天,与对照同期;2013 年参加中晚熟组生产试验平均亩产 787.8 千克,比对照丰田 6 号增产 3.0%,平均生育期 131 天,比对照晚 1 天。

适种地区:内蒙古自治区≥ 10℃活动积温 2800℃以上地区种植。

联系单位:北京市农林科学院玉米研究中心
联 系 人:王元东 联系电话:010-51503561
通讯地址:北京市海淀区曙光花园中路 9 号 100097
电子邮箱:wyuandong@126.com

18. 品种名称：玉米"MC703"

选育单位：北京市农林科学院玉米研究中心、北京顺鑫农科种业科技有限公司、河南省现代种业有限公司

品种特性：2015 年通过北京市（京审玉 2015001）、河南省（豫审玉 2015004）和内蒙古自治区（蒙审玉 2015007 号）审定。

北京地区春播出苗至成熟 111 天，河南省夏播生育期 101 ～ 105 天，内蒙古春播生育期 130 天左右。株型紧凑。参加北京市春播区域试验，株高 313 厘米，穗位 112 厘米，果穗长筒形，穗轴红色，穗长 19.4 厘米，穗粗 5.0 厘米，穗行数 16.7 行，行粒数 38.6 粒。穗粒重 199.4 克，出籽率 87.5%。籽粒黄色，半马齿形，粒深 1.2 厘米，千粒重 366.3 克。籽粒（干基）粗蛋白

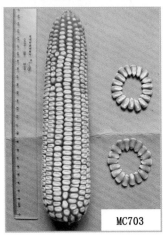

MC703

含量 10.39%、粗脂肪含量 3.02%、粗淀粉含量 74.53%、赖氨酸含量 0.34%、容重 778 克/升。接种鉴定，抗大斑病。两年区试平均亩产 822.9 千克，比对照郑单 958 增产 7.7%；生产试验平均亩产 718.7 千克，比对照郑单 958 增产 1.7%。

　　适种地区：北京市春播，河南省夏播，内蒙古自治区
≥10℃活动积温2900℃以上地区春播种植。

　　联系单位：北京市农林科学院玉米研究中心
　　联 系 人：王元东　联系电话：010-51503561
　　通讯地址：北京市海淀区曙光花园中路9号　100097
　　电子邮箱：wyuandong@126.com

19. 品种名称：玉米"MC812"

　　选育单位：北京市农林科学院玉米研究中心、北京顺鑫农
科种业科技有限公司

　　品种特性：2015年通过北京市审定（京审玉2015003）。
具有早熟、耐密、抗倒、抗病、抗逆、广适、高产、籽粒脱水
快、适宜机收籽粒等突出优势。

　　在北京地区夏播出苗至成熟103天，与对照京单28相同。
株型紧凑，株高268厘米，穗位109厘米。果穗筒形，穗轴红色，
穗长17.2厘米，穗粗5.2厘米，穗行数14.7行，行粒数34.7粒。

穗粒重 168 克，出籽率 81.9%。籽粒黄色，半马齿形，粒深 1.2 厘米，千粒重 394.0 克。籽粒（干基）粗蛋白含量 8.61%、粗脂肪含量 4.29%、粗淀粉含量 74.35%、赖氨酸含量 0.31%、容重 754 克/升。接种鉴定，中抗大斑病和小斑病。两年区试平均亩产 700.2 千克，比对照京单 28 增产 17.0%；生产试验平均亩产 682.8 千克，比对照京单 28 增产 21.6%。

适种地区：适宜在北京地区夏播种植。

联系单位：北京市农林科学院玉米研究中心
联 系 人：王元东　联系电话：010-51503561
通讯地址：北京市海淀区曙光花园中路 9 号　　100097
电子邮箱：wyuandong@126.com

20. 品种名称：玉米"MC1002"

选育单位：北京市农林科学院玉米研究中心、河南省现代种业有限公司

品种特性：2016 年通过内蒙古自治区审定（蒙审玉 2016005 号）。株型半紧凑，株高 261 厘米，穗位高 99 厘米。果穗长筒形，白轴，穗长 18.9 厘米，穗粗 4.6 厘米，穗行数 14 ~ 16 行，行粒数 37 粒，单穗粒重 192.8 克，出籽率 79.6%。籽粒硬粒型，橙黄色，百粒重 33.4 克。2015 年农业部谷物及制品质量监督检验测试中心（哈尔滨）测定，容重 794 克/升、粗蛋白 8.95%、粗脂肪 5.57%、粗淀粉 73.20%、赖氨酸 0.28%。2015 年吉林省农业科学院植保所人工接种、接虫抗性鉴定，高抗茎腐病，抗弯孢叶斑病，中抗丝黑穗病

和玉米螟。2013 年参加内蒙古自治区极早熟组预备试验平均亩产 712.5 千克，比对照九玉五增产 12.1%；平均生育期 112 天，比对照早 1 天。2014 年参加极早熟区域试验平均亩产 759.6 千克，比组均值增产 1.31%；平均生育期 117 天，比对照晚 2 天。2015 年参加极早熟组生产试验平均亩产 737.6 千克，比对照九玉五增产 3.05%；平均生育期 117 天，与对照同期。

适种地区： 内蒙古自治区 ≥ 10℃ 活动积温 2100℃ 以上地区种植。

联系单位：北京市农林科学院玉米研究中心
联 系 人：赵久然　联系电话：010-51503936
通讯地址：北京市海淀区曙光花园中路 9 号　100097
电子邮箱：maizezhao@126.com

21. 品种名称：鲜食玉米"京科糯 569"

选育单位： 北京市农林科学院玉米研究中心

品种特性： 2011 年通过北京市审定（京审玉 2012006），2014 年通过国家审定（国审玉 2014024），2016 年通过浙江省审定（浙审玉 2016005）。为高产、优质、抗病、大穗型白糯玉米杂交种。

北京地区种植播种至鲜穗采收期平均 89 天，株高 270 厘米，穗位 107 厘米；穗长 19.3 厘米，穗粗 4.8 厘米，穗行数 14 ～ 16 行，行粒数 40 粒；粒色白色，粒深 1.0 厘米，鲜籽粒千粒重 365.4 克，出籽率 60.8%。籽粒（干基）含粗蛋白 11.44%、粗脂肪 3.77%、粗淀粉 64.24%、支链淀粉/粗淀粉 99.93%、赖氨酸 0.34%。两年区试鲜穗平均亩产 883.8 千克，比对照增产 22.6%；两年区试鲜籽粒平均亩产 540.2 千克，比对照增产 24.4%。生产试验鲜穗亩产 874.6 千克，比对照中糯 1 号增产 41.6%；生产试验鲜籽粒平均亩产 533.2 千克，比对照中糯 1 号增产 49.4%。

东华北春玉米区出苗至鲜穗采收期 93 天。株型半紧凑，株高 266.2 厘米，穗位高 119.9 厘米。果穗筒形，穗长 19.6 厘米，穗行数 14 ～ 16 行，穗轴白色，籽粒白色、马齿形，百粒重（鲜籽粒）36.2 克。品尝鉴定 87.8 分。粗淀粉含量 64.5%，直链淀粉占粗淀粉 1.8%，皮渣率 5.4%。2011 － 2012 年参加国家东华北鲜食糯玉米品种区域试验平均

鲜穗亩产 1090 千克，比对照垦粘 1 号增产 17.4%；2013 年生产试验平均鲜穗亩产 1062 千克，比对照垦粘 1 号增产 19.9%。

适种地区：北京，河北，山西，内蒙古，黑龙江，吉林，辽宁，新疆以及浙江春播种植。

联系单位：北京市农林科学院玉米研究中心
联 系 人：卢柏山　联系电话：010-51503562
通讯地址：北京市海淀区曙光花园中路 9 号　　100097
电子邮箱：lubs267@sohu.com

22. 品种名称：鲜食玉米"京科糯928"

选育单位：北京市农林科学院玉米研究中心

品种特性：2013 年通过北京市审定（京审玉 2013012），2014 年通过重庆市审定（渝审玉 2014012）。2013 年被北京市列为更新换代鲜食玉米新品种，并被列为北京市科技套餐工程主推鲜食玉米品种。

甜加糯类型鲜食玉米品种，具有突出的创新性。籽粒品质好，在一个果穗上具有甜玉米籽粒和糯玉米籽粒，果穗甜糯玉米籽粒比为 1 : 3，明显提高了糯玉米的甜度，同时具有甜玉米甜脆多汁和糯玉米绵软清香两种口感和风味，甜糯相宜，是一种全新的鲜食玉米类型。适应性强，抗病、抗倒能力强。采收期长，不回生，适合大面积鲜果穗种植及加工厂速冻。大有发展潜力。

北京地区种植播种至鲜穗采收期平均 89 天。株高 251.7 厘米，穗位 106.7 厘米。穗长 21.7 厘米，穗粗 4.9 厘米，穗行数 12 ～ 14 行，行粒数 41 粒。粒色白色，粒深 1.1 厘米，鲜籽粒千粒重 377.5 克，出籽率 64.2%。籽粒（干基）含粗蛋白 11.33%、粗脂肪 5.42%、粗淀粉 50.13%、支链淀粉 / 粗淀粉 100%、赖氨酸 0.35%。两年区试鲜穗平均亩产 915.8 千克，比对照增产 12.1%；两年区试鲜籽粒平均亩产 574.2 千克，比对照增产 9.4%。生产试验鲜穗亩产 826.8 千克，比对照京科糯 2000 增产 1.4%；生产试验鲜籽粒平均亩产 529.0 千克，比对照京科糯 2000 增产 1.3%。

适种地区：适宜北京地区作为糯玉米种植，重庆市海拔 800 米以下作为菜用或鲜食玉米种植。

联系单位：北京市农林科学院玉米研究中心
联 系 人：史亚兴　联系电话：010-51503400
通讯地址：北京市海淀区曙光花园中路 9 号　　100097
电子邮箱：syx209@163.com

23. 品种名称：鲜食玉米"京科糯 2000"

选育单位：北京市农林科学院玉米研究中心

品种特性：具有丰产稳产性强、营养品质高、口感风味好、用途广泛等突出优势。2006 年通过国家审定，并陆续通过了全国十多个省市区的品种审定，也是我国第一个在国外审定的玉米品种。已在北至黑龙江南至海南等全国几乎所有省份示范推广种植。连续多年被农业部列为全国糯玉米主导品种。10 多年来一直是我国面积最大的鲜食玉米品种，年种植面积约 500 万亩。促进了我国糯玉米种植面积扩大、糯玉米产业链延伸和整体产业发展。并实现了大量出口创汇。2006－2016 年在我国累计推广 4000 多万亩。

在西南地区出苗至采收期 85 天左右，与对照渝糯 7 号相当。株型半紧凑，株高 250 厘米，穗位高 115 厘米，成株叶片数 19 片。果穗长锥形，穗长 19 厘米，穗行数 14 行，百粒重（鲜籽粒）36.1 克，籽粒白色，穗轴白色。经四川省农业科学院植物保护研究所两年接种鉴定，中抗大斑病和纹枯病。经西南鲜食糯玉米区域试验组织专家品尝鉴定，达到部颁鲜食糯玉米二级标准。经四川省绵阳市农业科学研究所两年测定，支链淀粉占总淀粉含量的 100%，达到部颁糯玉米标准（NY/T524－2002）。2002－2003 年参加国家黄淮海组区域试验平均亩产（鲜穗）821.3 千克，比对照苏玉糯 1 号平均增产 22.8%，增产极显著；2004－2005 年参加国家西南鲜食糯玉米品种区域试验平均亩产（鲜穗）880.4 千克，比对照渝糯 7 号平均增产 9.6%，增产显著；2004－2005 年参加国家东华北组区域试验平均亩产

（鲜穗）1060.13 千克，比对照垦粘 1 号平均增产 13.26%，增产极显著。

北京地区播种至鲜穗采收期平均 96 天，株高 272 厘米，穗位 125 厘米。穗长 21.5 厘米，穗粗 5 厘米，穗行数 12～14 行，行粒数 46 粒。粒色白色，粒深 1.0 厘米，鲜籽粒千粒重 374 克，出籽率 54.9%。籽粒（干基）含粗蛋白 9.35%、粗脂肪 3.91%、粗淀粉 64.11%、支链淀粉 / 粗淀粉 98.15%、赖氨酸 0.30%。两年区试鲜穗平均亩产 950.5 千克，比对照中糯 1 号增产 24.4%；生产试验鲜穗亩产 910.9 千克，比对照中糯 1 号增产 28.4%。

适种地区：适宜在北京，吉林，宁夏，浙江，上海，福建，四川，重庆，湖南，湖北，云南，贵州等地作鲜食糯玉米品种种植。

联系单位：北京市农林科学院玉米研究中心
联 系 人：卢柏山　联系电话：010-51503562
通讯地址：北京市海淀区曙光花园中路 9 号　100097
电子邮箱：lubs267@sohu.com

24. 品种名称：鲜食玉米"京科糯2010"

选育单位：北京市农林科学院玉米研究中心

品种特性：2011年通过北京市审定（京审玉2014010）。属于鲜食甜加糯类型玉米品种。早熟性好，

北京地区春播播种至鲜穗采收86天，两年区试采收期平均比对照京科糯2000提早6天。抗倒能力强，两年区试没有发生倒伏。鲜食品质好，果穗甜糯玉米籽粒比例为1：3，明显提高了糯玉米的甜度，甜糯相宜，采收期长，不回生，适合大面积鲜果穗种植及加工厂速冻。

株高246.5厘米，穗位91.4厘米。穗形筒形，穗长19.5厘米，穗粗4.7厘米，穗行数16～18行，行粒数36.6粒，粒行整齐。粒色白色，粒深1.1厘米，鲜籽粒千粒重370.0克，出籽率61.7%。籽粒（干基）含粗蛋白11.08%、粗脂肪4.75%、粗淀粉47.57%、支链淀粉/粗淀粉98.93%、赖氨酸0.33%。两年区试鲜穗平均亩产826.7千克、鲜籽粒平均亩产515.0千克，生产试验鲜穗平均亩产762.5千克、鲜籽粒平均亩产497.2千克。

适种地区：适宜在北京地区作为鲜食糯玉米品种种植。

联系单位：北京市农林科学院玉米研究中心

联 系 人：史亚兴　联系电话：010-51503400

通讯地址：北京市海淀区曙光花园中路9号　100097

电子邮箱：syx209@163.com

25.品种名称：鲜食玉米"京科甜158"

选育单位：北京市农林科学院玉米研究中心

品种特性：2011年通过北京市审定（京审玉2011008）。属于超甜型鲜食甜玉米品种，具有早熟、高产稳产，适应性强、抗病抗倒等优势。果穗品尝结果2年均超过对照品种。赖氨酸含量0.50%，达到国家高赖氨酸玉米标准。

北京地区种植播种至鲜穗采收期平均83天，株高178厘米，穗位58厘米，穗长18.8厘米，穗粗4.6厘米，穗行数14～16行，行粒数39粒。粒色黄白，粒深1.1厘米，鲜籽粒千粒重386克，出籽率58.6%。籽粒（干基）含粗蛋白13.89%、粗脂肪6.29%、粗淀粉16.31%、赖氨酸0.50%、总糖45.69%、蔗糖32.88%、还原糖11.07%。区试鲜穗平均亩产750.7千克，比对照京科甜183增产0.8%；区试鲜籽粒平均亩产为493.3千克，比对照京科甜183增产6.4%。生产试验鲜穗亩产623.1千克，比对照京科甜183增产0.3%；鲜籽粒亩产410.8千克，比对照京科甜183增产6.2%。

适种地区：适宜北京地区作为甜玉米种植。

联系单位：北京市农林科学院玉米研究中心

联 系 人：史亚兴　联系电话：010-51503400

通讯地址：北京市海淀区曙光花园中路9号　100097

电子邮箱：syx209@163.com

26. 品种名称：鲜食玉米"京科甜179"

选育单位：北京市农林科学院玉米研究中心

品种特性：2014 年通过北京市审定（京审玉 2014007），2015 年通过国家审定（国审玉 2015040）。果穗商品品质优，适合鲜果穗销售和脱粒速冻加工。甜度高、种皮薄脆残渣少、生食无异味，籽粒色泽鲜亮，口感好，风味佳，推广前景广阔。

北京春播播种至鲜穗采收 87 天，株高 198.7 厘米，穗位 71.2 厘米，穗形筒形，穗长 19.3 厘米，穗粗 5.1 厘米，穗行数 16 ~ 18 行，行粒数 40.8 粒，粒行整齐。粒色黄白，粒深 1.2 厘米，鲜籽粒千粒重 404.1 克，出籽率 67.5 %。籽粒（干基）含粗蛋白 11.96%、粗脂肪 4.92%、粗淀粉 12.63%、赖氨酸 0.39%、还原糖 10.7%、总糖 47.1%、蔗糖 34.6%。两年区试鲜穗平均亩产 811.6 千克，比对照京科甜 183 增产 8.0% ；两年区试鲜籽粒平均亩产 554.2 千克，比对照京科甜 183 增产 11.8%。生产试验鲜穗平均亩产 771.4 千克，比对照京科甜 183 增产 1.6%；生产试验鲜籽粒平均亩产 559.0 千克，比对照京科甜 183 增产 5.1%。

东华北春玉米区出苗至鲜穗采收 82 天，比中农大甜 413 早 6 天。株型平展，株高 224 厘米，穗位高 82.6 厘米。果穗筒形，穗长 19.9 厘米，穗粗 4.9 厘米，穗行数 14 ~ 16 行，穗轴白色，籽粒黄白色、甜质型，百粒重（鲜籽粒）38.0 克。接种鉴定，中抗丝黑穗病。品尝鉴定 86.6 分；品质检测，皮渣率 4.5%、还原糖含量 9.9%、水溶性糖含量 33.6%。2013 － 2014 年参加东华北鲜食甜玉米品种区域试验平均亩产鲜穗 933.3 千克，比对照中农大甜 413 减产 0.5%；2014 年生产试验平均亩产鲜穗 889.8 千克，比中农大甜 413 增产 0.8%。

黄淮海夏玉米区出苗至鲜穗采收 72 天，比中农大甜 413 早 2 天。株高 207.8 厘米，穗位高 66.9 厘米。穗长 18.7 厘米，穗粗 4.8 厘米，百粒重（鲜籽粒）39.2 克。品尝鉴定 86.8 分；品质检测，皮渣率 11.2%、还原糖含量 7.76%、水溶性糖含量 23.47%。2013 － 2014 年参加黄淮海鲜食甜玉米品种区域试验平均亩产鲜穗 786.7 千克，比对照中农大甜 413 增产 4.1%；2014 年生产试验平均亩产鲜穗 820.9 千克，比中农大甜 413 增产 5.7%。

适种地区：适宜北京，河北，山西，内蒙古，辽宁，吉林，黑龙江，新疆作鲜食甜玉米春播种植。还适宜北京，天津，河北，山东，河南，江苏淮北，安徽淮北，陕西关中灌区作鲜食甜玉米品种夏播种植。

联系单位：北京市农林科学院玉米研究中心
联 系 人：史亚兴　联系电话：010－51503400
通讯地址：北京市海淀区曙光花园中路 9 号　　100097
电子邮箱：syx209@163.com

27. 品种名称：鲜食玉米"京科甜 533"

选育单位：北京市农林科学院玉米研究中心
品种特性：2013 年通过北京市审定（京审玉 2013010），2016 年通过国家审定（国审玉 2016025）。适应性强，抗病、抗倒能力强。品质好，籽粒深，出籽率高。果穗籽粒颜色亮黄色，果皮薄，不变色，退糖慢。适合我国北方大面积鲜果穗种植及加工厂速冻。

北京地区种植播种至鲜穗采收期平均 86 天。株高 184.5 厘米，穗位 56.1 厘米，穗长 18.6 厘米，穗粗 4.8 厘米，穗行数 16 ~ 18 行，行粒数 35 粒。粒色纯黄，粒深 1.2 厘米，鲜籽粒千粒重 390.1 克，出籽率 67.9%。籽粒（干基）含粗蛋白 12.63%、粗脂肪 6.99%、粗淀粉 19.79%、赖氨酸 0.33%、还原糖 22.83%、总糖 23.81%、蔗糖 0.93%。两年区试鲜穗平均亩产 723.7 千克，比对照京科甜 183 减产 1.7%；两年区试鲜籽粒平均亩产 483.8 千克，比对照京科甜 183 增产 2.1%。生产试验鲜穗平均亩产 786.0 千克，比对照京科甜 183 增产 5.1%；生产试验鲜籽粒平均亩产 489.0 千克，比对照京科甜 183 增产 3.5%。

黄淮海夏玉米区出苗至鲜穗采摘 72 天，比中农大甜 413 早 3 天。株型平展，株高 182 厘米，穗位高 53.6 厘米，成株叶片数 18 片。果穗筒形，穗长 17.3 厘米，穗行数 14 ~ 16 行，穗轴白色、籽粒黄色、甜质型，百粒重（鲜籽粒）37.5 克。接种鉴定，中抗矮花叶病。还原糖含量 7.48%、水溶性糖含量 23.09%。2012 －2013 年参加黄淮海鲜食甜玉米品种区域试验平均亩产鲜穗 629.4 千克，2013 年生产试验平均亩产鲜穗 636 千克。

适种地区：适宜

北京，天津，河北，山东，河南，江苏淮北，安徽淮北，陕西关中灌区作鲜食甜玉米品种夏播种植。

联系单位：北京市农林科学院玉米研究中心

联 系 人：史亚兴　联系电话：010-51503400

通讯地址：北京市海淀区曙光花园中路9号　　100097

电子邮箱：syx209@163.com

28. 品种名称：青贮玉米"京科青贮205"

选育单位：北京市农林科学院玉米研究中心、北京农业科学院种业科技有限公司

品种特性：2011年通过北京市审定（京审玉2011005）。具有生物产量高、营养品质优、持绿抗病、耐密抗倒、适应区域广和易制种等优势特性。

北京地区春播播种至收获117天，株型半紧凑，株高283厘米，穗位128厘米；持绿性较好，收获期单株叶片数为15.5，收获期单株枯叶片数为3.0片。中性洗涤纤维含量42.33%，酸性洗涤纤维含量18.54%，粗蛋白含量8.52%。接种鉴定，中抗大斑病、小斑病，抗弯孢菌叶斑病和矮花叶病，高抗茎腐病。两年区试生物产量平均亩产1040千克，比对照农大108增产5.5%；生产试验生物产量亩产1060千克，比对照农大108增产20.1%。

适种地区：适宜北京地区作为春播青贮玉米种植。

联系单位：北京市农林科学院玉米研究中心
联　系　人：王元东　联系电话：010-51503561
通讯地址：北京市海淀区曙光花园中路9号　100097
电子邮箱：wyuandong@126.com

29.品种名称：青贮玉米"京科青贮301"

选育单位：北京市农林科学院玉米研究中心

品种特性：2006年通过国家审定（国审玉2006053）。具有生物产量高、营养品质优、持绿抗病、耐密抗倒、适应区域广和易制种等优势特性。

出苗至青贮收获110天左右，比对照农大108晚2天。株型半紧凑，春播株高287厘米，穗位高131厘米，成株叶片数19～21片；夏播种株高250厘米，穗位100厘米。果穗筒形，穗轴白色，籽粒黄色、半硬粒型。经中国农业科学院作物科学研究所两年接种鉴定，抗小斑病，中抗丝黑穗病、矮花叶病和纹枯病。经北京农学院测定，全株中性洗涤纤维含量平均41.28%，酸性洗涤纤维含量平均20.31%，粗蛋白含量平均7.94%。2004－2005年参加国家青贮玉米品种区域试验平均亩生物产量（干重）1306.5千克，比对照农大108增产10.3%。

适种地区：适宜在北京，天津，河北北部，山西中部，吉林中南部，辽宁东部，内蒙古呼和浩特春玉米区和山东，安徽北部，河南大部夏玉米区种植。

联系单位：北京市农林科学院玉米研究中心
联　系　人：王晓光　联系电话：010-51503878
通讯地址：北京市海淀区曙光花园中路9号　100097
电子邮箱：xiaoguangwang2005@126.com

30. 品种名称：青贮玉米"京科青贮516"

选育单位：北京市农林科学院玉米研究中心

品种特性：2007年通过国家审定（国审玉2007029），2008年通过内蒙古自治区认定（蒙认饲2008005号）。具有生物产量高、营养品质优、持绿抗病、耐密抗倒、适应区域广和易制种等优势特性。连续多年被北京市列为青贮玉米主推品种、农作物补贴品种，被内蒙古自治区列为良种补贴青贮玉米品种，并被多家企业指定为专用优质青贮玉米品种。

在东华北地区出苗至青贮收获期115天，比对照农大108晚4天，需有效积温2900℃左右。株型半紧凑，株高310厘米，成株叶片数19片。经中国农业科学院作物科学研究所两年接种鉴定，抗矮花叶病，中抗小斑病、丝黑穗病和纹枯病。经北京农学院植物科学技术系两年品质测定，中性洗涤纤维含量47.58% ~ 49.03%，酸性洗涤纤维含量 20.36% ~ 21.76%，粗蛋白含量 8.08% ~ 10.03%。2005 - 2006 年参加青贮玉米品种区域试验（东华北组）平均亩生物产量（干重）1247.5 千克，比对照农大 108 增产 11.5%。

适种地区：适宜在北京，天津，河北北部，辽宁东部，吉林中南部，黑龙江第一积温带，内蒙古呼和浩特，山西北部春播区作专用青贮玉米品种种植。

联系单位：北京市农林科学院玉米研究中心
联 系 人：王晓光　联系电话：010 - 51503878
通讯地址：北京市海淀区曙光花园中路 9 号　100097
电子邮箱：xiaoguangwang2005@126.com

31. 品种名称：青贮玉米 "京科青贮 932"

选育单位：北京市农林科学院玉米研究中心、北京顺鑫农科种业科技有限公司

品种特性：2015 年通过北京市审定（京审玉 2015008）。具有生物产量高、营养品质优、持绿抗病、耐密抗倒、适应区域广和易制种等优势特性。

夏播青贮玉米品种。在北京地区夏播从播种至最佳收获期 102天。株型半紧凑，株高 275 厘米，穗位 106 厘米。收获期单株叶片数 13.5 片，单株枯叶片数

2.2 片。田间综合抗病性好，保绿性较好。中性洗涤纤维含量 40.57% ~ 50.98%，酸性洗涤纤维含量 18.04% ~ 18.11%，粗蛋白含量 7.83% ~ 8.93%。接种鉴定，抗小斑病，高抗腐霉茎腐病。两年区试平均每亩生物产量（干重）1011 千克，比对照农大 108 增产 6.9%；生产试验平均每亩生物产量（干重）1177 千克，比对照农大 108 增产 6.7%。

适种地区：适宜北京地区作为夏播青贮玉米品种种植。

联系单位：北京市农林科学院玉米研究中心
联 系 人：邢锦丰　联系电话：010-51503561
通讯地址：北京市海淀区曙光花园中路 9 号　100097
电子邮箱：xingjinfeng2008@sina.com

二、瓜菜作物

1. 品种名称：大白菜"京春娃 2 号"

选育单位：北京市农林科学院蔬菜研究中心

品种特性：小株型春大白菜一代杂种，极早熟，定植后45～50天收获，包球早，株型小，适于密植，亩定植 12000 株。外叶深绿，叶球合抱，球内叶黄色，抗病毒病、霜霉病和软腐病，晚抽薹性强，品质极佳。适期采收

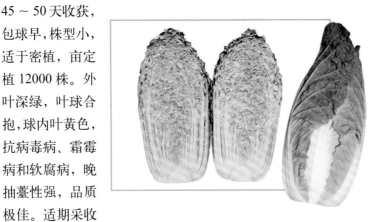

的娃娃菜球高约 22 厘米，球直径约 8～10 厘米，上下等粗，单球重约 200～300 克，适合包装运输。

适种地区：全国高海拔地区夏季及低海拔平原地区春秋季种植。

联系单位：北京市农林科学院蔬菜研究中心

联 系 人：余阳俊　联系电话：010-51503056

通讯地址：北京市海淀区彰化路 50 号　　100097

电子邮箱：yuyangjun@nercv.org

2.品种名称：大白菜"京春娃3号"

选育单位：北京市农林科学院蔬菜研究中心

品种特性：小株型春大白菜一代杂种，早熟，定植后50～55天收获，株型小，较直立，适于密植，每亩可定植12000株以上。外叶深绿色，叶球筒形，叠抱，球高24厘米，球直径12厘米，球内叶黄色，单球重0.6～0.8千克。抗病毒病、霜霉病和软腐病，抗抽薹能力强，品质佳。

适种地区：全国高海拔地区夏季及低海拔平原地区春秋季种植。

联系单位：北京市农林科学院蔬菜研究中心

联 系 人：余阳俊　联系电话：010-51503056

通讯地址：北京市海淀区彰化路50号　100097

电子邮箱　yuyangjun@nercv.org

3.品种名称：大白菜"京春黄"

选育单位：北京市农林科学院蔬菜研究中心

品种特性：黄心春大白菜一代杂交种，定植后 60 天左右收获。晚抽薹性强，抗病毒病、霜霉病和软腐病，品质佳。外叶深绿色，球内叶黄色，叶球合抱，球高 30.3 厘米，球最大直径 17.3 厘米，单球重 2.5 ～ 3.5 千克，平均亩产 6500 ～ 8000 千克。

适种地区：全国高海拔地区夏季及低海拔平原地区春季种植。

联系单位：北京市农林科学院蔬菜研究中心
联 系 人：余阳俊　联系电话：010-51503056
通讯地址：北京市海淀区彰化路 50 号　　100097
电子邮箱：yuyangjun@nercv.org

4. 品种名称：大白菜"京春黄 2 号"

选育单位：北京市农林科学院蔬菜研究中心
品种特性：黄心春大白菜一代杂种，定植后 60 天左右收获。耐抽薹性强，抗病毒病、霜霉病和软腐病，品质佳。外叶深绿色，球内叶黄色，叶球合抱，炮弹形，球高 28.5 厘米，球直径 16 厘米，单球重 2.2 ～ 2.5 千克。

适种地区：全国高海拔地区夏季及低海拔平原地区春季种植。

联系单位：北京市农林科学院蔬菜研究中心

联 系 人：余阳俊　联系电话：010-51503056

通讯地址：北京市海淀区彰化路 50 号　100097

电子邮箱：yuyangjun@nercv.org

5. 品种名称：大白菜"京秋 3 号"

选育单位：北京市农林科学院蔬菜研究中心

品种特性：中熟秋播大白菜一代杂种，生育期 72 ～ 75 天，整齐度高，外叶深绿，叶面稍皱，开展度较小，叶球中桩叠抱，后期壮心速度快，紧实，单球净重 4 千克左右。口感佳，品质优，高抗病毒病和黑腐病，抗霜霉病，

耐贮运。

适种地区：适于北京、河北、天津、辽宁、吉林、黑龙江、内蒙古、山东等地种植。

联系单位：北京市农林科学院蔬菜研究中心

联 系 人：张凤兰　联系电话：010-51503038

通讯地址：北京市海淀区彰化路 50 号　100097

电子邮箱：*zhangfenglan@nercv.org*

6. 品种名称：大白菜"京秋 4 号"

选育单位：北京市农林科学院蔬菜研究中心

品种特性：晚熟秋播大白菜一代杂种。生长期 75 ~ 80 天，整齐度高，外叶深绿，叶面稍皱，开展度较小，叶球中桩叠抱，壮心速度快，紧实，单球净重 4.2 千克左右。口感佳，品质优，抗病毒病、霜霉病和黑腐病，耐贮运。

适种地区：适于北京、河北、天津、辽宁、吉林、黑龙江、内蒙古、山东等地种植。

联系单位：北京市农林科学院蔬菜研究中心

联 系 人：张凤兰　联系电话：010-51503038

通讯地址：北京市海淀区彰化路 50 号　100097

电子邮箱：*zhangfenglan@nercv.org*

7. 品种名称：大白菜"京翠60号"

选育单位：北京市农林科学院蔬菜研究中心

品种特性：早熟秋播大白菜一代杂种，成熟期60～65天，株型较直立，株高58厘米，开展度65厘米，叶形长倒卵形，叶色深绿，叶面多皱，绿帮；叶球长筒形，拧抱，叶球外叶绿、内叶浅黄；叶球高40厘米，叶球直径13厘米，单球重2.0～2.4千克，口感佳，品质优，高抗病毒病，抗霜霉病和黑腐病，平均亩产净菜4500千克左右。

适种地区：适合北京、河北、内蒙古、辽宁、吉林、云南、贵州、广西等地区种植。

联系单位：北京市农林科学院蔬菜研究中心
联 系 人：张凤兰　联系电话：010-51503038
通讯地址：北京市海淀区彰化路50号　100097
电子邮箱：zhangfenglan@nercv.org

8. 品种名称：小白菜"春油5号"

选育单位：北京市农林科学院蔬菜研究中心

品种特性：春油5号植株半直立、束腰，株型紧凑；株高22厘米，开展度33厘米；叶色绿、有光泽，叶柄绿色且宽、厚，蜡粉少；单株重0.3千克左右，试验平均亩产3400千克左右；苗期接种鉴定高抗霜霉病，抗 TuMV 和黑腐病；耐抽薹性较强，口感脆嫩，商品性好。

适种地区：适宜于北京地区冬春季节栽培。

联系单位：北京市农林科学院蔬菜研究中心

联 系 人：张凤兰　联系电话：010-51503038

通讯地址：北京市海淀区彰化路 50 号　100097

电子邮箱：zhangfenglan@nercv.org

9. 品种名称：小白菜"京研黑叶 3 号"

选育单位：北京市农林科学院蔬菜研究中心

品种特性：株型紧凑、较直立，叶色深绿、有光泽，叶柄白、粗。播种后 40 天左右收获，株高约 25 厘米，开展度约 30 厘米，平均单株重 0.22 千克左右，试验平均亩产 2890 千克。高抗 TuMV、抗黑腐病，口感脆嫩，商品性好。

适种地区：适宜于北京地区夏秋季节栽培。

联系单位：北京市农林科学院蔬菜研究中心

联 系 人：张凤兰　联系电话：010-51503038

通讯地址：北京市海淀区彰化路 50 号　100097

电子邮箱：zhangfenglan@nercv.org

10. 品种名称：小白菜"京绿1号"

选育单位：北京市农林科学院蔬菜研究中心

品种特性：株型紧凑，半直立，叶色深绿、有光泽，叶柄宽、绿，蜡粉少。播种后40天左右收获，株高约24厘米，开展度约31厘米；平均单株重0.23千克左右，试验平均亩产2723千克。苗期接种鉴定高抗霜霉病，抗TuMV和黑腐病；口感脆，商品性好。

适种地区：适宜于北京地区夏秋季节栽培。

联系单位：北京市农林科学院蔬菜研究中心
联 系 人：张凤兰　联系电话：010-51503038
通讯地址：北京市海淀区彰化路50号　100097
电子邮箱：zhangfenglan@nercv.org

11. 品种名称：小白菜"国夏1号"

选育单位：北京市农林科学院蔬菜研究中心

品种特性："国夏1号"夏秋品种，外形美观，束腰，品质脆嫩，抗热，抗病，耐雨；株型较矮，株高19厘米,开展度35厘米,叶色绿,叶面平展;叶柄绿且宽厚, 柄宽4.9厘米,厚1.1厘米,单株重0.25千克,

亩产 3000 千克左右；"国夏 1 号"抗病，耐雨、耐烂，尤其适于南方多雨高温季节栽培，高温栽培表现畸形、卷叶和拔节都较轻；品质好，口感佳。

适种地区：北京及全国夏秋季栽培。

联系单位：北京市农林科学院蔬菜研究中心

联 系 人：张凤兰　联系电话：010-51503038

通讯地址：北京市海淀区彰化路 50 号　100097

电子邮箱：zhangfenglan@nercv.org

12. 品种名称：小白菜"国夏 2 号 (10N7)"

选育单位：北京市农林科学院蔬菜研究中心

品种特性："国夏 2 号"外形美观，束腰，株型较直立，株高 25 厘米，开展度 33 厘米，叶色绿，叶面平；叶柄绿且宽厚，柄宽 6 厘米，厚 1.1 厘米，单株重 0.3 千克，亩产 3500 千克左右；较抗热，抗病，耐雨、耐烂，适于高温多雨季节栽培，品质好，口感佳，品质脆嫩。

适种地区：北京及全国夏秋季栽培。

联系单位：北京市农林科学院蔬菜研究中心

联 系 人：张凤兰　联系电话：010-51503038

通讯地址：北京市海淀区彰化路 50 号　100097

电子邮箱：zhangfenglan@nercv.org

13. 品种名称：小白菜"春油1号"

选育单位：北京市农林科学院蔬菜研究中心

品种特性："春油1号"是优良的适于冬春栽培的晚抽薹小白菜新品种，晚抽薹性较强，束腰美观，丰产，稳产，株型较直立，株高17厘米，开展度25厘米；叶色绿，叶面平且有光泽，心叶稍皱，叶柄绿且宽厚，叶柄宽度为5.3厘米，厚度为9毫米，单株重0.24千克，亩产2500千克。抗病、丰产、束腰早、品质好、产品商品性好。

适种地区：北京及全国冬春季栽培。

联系单位：北京市农林科学院蔬菜研究中心
联 系 人：张凤兰　联系电话：010-51503038
通讯地址：北京市海淀区彰化路50号　100097
电子邮箱：zhangfenglan@nercv.org

14. 品种名称：小白菜"春油3号"

选育单位：北京市农林科学院蔬菜研究中心

品种特性："春油3号"株型半直立、紧凑，束腰美观；株高22.6厘米，开展度31.3厘米；叶色绿、有光泽，叶面稍皱，叶柄绿色，叶柄宽 5.2 厘米，叶柄厚 9.2 毫米；单株重 0.23 千克，亩产 2500 千克左右；高抗 TuMV、黑腐病，抗霜霉病；耐抽薹，商品性好。

适种地区：北京及全国冬春季栽培。

联系单位：北京市农林科学院蔬菜研究中心
联 系 人：张凤兰 联系电话：010-51503038
通讯地址：北京市海淀区彰化路 50 号 100097
电子邮箱：zhangfenglan@nercv.org

15. 品种名称：小白菜"奶白 3 号"

选育单位：北京市农林科学院蔬菜研究中心

品种特性："奶白 3 号"植株整齐，生长势较强，株型紧凑，株高 15.8 厘米，开展度 26.9 厘米；叶色深绿、有光泽、叶面皱，叶柄奶白色，叶柄宽 3.97 厘米，厚 9.9 毫米，单株重达 0.147 千克；高抗

霜霉病、TuMV、黑腐病；外形美观，商品性好，品质佳；较耐抽薹，在北京春季大棚栽培比对照"奶白 1 号"晚抽薹 7 ~ 14 天，适于春秋大棚栽培。

适种地区：北京及全国秋季栽培。

联系单位：北京市农林科学院蔬菜研究中心
联 系 人：张凤兰 联系电话：010-51503038
通讯地址：北京市海淀区彰化路 50 号 100097
电子邮箱：zhangfenglan@nercv.org

16. 品种名称：苗用白菜"京研快菜"

选育单位：北京市农林科学院蔬菜研究中心

品种特性：快菜一代杂种，以幼苗或半成株为主要食用部分。耐热、耐湿、抗病，生长速度快，播种后 28 ～ 30 天开始收获。外叶深绿，叶片厚，叶面皱，质地柔软，无毛，帮白色，品质极佳，株高 32 厘米，单株重 280 克。

适种地区：全国低海拔平原地区夏秋季种植。

联系单位：北京市农林科学院蔬菜研究中心
联 系 人：余阳俊　联系电话：010-51503056
通讯地址：北京市海淀区彰化路 50 号　100097
电子邮箱：yuyangjun@nercv.org

17. 品种名称：苗用白菜"京研快菜 2 号"

选育单位：北京市农林科学院蔬菜研究中心

品种特性：快菜一代杂种，以幼苗或半成株为主要食用部分。耐热、耐湿、抗病，较耐抽薹，生长速度快，长势较旺,播种后 28 ～ 30 天开始收获。

株型较直立，外叶深绿，叶片厚，叶面皱，无毛，帮白，品质佳，株高 34 厘米，单株重 350 克。

适种地区：全国低海拔平原地区夏秋季种植。

联系单位：北京市农林科学院蔬菜研究中心

联 系 人：余阳俊　联系电话：010-51503056

通讯地址：北京市海淀区彰化路 50 号　　100097

电子邮箱：yuyangjun@nercv.org

18. 品种名称：苗用白菜"京研快菜 4 号"

选育单位：北京市农林科学院蔬菜研究中心

品种特性：快菜一代杂种，以幼苗或半成株为主要食用部分。耐热、耐湿、抗病，较耐抽薹，播种后 28 ～ 30 天开始收获，外叶黄绿色，帮宽，帮白，无毛，品质佳，株高 37 厘米，单株重 400 克。

适种地区：全国低海拔平原地区夏秋季、北方春季或南方越冬种植。

联系单位：北京市农林科学院蔬菜研究中心

联 系 人：余阳俊　联系电话：010-51503056

通讯地址：北京市海淀区彰化路 50 号　　100097

电子邮箱：yuyangjun@nercv.org

19. 品种名称：苗用白菜"京研快菜 6 号"

选育单位：北京市农林科学院蔬菜研究中心

品种特性：快菜一代杂种，以幼苗或半成株为主要食用部分。耐热、耐湿、抗病，株高 35 厘米，外叶浅绿色，无毛，帮白，帮宽，品质佳，播种后 28 ～ 30 天开始收获。

适种地区：全国低海拔平原地区夏秋季种植。

联系单位：北京市农林科学院蔬菜研究中心
联 系 人：余阳俊　联系电话：010-51503056
通讯地址：北京市海淀区彰化路 50 号　100097
电子邮箱：yuyangjun@nercv.org

20. 品种名称：番茄"京番 101"

选育单位：北京市农林科学院蔬菜研究中心

品种特性：粉果番茄杂交种，中早熟，无限生长型，株果协调，果实正圆形，萼片美观，每穗坐果数 4 ～ 6 个，平均单果重 220 克，最高可达 300 克，商品果率高，持续坐果能力强，稳产，丰产。具有抗番茄黄化曲叶病毒病 Ty1 和 Ty3a 基因位点、抗根结线虫病 Mi1-2 基因位点、抗番茄化叶病毒病 Tm2a 基因位点。

适种地区：春秋保护地种植。

联系单位：北京市农林科学院蔬菜研究中心
联 系 人：李常保　联系电话：010-51503486
通讯地址：北京市海淀区彰化路 50 号　100097
电子邮箱：lichangbao@nercv.org

21. 品种名称：番茄"京番 205"

选育单位：北京市农林科学院蔬菜研究中心

品种特性：粉果番茄杂交种，特早熟，无限生长型，长势旺，果实正圆形，萼片美观,每穗坐果数 4～6 个，平均单果重 240 克，最高可达 400 克，商品果率高，持续坐果能力强。具有抗根结线虫病 Mi 基因位点、抗番茄花叶病毒病 Tm2a 基因位点。

适种地区：春秋保护地或露地种植。

联系单位：北京市农林科学院蔬菜研究中心
联 系 人：李常保　联系电话：010-51503486
通讯地址：北京市海淀区彰化路 50 号　100097
电子邮箱：lichangbao@nercv.org

22. 品种名称：番茄"京番302"

选育单位：北京市农林科学院蔬菜研究中心

品种特性：有番茄味的粉果番茄杂交种，早熟，无限生长

型，浅绿肩，果实圆形，每穗坐果数4～5个，平均单果重220克，最高可达400克，酸甜可口味道佳。具有抗根结线虫病Mi基因位点。

  适种地区：春秋保护地或露地种植。

联系单位：北京市农林科学院蔬菜研究中心
联 系 人：李常保 联系电话：010-51503486
通讯地址：北京市海淀区彰化路50号 100097
电子邮箱：lichangbao@nercv.org

23. 品种名称：番茄"京番402"

选育单位：北京市农林科学院蔬菜研究中心

  品种特性：粉果番茄杂交种，中早熟，无限生长型，长势强，每穗坐果数4～5个，果实正圆形，无绿肩，萼片美观，平均单果重260克，最高可达350克。具有抗番茄黄化曲叶病毒病Ty1和Ty3a基因位点，抗番茄花叶病毒病Tm2a基因位点。

适种地区：春秋保护地或露地种植。

联系单位：北京市农林科学院蔬菜研究中心
联 系 人：李常保　联系电话：010-51503486
通讯地址：北京市海淀区彰化路50号　100097
电子邮箱：lichangbao@nercv.org

24. 品种名称：番茄"京番501"

选育单位：北京市农林科学院蔬菜研究中心

品种特性：红果番茄杂交种，中早熟，无限生长型，长势强，株型清秀，果实圆形，色泽亮丽，萼片规则平展，每穗坐果数5～7个，平均单果重240克，硬度高，连续坐果能力强，丰产，稳产。具有抗番茄黄化曲叶病毒病Ty1和Ty3a基因位点、抗番茄化叶病毒病Tm2a基因位点、抗根结线虫病Mi基因位点、抗叶霉病cf9基因位点。

适种地区：春秋和越冬保护地或露地种植。

联系单位：北京市农林科学院蔬菜研究中心
联 系 人：李常保　联系电话：010-51503486
通讯地址：北京市海淀区彰化路50号　100097
电子邮箱：lichangbao@nercv.org

25. 品种名称：番茄"京番601"

选育单位：北京市农林科学院蔬菜研究中心

品种特性：红果番茄杂交种，中熟，无限生长型，长势

强，果实圆形，色泽亮丽，萼片规则平展，每穗坐果数4～6个，平均单果重260克，硬度高，连续坐果能力强，丰产，稳产。具有抗番茄黄化曲叶病毒病 Ty1 和 Ty3a 基因位点、抗根结线虫病 Mi 基因位点、抗叶霉病 cf9 基因位点。

　　适种地区：春秋和越冬保护地或露地种植。

联系单位：北京市农林科学院蔬菜研究中心
联 系 人：李常保　联系电话：010-51503486
通讯地址：北京市海淀区彰化路50号　100097
电子邮箱：lichangbao@nercv.org

26. 品种名称：番茄"京番701"

　　选育单位：北京市农林科学院蔬菜研究中心

　　品种特性：黄色中大果番茄，无限生长，果形正圆，萼片上翘，结果均匀，单穗结果数4～6个，平均单果重200克，耐裂。具有抗

番茄黄化曲叶病毒病 Ty1 和 Ty3a 基因位点、抗根结线虫病 Mi 基因位点、抗番茄花叶病毒病 Tm2a 基因位点。

适种地区：春秋和越冬保护地或露地种植。

联系单位：北京市农林科学院蔬菜研究中心
联 系 人：李常保　联系电话：010-51503486
通讯地址：北京市海淀区彰化路 50 号　100097
电子邮箱：lichangbao@nercv.org

27. 品种名称：番茄"京番白玉堂"

选育单位：北京市农林科学院蔬菜研究中心

品种特性：稀珍白果番茄杂交种，高硬度，无限生长型，植株清秀，叶色黄绿，正圆果形，萼片美观，单穗坐果 4 ～ 6 个，平均单果重 150 克，上下坐果一致，果实颜色持续呈现羊脂玉般白亮色，近过度成熟后转红色，口感清脆，可切片食用。

适种地区：适合高端生态园区和高档即食餐饮市场。

联系单位：北京市农林科学院蔬菜研究中心
联 系 人：李常保　联系电话：010-51503486
通讯地址：北京市海淀区彰化路 50 号　100097
电子邮箱：lichangbao@nercv.org

28. 品种名称：番茄"京番黑罗汉"

选育单位：北京市农林科学院蔬菜研究中心

品种特性：稀珍黑果番茄杂交种，无限生长型，正圆果形，单穗坐果6～8个，平均单果重100克，果实颜色黑亮，受阳光诱导，口感硬脆，可切片食用。

适种地区：适合高端生态园区和高档即食餐饮市场。

联系单位：北京市农林科学院蔬菜研究中心

联 系 人：李常保　联系电话：010-51503486

通讯地址：北京市海淀区彰化路50号　100097

电子邮箱：lichangbao@nercv.org

29. 品种名称：辣椒"国福208"

选育单位：北京市农林科学院蔬菜研究中心

品种特性：中早熟、高产辣椒F_1杂交种，植株生长健壮，果实长宽羊角形，果形顺直美观，肉厚、质脆、腔小；果实纵长23～25厘米，果肩宽约3.5厘米，肉厚约3.5

毫米，单果重 80 克左右。辣味适中，青熟果淡绿色，红果鲜艳，红熟后不易变软，耐贮运，持续坐果能力强，商品率高；抗病毒病和青枯病、叶斑病；耐热耐湿，绿、红椒均可上市。

适种地区：华北地区保护地和华南适宜地区露地种植。

联系单位：北京市农林科学院蔬菜研究中心
联 系 人：耿三省　联系电话：010-51503007
通讯地址：北京市海淀区彰化路 50 号　100097
电子邮箱：gengsansheng@nercv.org

30. 品种名称：辣椒"国福305"

选育单位：北京市农林科学院蔬菜研究中心

品种特性：利用雄性不育系育成早熟辣椒 F_1，果形锥牛角形，膨果速度快，果长 18 ~ 20 厘米，果宽 4.5 ~ 5.2 厘米，单果重 90 ~ 130 克，果肉微辣，质脆口感好，仅适宜绿椒采收，产量高，耐贮运性较好，抗病毒病突出。

适种地区：适宜长江流域地区春季保护地和秋延后拱棚种植。

联系单位：北京市农林科学院蔬菜研究中心
联 系 人：耿三省　联系电话：010-51503007
通讯地址：北京市海淀区彰化路 50 号　100097
电子邮箱：gengsansheng@nercv.org

31. 品种名称：辣椒"国福308"

选育单位：北京市农林科学院蔬菜研究中心

品种特性：中早熟、丰产辣椒 F_1 杂交种，始花节位 9～10 片叶，植株生长健壮，株型紧凑，无限生长型；耐低温，低温寡照下坐果优秀，持续坐果能力强；果柄粗壮，膨果速度快；果实特长牛角形，果基有皱，果实纵径为 29～32 厘米，果横径 4.8～5.3 厘米，肉厚约 3.5 毫米，单果重 100～150 克。果皮黄绿色，辣味适中，口感佳，耐贮运，抗病毒病和青枯病，较耐热耐湿，秋延后栽培亦佳。

适种地区：适宜北方保护地种植。

联系单位：北京市农林科学院蔬菜研究中心
联 系 人：耿三省　联系电话：010-51503007
通讯地址：北京市海淀区彰化路 50 号　100097
电子邮箱：gengsansheng@nercv.org

32. 品种名称：辣椒"国福901"

选育单位：北京市农林科学院蔬菜研究中心

品种特性：中早熟辣椒 F_1 杂交种，植株生长健壮，株型紧凑，低温寡照下坐果优秀，持续坐果能力强，膨果速度快。

果实长牛角形，果面光滑，果形顺直。果实纵径为28.5厘米左右，果实横径为4.8厘米左右，肉厚约4毫米，单果重130～160克；青熟果淡绿色，老熟果红色；辣味适中，口感佳，较耐贮运；抗TMV病毒病；较耐热、耐湿。

适种地区：适宜北方拱棚秋延后及春季种植。

联系单位：北京市农林科学院蔬菜研究中心

联 系 人：耿三省　联系电话：010-51503007

通讯地址：北京市海淀区彰化路50号　100097

电子邮箱：gengsansheng@nercv.org

33. 品种名称：辣椒"国福908"

选育单位：北京市农林科学院蔬菜研究中心

品种特性：中早熟辣椒F_1杂交种，植株生长健壮，低温寡照下坐果优秀，持续坐果能力强，膨果速度快。果实牛角形，果面光滑。果实纵径为27厘米左右，横径为5.4厘米左右，肉厚约4毫米，单果重150～190克；青熟果淡绿色，老熟果红色；辣味适中，口

感佳，较耐贮运；抗 TMV 病毒病。较耐热耐湿。

适种地区： 适宜北方拱棚秋延后及春季种植。

联系单位：北京市农林科学院蔬菜研究中心
联 系 人：耿三省　联系电话：010-51503007
通讯地址：北京市海淀区彰化路50号　100097
电子邮箱：gengsansheng@nercv.org

34. 品种名称：辣椒"美瑞特"

选育单位： 北京市农林科学院蔬菜研究中心

品种特性： 中早熟辣椒 F_1 杂交种，植株生长健壮，株型紧凑，低温寡照下坐果优秀，持续坐果能力强，果柄粗壮，膨果速度快。果实粗羊角形，果面光滑，果形顺直。果实纵径为 30 厘米左右，果实横径为4.5厘米左右，肉厚约3.5毫米，单果重130～180克；青熟果黄绿色，老熟果红色；辣味适中，口感佳，较耐贮运；抗 TMV 病毒病。较耐热耐湿，秋延后栽培亦佳。

适种地区： 适宜北方拱棚秋延后及春季种植。

联系单位：北京市农林科学院蔬菜研究中心
联 系 人：耿三省　联系电话：010-51503007
通讯地址：北京市海淀区彰化路50号　100097
电子邮箱：gengsansheng@nercv.org

35. 品种名称：甜椒"国禧105"

选育单位：北京市农林科学院蔬菜研究中心

品种特性：大果型甜椒 F_1 杂交种，中早熟，始花节位 9 ~ 10 节，植株生长势健壮。

果实方灯笼形，3 ~ 4 心室，果实绿色，果面光滑，果实纵径约 10 厘米，横径约 9 厘米，肉厚约 5 毫米，单果重 160 ~ 260 克，品质佳，耐贮运。植株持续坐果能力强，整个生长季果形保持良好，耐低温性强，高抗 TMV 和 CMV，抗青枯病，耐疫病。

适种地区：适于北方保护地及露地种植。

联系单位：北京市农林科学院蔬菜研究中心

联 系 人：耿三省　联系电话：010-51503007

通讯地址：北京市海淀区彰化路 50 号　　100097

电子邮箱：gengsansheng@nercv.org

36. 品种名称：甜椒"国禧109"

选育单位：北京市农林科学院蔬菜研究中心

品种特性：中早熟甜椒 F_1 杂交品种，始花节位 9 ~ 10 节，植株生长健壮，坐果优秀，产量高。商品果淡绿色，果实为方灯笼形，果实纵径约 12 厘米，果肩宽约 9.3 厘米，单果重 240 克左右，果肉厚约 6 毫米。果形好，4 心室率高，商品率高，

耐贮运，品质佳，高附加值甜椒品种。耐低温性强，持续坐果能力强，综合抗病能力强。

适种地区：适宜南菜北运基地露地及北方保护地种植。

联系单位：北京市农林科学院蔬菜研究中心
联 系 人：耿三省　联系电话：010-51503007
通讯地址：北京市海淀区彰化路50号　100097
电子邮箱：gengsansheng@nercv.org

37. 品种名称：甜椒"国禧113"

选育单位：北京市农林科学院蔬菜研究中心

品种特性：早熟甜椒 F_1 杂交品种，始花节位 8～9 节，植株生长健壮，坐果优秀，产量高。商品果绿色，果实为方灯笼形，果实纵径约 12 厘米，果肩宽约 11 厘米，单果重 220～350 克，果肉厚 6 毫米。果形好，4 心室率高，商品率高，耐贮运，品质佳，高附加值甜椒品种。亩产 4500 千克以上。北方拱

棚秋延后种植效益好，春季拱棚种植果形好。

适种地区：适合北方拱棚秋延后及春季种植。

联系单位：北京市农林科学院蔬菜研究中心
联 系 人：耿三省　联系电话：010-51503007
通讯地址：北京市海淀区彰化路 50 号　100097
电子邮箱：gengsansheng@nercv.org

38. 品种名称：甜椒"国禧 115"

选育单位：北京市农林科学院蔬菜研究中心

品种特性：中早熟
甜椒 F_1 杂交品种，始
花节位 9 ～ 10 节，植
株生长健壮，坐果优
秀，产量高。商品果淡
绿色，果实为方灯笼
形，果实纵径约 12 厘
米，果肩宽约 9.3 厘米，

单果重 240 克左右，果肉厚约 6 毫米。果形好，四心室率高，
商品率高，耐贮运，品质佳，高附加值甜椒品种。耐低温性强，
持续坐果能力强，综合抗病能力强。

适种地区：适宜南菜北运基地露地及北方保护地种植。

联系单位：北京市农林科学院蔬菜研究中心
联 系 人：耿三省　联系电话：010-51503007
通讯地址：北京市海淀区彰化路 50 号　100097
电子邮箱：gengsansheng@nercv.org

39. 品种名称：甜椒"京甜 3 号"

选育单位：北京市农林科学院蔬菜研究中心

品种特性：中早熟甜椒 F_1，始花节位 9 ~ 10 节，生长势健壮，叶片深绿，果实正方灯笼形，4 心室率高，果实翠绿色，果表光滑，商品率高，耐贮运。果实纵径约 10 厘米，果实横径约 10 厘米，肉厚约 5 毫米，单果重 160 ~ 260 克，耐低温、弱光，持续

坐果能力强，整个生长季果形保持良好，高抗烟草花叶病毒和黄瓜花叶病毒，抗青枯病，耐疫病。

适种地区：适于北方保护地和华南南菜北运基地种植。

联系单位：北京市农林科学院蔬菜研究中心
联 系 人：耿三省　联系电话：010-51503007
通讯地址：北京市海淀区彰化路 50 号　100097
电子邮箱：gengsansheng@nercv.org

40. 品种名称：茄子"京茄 1 号"

选育单位：北京市农林科学院蔬菜研究中心

品种特性：品种长势强，植株直立，株形紧凑。平均株高90厘米，株展60厘米，叶片深紫绿色，并成一定角度向上伸展，可充分利用太阳光。始花节位7～8节，花蕾大，易坐果，

果实发育速度快，秧果生长协调。植株连续坐果性好，平均单株结果数5～8个，单果重600～900克，门茄单果重可达1500克，一般亩产量4500千克左右。果实近圆球形，果色紫黑发亮，不易退色老化，商品性状极佳。果肉浅绿白色，味甜，质地细嫩，风味好。该品种耐低温弱光，在温度较低的季节能正常结果，且畸形果少。

适种地区：北京、天津、河北等紫黑圆茄产区。

联系单位：北京市农林科学院蔬菜研究中心
联 系 人：崔彦玲　联系电话：010-51503005
通讯地址：北京市海淀区彰化路50号　100097
电子邮箱：cuiyanling@nercv.org

41. 品种名称：茄子"京茄6号"

选育单位：北京市农林科学院蔬菜研究中心
品种特性：早熟一代杂交品种。该品种株型直立，植株

长势较强，连续坐果性强，平均单株结果数 8 ～ 10 个，单果重 600 ～ 800 克。果实扁圆形，果色黑亮，有光泽，该品种产量高，商品性状优良。

适种地区：适合北京、天津、河北等圆茄产区，春季拱棚及露地栽培。

联系单位：北京市农林科学院蔬菜研究中心
联 系 人：崔彦玲　联系电话：010-51503005
通讯地址：北京市海淀区彰化路 50 号　100097
电子邮箱：cuiyanling@nercv.org

42. 品种名称：茄子"京茄 10 号"

选育单位：北京市农林科学院蔬菜研究中心

品种特性：具有丰产、抗病等优良性状的中晚熟杂交一代

长茄品种。植株生长势强、株型直立，叶片大，单株结果数多。果实长棒形，果长 35 ～ 40 厘米、果实横茎 6 ～ 7 厘米、单果重 350 克左右。果皮紫黑色、有光泽，

肉质细嫩、品质佳,商品性好。

适种地区:我国南北方露地栽培。

联系单位:北京市农林科学院蔬菜研究中心

联 系 人:崔彦玲 联系电话:010-51503005

通讯地址:北京市海淀区彰化路50号 100097

电子邮箱:cuiyanling@nercv.org

43. 品种名称:茄子 "京茄13号"

选育单位:北京市农林科学院蔬菜研究中心

品种特性:早熟一代杂交品种。植株长势强,节间短。果形顺直,短棒状,果长25~30厘米,果实横径5~6厘米,果色黑亮,连续坐果性强,产量高,耐寒性强。

适种地区:我国北方保护地栽培。

联系单位:北京市农林科学院蔬菜研究中心

联 系 人:崔彦玲 联系电话:010-51503005

通讯地址:北京市海淀区彰化路50号 100097

电子邮箱:cuiyanling@nercv.org

44. 品种名称：
茄子"京茄 20 号"

选育单位：北京市农林科学院蔬菜研究中心

品种特性：早熟优质茄子杂交品种。植株长势旺盛，叶片青绿色。果实黑紫色，果皮光滑油亮，光泽度极佳。果柄及萼片呈鲜绿色，无刺。果形棒状，果长 25 ～ 30 厘米，果实横径 6 厘米左右，单果重 250 ～ 350 克。连续坐果能力强，果实发育速度快，果肉浅绿，商品性好。果皮厚，不易失水，货架期长，商品价值高。该品种抗逆性强耐高温，适合北方露地栽培。

适种地区：我国北方露地栽培。

联系单位：北京市农林科学院蔬菜研究中心
联 系 人：崔彦玲　联系电话：010-51503005
通讯地址：北京市海淀区彰化路 50 号　100097
电子邮箱：cuiyanling@nercv.org

45. 品种名称：茄子"京茄 21 号"

选育单位：北京市农林科学院蔬菜研究中心

品种特性：早熟杂交一代长茄。该品种长势旺盛，分枝能力强，易坐果。果形顺直，长棒状，果长 25 ～ 35 厘米，果实横径 6 厘米左右，单果重 300 克左右。果皮深黑色，光滑油亮，光泽度佳。果柄及萼片鲜绿色。该品种耐低温弱光、抗逆性强、耐贮运，周年栽培亩产可达 15 吨。

适种地区：山东、河北等绿萼长茄产区，保护地生长季节栽培。

联系单位：北京市农林科学院蔬菜研究中心

联 系 人：崔彦玲　联系电话：010-51503005

通讯地址：北京市海淀区彰化路 50 号　100097

电子邮箱：cuiyanling@nercv.org

46. 品种名称：茄子"京茄 30 号"

选育单位：北京市农林科学院蔬菜研究中心

品种特性：中早熟杂交一代茄子品种。植株长势旺盛，连续坐果能力强，畸形果少，果形顺直，长棒状，果长 40 厘米左右，果实横径 7 厘米左右，果实亮红色，有光泽，产量高，抗病性强。

适种地区：我

国南北方露地栽培。

联系单位：北京市农林科学院蔬菜研究中心
联 系 人：崔彦玲　联系电话：010-51503005
通讯地址：北京市海淀区彰化路 50 号　　100097
电子邮箱：cuiyanling@nercv.org

47. 品种名称：茄子"京茄 31 号"

选育单位：北京市农林科学院蔬菜研究中心

品种特性：中早熟、丰产、抗病长茄一代杂交种。植株生长势强,果形顺直,长棒状、果长 35 厘米左右,果实横茎 7 厘米、果皮光滑,紫红色、有光泽,商品性好。南菜北运的优良品种。

适种地区：我国南北方露地栽培。

联系单位：北京市农林科学院蔬菜研究中心
联 系 人：崔彦玲　联系电话：010-51503005
通讯地址：北京市海淀区彰化路 50 号　　100097
电子邮箱：cuiyanling@nercv.org

48. 品种名称：茄子"京茄 32 号"

选育单位：北京市农林科学院蔬菜研究中心

品种特性：中早熟杂交一代品种，植株长势强，直立性好，连续坐果能力强，果形顺直，细长，果长 50 厘米左右，果实横径 3 厘米左右，果实亮紫红色，产量高，抗病性强。

适种地区：我国南北方露地栽培。

联系单位：北京市农林科学院蔬菜研究中心
联 系 人：崔彦玲　联系电话：010-51503005
通讯地址：北京市海淀区彰化路 50 号　100097
电子邮箱：cuiyanling@nercv.org

49. 品种名称：茄子"京茄 218 号"

选育单位：北京市农林科学院蔬菜研究中心

品种特性：杂交一代长茄品种。株型直立，长势强，果形顺直，果长 35 ~ 40 厘米，果实横径 6 ~ 7 厘米，果皮油亮，有光泽。该品种果肉细嫩，品质好，产量高。

适种地区：我国南方露地栽培。

联系单位：北京市农林科学院蔬菜研究中心
联 系 人：崔彦玲 联系电话：010-51503005
通讯地址：北京市海淀区彰化路50号 100097
电子邮箱：cuiyanling@nercv.org

50. 品种名称：茄子"京茄黑宝"

选育单位：北京市农林科学院蔬菜研究中心

品种特性：早熟杂交圆茄品种。该品种株型紧凑，始花节位6~7节。果形周正，近圆球形，果脐小，畸形果少，果皮黑亮，光泽度好，商品性状佳。该品种耐低温弱光。

适种地区：北京、天津、河北等圆茄产区，早春保护地栽培。

联系单位：北京市农林科学院蔬菜研究中心
联 系 人：崔彦玲 联系电话：010-51503005
通讯地址：北京市海淀区彰化路50号 100097
电子邮箱：cuiyanling@nercv.org

51. 品种名称：茄子"京茄黑龙王"

选育单位：北京市农林科学院蔬菜研究中心

品种特性：早熟杂交一代品种。该品种果形顺直，果长35厘米左右，果实横径5厘米左右，果色黑亮，无阴阳面。该品种畸形果少，产量高。

适种地区：适宜于四川、云南等地露地栽培。

联系单位：北京市农林科学院蔬菜研究中心
联 系 人：崔彦玲　联系电话：010-51503005
通讯地址：北京市海淀区彰化路50号　100097
电子邮箱：cuiyanling@nercv.org

52. 品种名称：茄子"京茄黑骏"

选育单位：北京市农林科学院蔬菜研究中心

品种特性：早熟一代杂交种，植株长势强，连续坐果能力强。果实扁圆形，果

皮紫黑色，有光泽，果肉紧实，浅绿色，平均单果重 750 克左右。该品种较耐低温弱光，果实发育速度快，产量高，商品性好，为保护地专用品种。

适种地区：北京、天津、河北等圆茄产区，保护地栽培。

联系单位：北京市农林科学院蔬菜研究中心
联 系 人：崔彦玲　联系电话：010-51503005
通讯地址：北京市海淀区彰化路 50 号　100097
电子邮箱：cuiyanling@nercv.org

53. 品种名称：茄子"京茄黑霸"

选育单位：北京市农林科学院蔬菜研究中心

品种特性：早熟一代长茄品种。果形顺直，果长 35 厘米左右，果实横径 6 厘米左右，单果重 400 克左右，果皮光滑，黑亮，有光泽。该品种适应性广，产量高。

适种地区：我国南北方露地栽培。

联系单位：北京市农林科学院蔬菜研究中心
联 系 人：崔彦玲　联系电话：010-51503005
通讯地址：北京市海淀区彰化路 50 号　100097
电子邮箱：cuiyanling@nercv.org

54. 品种名称：西葫芦"京葫 8 号"

选育单位：北京市农林科学院蔬菜研究中心

品种特性：早熟，植株长势强健，叶片中等大小，株形结构合理，耐寒性好，不早衰。坐瓜能力强，膨瓜快，产量高。瓜条顺直，色泽翠绿，光泽好。瓜长 24 ~ 26 厘米，粗 6 ~ 8 厘米，圆柱状。较抗白粉病和灰霉病。亩定植 1500 株，地膜覆盖，起垄栽培，大小行定植，行株距 150 厘米 ×60 厘米，双行栽培，重施基肥，果实收获期肥水不可缺。

适种地区：适宜北方地区各种保护地和南方秋冬露地及塑料棚栽培。

联系单位：北京市农林科学院蔬菜研究中心
联 系 人：李海真　联系电话：010-51503010
通讯地址：北京市海淀区彰化路 50 号　100097
电子邮箱：lihaizhen@nercv.org

55. 品种名称：西葫芦"京葫 33"

选育单位：北京市农林科学院蔬菜研究中心

品种特性：耐低温弱光冬温室类型杂交品种。中早熟，根系发达，茎秆粗壮，长势旺盛。连续结瓜性好，瓜码密，膨瓜快。商品瓜翠绿色，瓜长22～24厘米，粗6～7厘米，长柱形、瓜条粗细均匀，光泽度好。采收期200天以上，产量高。10月上、中旬育苗，苗龄15～20天。

适种地区：适合北方越冬温室栽培。

联系单位：北京市农林科学院蔬菜研究中心
联 系 人：李海真　联系电话：010-51503010
通讯地址：北京市海淀区彰化路50号　100097
电子邮箱：lihaizhen@nercv.org

56. 品种名称：西葫芦"京葫36"

选育单位：北京市农林科学院蔬菜研究中心

品种特性：耐低温弱光冬温室类型杂交品种。中早熟，根系发达，茎秆粗壮，长势强，株型透光率好，连续结瓜能力强，瓜码密，产量高。瓜长23～25厘米，粗6～7厘米，长柱形、粗细均匀，油亮翠绿，花纹细腻，商品性好。采收期200天以上，亩产量达15000千克。温室种植10月上、中旬育苗，苗龄

15 ~ 20天。早春双层膜覆盖栽培,1月中下旬育苗,苗龄30天。

适种地区:适合北方越冬温室、早春大棚栽培。

联系单位:北京市农林科学院蔬菜研究中心

联 系 人:李海真　联系电话:010-51503010

通讯地址:北京市海淀区彰化路50号　100097

电子邮箱:lihaizhen@nercv.org

57.品种名称:**板栗南瓜"早熟京红栗"**

选育单位:北京市农林科学院蔬菜研究中心

品种特性:极早熟品种,开花至采收需35天左右。长势强,抗病性好,生长前期节间短,适宜密植,容易管理,坐瓜性好,产量高。单瓜重2.0千克,近圆形,橘红色瓜皮,光滑亮丽,极少产生花瓜,商品性好。瓜肉为深橘黄色,口感甜、肉质细粉,具有板栗香味,品质佳。

适种地区:适应性广,南、北方春秋露地、大棚和温室均可栽培。

联系单位:北京市农林科学院蔬菜研究中心

联 系 人:李海真　联系电话:010-51503010

通讯地址:北京市海淀区彰化路50号　100097

电子邮箱:lihaizhen@nercv.org

58. 品种名称：板栗南瓜"迷你京绿栗"

选育单位：北京市农林科学院蔬菜研究中心

品种特性：极早熟迷你南瓜品种，早熟，生育期 85～90 天。长势稳健，茎蔓粗壮，极易坐瓜。单瓜重 300～500 克，一株可结瓜 3～5 个，产量高，较抗病毒病。瓜形厚扁圆，深绿色。肉厚，深黄色，口感甘甜，细面，品质佳。

适种地区：适应性广，南、北方春秋露地、大棚和温室均可栽培。

联系单位：北京市农林科学院蔬菜研究中心
联 系 人：李海真　联系电话：010-51503010
通讯地址：北京市海淀区彰化路 50 号　100097
电子邮箱：lihaizhen@nercv.org

59. 品种名称：黄瓜"京丰68"

选育单位：北京市农林科学院蔬菜研究中心

品种特性：植株长势强，叶片中等大小，以主蔓结瓜为主，瓜码密，膨瓜速度快，连续坐瓜能力强。

早熟性好，耐低温弱光能力强，抗霜霉病、白粉病和枯萎病。瓜条顺直，皮色深绿，光泽度好，瓜把较短，无棱，刺密，瘤中，腰瓜长约 35 厘米，商品率高，单瓜重 200 克左右，果肉绿色，商品性好。生长期长，不易早衰，丰产潜力大，特别适宜保护地越冬茬和早春茬栽培。

适种地区：华北、东北、西北保护地秋延后、越冬及早春茬嫁接栽培。

联系单位：北京市农林科学院蔬菜研究中心
联 系 人：王建设　联系电话：010-51503440
通讯地址：北京市海淀区彰化路 50 号　100097
电子邮箱：wangjianshe@nercv.org

60. 品种名称：黄瓜"京丰 298"

选育单位：北京市农林科学院蔬菜研究中心

品种特性：植株长势强，叶片中等大小，以主蔓结瓜为主，瓜码密，膨瓜速度快，连续坐瓜能力强。早熟性极好，耐低温弱光能力强，中抗霜霉病、白粉病和枯萎病。瓜条顺直，皮色深绿，光泽度好，瓜把短、无棱，刺密、瘤中，腰瓜长 33 ~ 35 厘米，单瓜重 200 克左右，果肉绿色，商品性好。生长期长，不易早衰，丰产潜力大，特别适宜保护地早

春茬栽培。

适种地区：华北、东北、西北保护地秋延后、越冬及早春茬嫁接栽培。

联系单位：北京市农林科学院蔬菜研究中心
联 系 人：王建设　联系电话：010-51503440
通讯地址：北京市海淀区彰化路 50 号　100097
电子邮箱：wangjianshe@nercv.org

61. 品种名称：黄瓜"北京新 401"

选育单位：北京市农林科学院蔬菜研究中心

品种特性：适于春露地种植，亦可春秋棚种植。生长势强，产量高。瓜长 33 厘米左右，小刺瘤，瓜皮绿色，有光泽，瓜肉淡绿，品质好。抗霜霉病、白粉病和病毒病，耐热。

适种地区：全国早春露地栽培。

联系单位：北京市农林科学院蔬菜研究中心
联 系 人：毛爱军　联系电话：010-51503079
通讯地址：北京市海淀区彰化路 50 号　100097
电子邮箱：maoaijun@nercv.org

62. 品种名称：黄瓜"北京 403"

选育单位：北京市农林科学院蔬菜研究中心

品种特性：适于春露地种植，亦可春秋棚种植。生长势强，产量高。瓜长 33 厘米左右，中小刺瘤，瓜皮绿色，瓜肉淡绿，品质好。抗霜霉病、白粉病和病毒病，耐热。

适种地区：全国早春露地栽培。

联系单位：北京市农林科学院蔬菜研究中心

联 系 人：毛爱军　联系电话：010-51503079

通讯地址：北京市海淀区彰化路 50 号　100097

电子邮箱：maoaijun@nercv.org

63. 品种名称：黄瓜"京研 106"

选育单位：北京市农林科学院蔬菜研究中心

品种特性：普通系黄瓜杂交种。适于春温室、春大棚栽培。耐低温、弱光，抗霜霉病、白粉病。瓜长 28 ～ 30 厘米，瓜棒状，顺直，瓜把短，瓜色绿、有光泽，中小刺瘤，白刺较密，商品性好，产量高。

适种地区：我国北方保护地栽培。

联系单位：北京市农林科学院蔬菜研究中心
联 系 人：毛爱军　联系电话：010-51503079
通讯地址：北京市海淀区彰化路50号　100097
电子邮箱：maoaijun@nercv.org

64.品种名称：黄瓜"京研107"

选育单位：北京市农林科学院蔬菜研究中心

品种特性：适于春温室及春秋棚栽培。全雌，植株生长势强，叶较大，耐低温弱光，中抗霜霉病和白粉病，抗CMV。主蔓结瓜为主，瓜长28～30厘米，瓜棒状，顺直，瓜把中，瓜色深绿，有光泽，小瘤刺，白刺，密度中等，心室小，果肉硬实浅绿色，固形物含量高，口感甜脆，品质好，耐储藏。

适种地区：我国北方春秋保护地栽培。

联系单位：北京市农林科学院蔬菜研究中心
联 系 人：毛爱军　联系电话：010-51503079
通讯地址：北京市海淀区彰化路50号　100097
电子邮箱：maoaijun@nercv.org

65. 品种名称：黄瓜"京研 108 – 2"

选育单位：北京市农林科学院蔬菜研究中心

品种特性：适于温室和春、秋大棚栽培。普通系，植株生长势强，耐低温弱光，抗（中抗）霜霉病和白粉病，抗 CMV。主蔓结瓜为主，瓜长 30 厘米以上，瓜条顺直，瓜把较短，瓜色深绿，中瘤白刺，密度中等，心室小，瓜肉浅绿色，商品性好。瓜码密，产量高。

适种地区：我国北方保护地栽培。

联系单位：北京市农林科学院蔬菜研究中心
联 系 人：毛爱军　联系电话：010-51503079
通讯地址：北京市海淀区彰化路 50 号　 100097
电子邮箱：maoaijun@nercv.org

66. 品种名称：黄瓜"京研 109"

选育单位：北京市农林科学院蔬菜研究中心

品种特性：适于早春温室和春、秋棚栽培。耐低温弱光，抗（中抗）霜霉病和白粉病。全雌，产量潜力

高，及时疏瓜疏果，摘除畸形瓜纽儿可提高品质和产量。瓜长
28厘米左右，瓜把较短，口感甜，品质优良。

　　适种地区：我国北方春秋保护地栽培。

联系单位：北京市农林科学院蔬菜研究中心
联 系 人：毛爱军　联系电话：010-51503079
通讯地址：北京市海淀区彰化路50号　100097
电子邮箱：maoaijun@nercv.org

67.品种名称：黄瓜"京研118"

　　选育单位：北京市农林科学院
蔬菜研究中心

　　品种特性：适于春温室和春秋
棚栽培。雌花密度高，植株生长势
较强，耐低温弱光，抗（中抗）霜
霉病和白粉病，抗CMV。主蔓结
瓜为主，瓜长约32厘米，瓜条直，
瓜把较短，瓜色深绿，中瘤白刺，
密度中等，心室小，瓜肉浅绿色，
商品性好。产量高。

　　适种地区：我国春保护地栽培。

联系单位：北京市农林科学院蔬菜研究中心
联 系 人：毛爱军　联系电话：010-51503079
通讯地址：北京市海淀区彰化路50号　100097
电子邮箱：maoaijun@nercv.org

68.品种名称：黄瓜"京研 207"

选育单位：北京市农林科学院蔬菜研究中心

品种特性：适于春温室和春秋大棚栽培，耐低温、弱光，抗霜霉病和白粉病。全雌，产量潜力高，适时疏花、疏果可提高品质和产量。瓜长 30 ～ 32 厘米，瓜色深绿，有光泽，小瘤刺，果肉浅绿色，品质好。

适种地区：我国北方春秋保护地栽培。

联系单位：北京市农林科学院蔬菜研究中心
联 系 人：毛爱军　联系电话：010-51503079
通讯地址：北京市海淀区彰化路 50 号　　100097
电子邮箱：maoaijun@nercv.org

69. 品种名称：黄瓜"京研春秋绿 3 号"

选育单位：北京市农林科学院蔬菜研究中心

品种特性：适宜春、秋保护地种植，兼具低温弱光耐受性与耐热性。早熟，生长势较强，不易早衰，高产。主蔓结瓜型，瓜条顺直，膨瓜速度快，瓜长 32 ～ 34 厘米，瓜把短，外皮油亮绿，刺瘤适中，瓤色浅绿，风味浓，肉质脆，综合抗病性强。

华北地区春大棚种植 2 月底至 3 月初播种育苗，苗龄 30 天即可定植，亩种植 3500 株左右。秋大棚栽培可在 7 月中下旬直播。

适种地区：全国范围栽培。

联系单位：北京市农林科学院蔬菜研究中心
联 系 人：张峰　联系电话：010-51503023
通讯地址：北京市海淀区彰化路 50 号　100097
电子邮箱：zhangfeng@nercv.org

70. 品种名称：黄瓜"京研夏美"

选育单位：北京市农林科学院蔬菜研究中心

品种特性：适宜春、夏、秋露地种植，兼做春秋大棚种植。早熟，生长势较强，不易早衰，耐热性强。主蔓结瓜型,瓜条顺直，膨瓜速度快，瓜长 36 ～ 38 厘米，瓜把短，外皮油亮绿，刺瘤适中，瓤色浅绿，风味浓，肉质脆，综合抗病性强。

华北地区露地种植 3 月底至 4 月初播种育苗，苗龄 30 天即可定植,也可以在 5 月 1 日前后直播。亩种植 3500 株左右。秋大棚栽培可在 7 月中下旬直播。

适种地区：全国范围栽培。

联系单位：北京市农林科学院蔬菜研究中心
联 系 人：张峰　联系电话：010-51503023
通讯地址：北京市海淀区彰化路 50 号　100097
电子邮箱：zhangfeng@nercv.org

71. 品种名称：黄瓜"京研秋美"

选育单位：北京市农林科学院蔬菜研究中心

品种特性：中早熟，生长势较强，不易早衰，雌性节率较高，不可使用乙烯类增瓜调节剂处理。主蔓结瓜型，瓜条顺直，发育速度快，瓜长 33 ~ 35 厘米，把较短，外皮深亮绿，刺瘤适中，瓢色浅绿，风味浓，肉质脆，综合抗病性强。

适宜春、秋大棚种植。华北地区 2 月底至 3 月初播种育苗，苗龄 30 天即可定植，亩种植 3500 株左右，秋大棚栽培可在 7 月中下旬直播。

适种地区：东北、西北、华北地区栽培。

联系单位：北京市农林科学院蔬菜研究中心
联 系 人：张　峰　联系电话：010-51503023
通讯地址：北京市海淀区彰化路 50 号　100097
电子邮件　zhangfeng@nercv.org

72 品种名称：黄瓜"京研优胜"

选育单位： 北京市农林科学院蔬菜研究中心

品种特性： 耐低温弱光，早熟，生长势中等，不易早衰，连续结瓜能力强。以主蔓结瓜为主，瓜条顺直，发育速度快，瓜长 32～35 厘米，把较短，外皮深亮绿，刺瘤适中，瓤色浅绿，风味浓，肉质脆，综合抗病性较好。适宜越冬及早春温室种植。华北地区温室越冬栽培在 9 月下旬至 10 月上旬播种，春温室栽培在 12 月上旬至下旬播种，苗龄 35 天左右，亩种植 3500 株左右。嫁接栽培可提高抗逆性及产量。

适种地区： 华北地区栽培。

联系单位：北京市农林科学院蔬菜研究中心
联 系 人：张 峰 联系电话：010-51503023
通讯地址：北京市海淀区彰化路 50 号 100097
电子邮件：zhangfeng@nercv.org

73. 品种名称：黄瓜"京研迷你 5 号"

选育单位： 北京市农林科学院蔬菜研究中心

品种特性： 全雌，适于温室和春、秋大棚栽培。持续生长和结果能力强，耐低温、弱光，亦较耐热，抗霜霉病、白粉病，耐枯萎病。瓜长 15 厘米左右，果面光滑、无刺棱、亮绿，品质好，产量高。

适种地区：全国保护地栽培。

联系单位：北京市农林科学院蔬菜研究中心

联 系 人：毛爱军　联系电话：010-51503079

通讯地址：北京市海淀区彰化路 50 号　100097

电子邮箱：maoaijun@nercv.org

74. 品种名称：黄瓜"京研迷你 6 号"

选育单位：北京市农林科学院蔬菜研究中心

品种特性：适于北方春温室、春秋棚和南方保护地栽培。绿迷你水果黄瓜。全雌，中早熟，植株生长势强，不早衰，丰产。一节多瓜，商品瓜绿色，有光泽，果皮较光滑，瓜长约 15 厘米，品质

好。综合抗病能力强,耐低温、弱光。2015 年通过北京市鉴定。

适种地区:北方早春温室和春秋棚栽培以及南方保护地栽培。

联系单位:北京市农林科学院蔬菜研究中心
联 系 人:毛爱军　联系电话:010-51503079
通讯地址:北京市海淀区彰化路50号　100097
电子邮箱:maoaijun@nercv.org

75. 品种名称:黄瓜"京研迷你7号"

选育单位:北京市农林科学院蔬菜研究中心

品种特性:适于北方春温室、春秋棚和南方保护地栽培。绿迷你水果黄瓜。全雌,中早熟,植株生长势强,不早衰,丰产。一节多瓜,商品瓜亮绿色,果皮光滑,瓜长约15厘米,品质好。综合抗病能力强,耐低温、弱光。2015年通过北京市鉴定。

适种地区:北方早春温室和春秋棚栽培以及南方保护地栽培。

联系单位:北京市农林科学院蔬菜研究中心
联 系 人:毛爱军　联系电话:010-51503079
通讯地址:北京市海淀区彰化路50号　100097
电子邮箱:maoaijun@nercv.org

76. 品种名称：黄瓜"京研翠玉迷你"

选育单位：北京市农林科学院蔬菜研究中心

品种特性：植株生长势中等，适宜春大棚及春露地种植，不适宜秋冬茬栽培。雌性节率60%，瓜长12～14厘米，翠绿色、具有不明显的细小黑刺。耐霜霉病、白粉病及角斑病。产量较高，味甜，品质佳。

适种地区：我国北方保护地栽培。

联系单位：北京市农林科学院蔬菜研究中心

联 系 人：毛爱军　联系电话：010-51503079

通讯地址：北京市海淀区彰化路50号　　100097

电子邮箱：maoaijun@nercv.org

77. 品种名称：黄瓜"京研翠玉迷你2号"

选育单位：北京市农林科学院蔬菜研究中心

品种特性：适于温室和春大棚栽培。生长势强，耐低温弱光，抗霜霉病、白粉病、抗CMV。主蔓结瓜为主，瓜长15厘米左右，瓜翠白绿色，无刺瘤，心室小，果肉浅绿色，外观品质和食用品质佳。

适种地区：我国北方越冬和春保护地栽培。

联系单位：北京市农林科学院蔬菜研究中心
联 系 人：毛爱军　联系电话：010-51503079
通讯地址：北京市海淀区彰化路50号　100097
电子邮箱：maoaijun@nercv.org

78. 品种名称：黄瓜"绿精灵2号"

选育单位：北京市农林科学院蔬菜研究中心

品种特性：新育成的杂交一代无刺型水果黄瓜。强雌型，生长势强，叶色深绿，主侧蔓均可结瓜。瓜长14厘米左右，

瓜色亮绿，肉质脆，风味浓。对霜霉病、白粉病有较强的抗性，兼具耐热性与低温、弱光耐受性。适宜春大棚及冬春温室种植，大棚栽培亩产5000～6000千克，温室栽培亩产8000～10000千克。

必须在全周期保护地条件下栽培。苗龄 25 ~ 30 天，亩栽 2000 ~ 2200 株，要及时去除 6 节以下侧枝与雌花。本品种产量潜力高，对肥水需求量大，定植前施足基肥，中后期偏重施磷钾肥。全周期防治刺吸式口器害虫（如白粉虱、蚜虫、蓟马等），以免传播病毒病。

适种地区：全国范围栽培。

联系单位：北京市农林科学院蔬菜研究中心
联 系 人：张峰　联系电话：010-51503023
通讯地址：北京市海淀区彰化路 50 号　100097
电子邮箱：zhangfeng@nercv.org

79. 品种名称：黄瓜"绿精灵5号"

选育单位：北京市农林科学院蔬菜研究中心

品种特性：新育成杂交一代无刺型水果黄瓜。强雌型，生长势较强，主侧蔓均可结瓜。瓜长 14 ~ 16 厘米，瓜色亮绿，肉质脆，风味浓。抗病性较强，适宜春、秋大棚及冬温室种植，大棚栽培亩产 5000 ~ 6000 千克，温室栽培亩产 8000 ~ 10000 千克。

必须在全周期保护地条件下栽培。苗龄 25 ~ 30 天，亩栽 2000 ~ 2200 株，要及时去除 6 节以下侧枝与雌花。本品种产量潜力高，对肥水需求量大，定植前施足基肥，中后期偏重施磷钾肥。全周期防治刺吸式口器害虫（如白粉虱、蚜虫、蓟马等），以免传播病毒病。

适种地区：全国范围栽培。

联系单位：北京市农林科学院蔬菜研究中心
联 系 人：张峰　联系电话：010-51503023
通讯地址：北京市海淀区彰化路50号　100097
电子邮箱：zhangfeng@nercv.org

80. 品种名称：西瓜"京嘉"

选育单位：北京市农林科学院蔬菜研究中心

品种特性：果实发育期28天左右。植株生长势稳健，坐果性好。果实圆形，果皮绿底覆盖齿条，有果霜。果实瓤色红，肉质脆嫩，口感好，纤维少，中心可溶性固形物含量12%，品质佳。单瓜重7千克，皮厚0.8厘米、耐低温、弱光，坐果整齐，商品率高。

适种地区：适于全国早熟栽培。

联系单位：北京市农林科学院蔬菜研究中心
联 系 人：宫国义　联系电话：010-51503035
通讯地址：北京市海淀区彰化路50号　100097
电子邮箱：gongguoyi@nercv.org

81. 品种名称：西瓜"京玲"

选育单位：北京市农林科学院蔬菜研究中心

品种特性：高品质无籽小型瓜品种。果实发育期25天左右，全生育期90天左右。坐果性好。果实圆形，果皮绿色覆盖有黑色条纹，有果霜。单瓜重2～2.5千克，大红肉，无籽率好，皮薄，耐裂，中心含糖量13%以上，一般亩产2500～3000千克。

适种地区：适合全国保护地与露地栽培。

联系单位：北京市农林科学院蔬菜研究中心
联 系 人：宫国义　联系电话：010-51503035
通讯地址：北京市海淀区彰化路50号　100097
电子邮箱：gongguoyi@nercv.org

82. 品种名称：西瓜"京珑"

选育单位：北京市农林科学院蔬菜研究中心

品种特性：高品质无籽小型瓜品种。果实发育期28天左右，全生育期88天左右。坐果性好。果实圆形，果皮纯黑色，有光泽。单瓜重3～3.5

千克，大红肉，无籽率好，皮薄，耐裂，中心含糖量 13% 以上，一般亩产 3000 千克左右。

适种地区：适合全国保护地与露地栽培。

联系单位：北京市农林科学院蔬菜研究中心
联 系 人：宫国义　联系电话：010-51503035
通讯地址：北京市海淀区彰化路 50 号　100097
电子邮箱：gongguoyi@nercv.org

83. 品种名称：西瓜"京美"

选育单位：北京市农林科学院蔬菜研究中心

品种特性：果实发育期 33 天左右，全生育期 95 天左右。植株生长势稳健，坐果性好。果实椭圆形，果皮绿底覆盖宽条，抗裂，有果霜。果肉大红色，肉质致密脆爽，中心可溶性固形物含量高。单瓜重约 7 ～ 8 千克以上，丰产性强，皮厚 1.0 厘米左右，耐储运。

适种地区：适于全国保护地与露地高产栽培。

联系单位：北京市农林科学院蔬菜研究中心
联 系 人：宫国义　联系电话：010-51503035
通讯地址：北京市海淀区彰化路 50 号　100097
电子邮箱：gongguoyi@nercv.org

84. 品种名称：西瓜 "京颖"

选育单位：北京市农林科学院蔬菜研究中心

品种特性：果实发育期25天左右，全生育期85天左右。植株生长势稳健，坐果性好。果实椭圆形，果皮绿底覆盖细齿条，外观好，有果霜。果肉红色，肉质脆，中心可溶性固形物含量12.5%以上。单瓜重约2千克以上，丰产性强，皮厚0.3厘米左右，耐裂，耐储运，挂果期长。

适种地区：适于全国保护地与露地高产栽培。

联系单位：北京市农林科学院蔬菜研究中心

联 系 人：宫国义　联系电话：010-51503035

通讯地址：北京市海淀区彰化路50号　100097

电子邮箱：gongguoyi@nercv.org

85. 品种名称：西瓜 "勇凤"

选育单位：北京市农林科学院蔬菜研究中心

品种特性：中早熟、优质、耐裂，丰产性好。果实发育期30天左右，全生育期90天左右。植株生长势稳健，易坐瓜。

果实圆形，绿底覆盖墨绿窄条纹，外型周正美观，有蜡粉。单瓜重 7～8 千克，剖面均匀，大红肉，肉质脆嫩，口感佳，中心可溶性固形物含量 11 度，糖度梯度小。果皮耐裂，耐储运。与"京欣一号"相比，耐裂性有较大提高，单瓜较大，糖度高，瓤色更红，条纹漂亮。一般亩产 5000 千克左右。

适种地区：适合全国保护地与露地栽培。

联系单位：北京市农林科学院蔬菜研究中心
联 系 人：宫国义　联系电话：010-51503035
通讯地址：北京市海淀区彰化路 50 号　100097
电子邮箱：gongguoyi@nercv.org

86. 品种名称：西瓜"华欣"

选育单位：北京市农林科学院蔬菜研究中心

品种特性：果实发育期 32 天左右。植株生长势稳健，坐果性好。果实圆形，外观漂亮，果皮绿底覆盖窄齿条，有果霜。果实瓤色大红，肉质脆，口感好，中心可溶性固形物含量11%以上，品质佳。单瓜重8～10千克，丰产性强，果皮硬，皮厚0.8厘米，耐裂性好。

适种地区：适合全国保护地与露地栽培。

联系单位：北京市农林科学院蔬菜研究中心
联 系 人：宫国义　联系电话：010-51503035
通讯地址：北京市海淀区彰化路50号　100097
电子邮箱：gongguoyi@nercv.org

87. 品种名称：西瓜"京欣2号"

选育单位：北京市农林科学院蔬菜研究中心

品种特性：果实发育期28天左右。植株生长势稳健，坐果性好。果实圆形，果皮绿底覆盖窄齿条，有果霜。果实瓤色红，肉质脆，口感好，中心可溶性固形物含量11%，品质佳。单瓜重7千克，丰产性强，皮厚0.8厘米，耐低温弱光，坐果整齐，商品率高。

适种地区：适于全国早熟栽培。

联系单位：北京市农林科学院蔬菜研究中心
联 系 人：宫国义　联系电话：010-51503035
通讯地址：北京市海淀区彰化路50号　100097
电子邮箱：gongguoyi@nercv.org

88. 品种名称：萝卜"京脆1号"

选育单位：北京市农林科学院蔬菜研究中心

品种特性：叶片近板叶型，叶片深绿色，半直立株型。肉质根椭圆形，根皮绿色，入土部分白色，肉色浅绿，水分大，肉质甜脆，适于生食或腌渍。该品种味甘质脆，维生素C含量丰富，并含有丰富的抗癌物质——硫甙。据国家蔬菜工程技术研究中心营养品质实验室2009

年12月检测结果，该品种每100克鲜重维生素C含量为38毫克，可溶性糖含量为3.57%、硫甙含量为31.88微摩尔。

适种地区：适宜在华北地区种植。

联系单位：北京市农林科学院蔬菜研究中心
联 系 人：张丽　联系电话：010-51503163
通讯地址：北京市海淀区彰化路50号　100097
电子邮箱：zhangli@nercv.org

89. 品种名称：萝卜"京红4号"

选育单位：北京市农林科学院蔬菜研究中心

品种特性：利用"三系配套"选育技术选育出的秋红萝卜

新品种，肉质根圆形，根皮粉红，根肉白色，熟食易烂，食用品质佳。株型平展，花叶。生长期80～90天。产量高，品质优，抗病毒能力强。适合秋季栽培的晚熟品种。

适种地区：适宜在东北、华北地区种植。

联系单位：北京市农林科学院蔬菜研究中心
联 系 人：张丽　联系电话：010-51503163
通讯地址：北京市海淀区彰化路50号　　100097
电子邮箱：zhangli@nercv.org

90. 品种名称：萝卜"改良满堂红"

选育单位：北京市农林科学院蔬菜研究中心

品种特性：采用自交不亲和系方法选育而成的杂交新品种。近板叶型，叶簇直立，叶片深绿色；肉质根椭圆形，根皮绿色，入土部分白色，主根细长，肉色血红，肉质致密，脆嫩，适于鲜食。该品种味甘质脆，营养成分丰富，

含糖量 3.88%，每 100 克鲜重维生素 C 含量 37.77 毫克，花青苷含量 1.1069 毫克。收获时食用味道好，耐贮藏，贮藏期从霜降至翌年 4 月，不糠心。

适种地区：适宜在东北、华北、西北地区种植。

联系单位：北京市农林科学院蔬菜研究中心
联 系 人：张丽　联系电话：010-51503163
通讯地址：北京市海淀区彰化路 50 号　100097
电子邮箱：zhangli@nercv.org

91. 品种名称：观赏甘蓝"京莲红 2 号"

选育单位：北京市农林科学院蔬菜研究中心

品种特性：红色圆叶类型一代杂种，株型整齐，叶数多，丰满，株高 25 厘米左右，长势强；叶卵圆，全缘型，叶散生互叠，外叶灰绿色，内叶直立，着色早、均匀、紫红色，叶色鲜艳，形似玫瑰；10℃以下开始转色，耐 -5℃冰冻，晚抽薹；观赏性强。

华北地区 7 月下旬至 8 月上旬播种，华中、华南地区 8 月下旬至 9 月上旬播种；寒区和高海拔地区可以根据当地气候特点进行错季栽培。

适种地区：适宜晚秋至早春温度在－5～22℃的环境下生长。

联系单位：北京市农林科学院蔬菜研究中心
联 系 人：刘凡　联系电话：010-51503016
通讯地址：北京市海淀区彰化路50号　100097
电子邮箱：liufan@nercv.org

92. 品种名称：观赏甘蓝"京莲粉4号"

选育单位：北京市农林科学院蔬菜研究中心

品种特性：一代杂交种。圆叶类型，外叶灰绿色，内叶粉红色，舒展。着色较早、均匀。株型整齐，株高16厘米左右。抗冻性较强，赏食兼用。

华北地区7月下旬至8月上旬播种，华中、华南地区8月下旬至9月上旬播种；寒区和高海拔地区可以根据当地气候特点进行错季栽培。

适种地区：适宜晚秋至早春温度在－5～22℃的环境下生长。

联系单位：北京市农林科学院蔬菜研究中心
联 系 人：刘凡　联系电话：010-51503016
通讯地址：北京市海淀区彰化路50号　100097
电子邮箱：liufan@nercv.org

93. 品种名称：观赏甘蓝"京莲白3号"

选育单位：北京市农林科学院蔬菜研究中心

品种特性：一代杂交种。圆叶舒展，略具波浪，外叶蓝绿色，内叶奶黄色，心叶微粉，着色均匀。叶数多，株型整齐、丰满，长势强健。抗冻性较强，赏食兼用。

华北地区7月下旬至8月上旬播种，华中、华南地区8月下旬至9月上旬播种；寒区和高海拔地区可以根据当地气候特点进行错季栽培。

适种地区：适宜晚秋至早春温度在 –5 ～ 22℃的环境下生长。

联系单位：北京市农林科学院蔬菜研究中心
联 系 人：刘凡　联系电话：010-51503016
通讯地址：北京市海淀区彰化路50号　100097
电子邮箱：liufan@nercv.org

94. 品种名称：观赏甘蓝"京冠红4号"

选育单位：北京市农林科学院蔬菜研究中心

品种特性：红色皱叶羽衣甘蓝一代杂种，矮生，匍匐生长，株型好，株高约15厘米，叶缘卷曲，褶皱细致，外叶深灰绿色，内叶红色，显色早，均匀，10℃以下开始转色，耐–5℃冰冻，晚抽薹。观赏性佳，赏食兼用。

华北地区7月下旬至8月上旬播种，华中、华南地区8月下旬至9月上旬播种；寒区和高海拔地区可以根据当地气候特点进行错季栽培。

适种地区：适宜晚秋至早春温度在－5～22℃的环境下生长。

联系单位：北京市农林科学院蔬菜研究中心

联 系 人：刘凡　联系电话：010-51503016

通讯地址：北京市海淀区彰化路50号　100097

电子邮箱：liufan@nercv.org

95. 品种名称：观赏甘蓝"京冠红6号"

选育单位：北京市农林科学院蔬菜研究中心

品种特性：红色皱叶类型一代杂种，株型整齐、紧凑，长势强；矮生，株高约18厘米；叶缘卷曲，褶皱细致，外叶深灰绿色，内叶玫红色，显色早，均匀，着色面积大；15℃以下开始转色，耐－5℃冰冻。嫩叶可食，赏食兼用。

华北地区7月下旬至8月上旬播种，华中、华南地区8月下旬至9月上旬播种；寒区和高海拔地区可以根据当地气候特点进行错季栽培。

　　适种地区：适宜晚秋至早春温度在 - 5 ~ 22℃的环境下
生长。

　　联系单位：北京市农林科学院蔬菜研究中心
　　联　系　人：刘凡　　联系电话：010-51503016
　　通讯地址：北京市海淀区彰化路 50 号　　100097
　　电子邮箱：liufan@nercv.org

96. 品种名称：观赏甘蓝"京冠白 3 号"

选育单位：北京市农林科学院蔬菜研究中心

　　品种特性：白色皱叶类型一代杂种，株型整齐、紧凑，长势中；矮生，株高约 14 厘米；叶缘卷曲，褶皱细致，外叶蓝绿色，内叶奶白色，显色早，均匀，着色面

积大；15℃以下开始转色，耐-5℃冰冻。观赏性状优良，赏食兼用。

华北地区7月下旬至8月上旬播种，华中、华南地区8月下旬至9月上旬播种；寒区和高海拔地区可以根据当地气候特点进行错季栽培。

适种地区：适宜晚秋至早春温度在-5～22℃的环境下生长。

联系单位：北京市农林科学院蔬菜研究中心
联 系 人：刘凡　联系电话：010-51503016
通讯地址：北京市海淀区彰化路50号　100097
电子邮箱：liufan@nercv.org

97. 品种名称：观赏甘蓝"京羽粉2号"

选育单位：北京市农林科学院蔬菜研究中心

品种特性：粉色羽叶类型一代杂种，株型整齐、开展，株高约35厘米，长势强健；叶羽状浅裂，外叶蓝绿色，内叶粉红色，着色较早、均匀；叶色亮丽，观赏性强；15℃以下开始转色，耐-5℃冰冻，抗逆性强，景观效果好，赏食兼用。

华北地区7月下旬至8月上旬播种，华中、华南地区8月下旬至9月上旬播种；寒区和高海拔地区可以根据当地气候特点进行错季栽培。

适种地区：适宜晚秋至早春温度在 - 5 ~ 22℃的环境下生长。

联系单位：北京市农林科学院蔬菜研究中心

联 系 人：刘凡　联系电话：010 - 51503016

通讯地址：北京市海淀区彰化路 50 号　100097

电子邮箱：liufan@nercv.org

三、果树

1. 品种名称：桃"早玉"

选育单位：北京市农林科学院林业果树研究所

品种特性：果实近圆形，纵径 7.68 厘米，横径 7.18 厘米，

侧径 7.32 厘米；果实大，平均单果重 195 克，大果重 304 克。果顶突尖；缝合线浅，梗洼深度、宽度中等，果皮底色为黄白色，果面 1/2 以上着玫瑰红色，晕状，茸毛薄。果皮中等厚，不能剥离。果肉白色，皮下有红丝，近核处少量红色。肉质为硬肉，汁液少，纤维少，风味甜。核均重 7.0 克，占果重的 2.56%。果核浅褐色，椭圆形，离核，与果肉间空腔小。可溶性固形物含量 13%。含可溶性糖 8.45%，可滴定酸 0.35%，果肉维生素 C 184.5 毫克 / 千克。树势中庸，花芽形成好，复花芽多，花芽起始节位低，为 1 ～ 2 节，各类果枝均能结果。幼树以长、中果枝结果为主。在北京地区一般 3 月下旬萌芽，4 月中旬盛花，花期 1 周左右。4 月下旬展叶，5 月上旬抽梢，7 月中下旬果实成熟。果实发育期 93 天左右。10 月中下旬落叶，生育期 210 天左右。该品种为中熟桃品种，果个大、风味甜，尤其是具有硬肉、离核、早果丰产的特性。

适种地区：在桃主产区均可栽培。

经济效益情况：极丰产，4年生树亩产可达1500千克，盛果期树亩产2200千克以上。

联系单位：北京市农林科学院林业果树研究所
联 系 人：姜全　联系电话：010-82592159
通讯地址：北京市海淀区香山瑞王坟甲12号　100093
电子邮箱：quanj@vip.sina.com

2. 品种名称：桃"瑞光35号"

选育单位：北京市农林科学院林业果树研究所

品种特性：中熟油桃新品种。果实近圆形至椭圆形，纵径7.90厘米，横径6.90厘米，侧径7.10厘米。平均单果重191克，最大235克。果顶圆或微尖，缝合线浅而不明显，梗洼为中等深度和宽度。果皮底色黄白，彩色为紫红色晕，近全面分布。

果皮厚，不能剥离。果肉黄白色，皮下和近核处有少量红色，硬溶质，多汁，风味甜，含可溶性固形物12.6%，离核。果核褐色，椭圆形，鲜核质量8.6克，种仁甜。树势中庸，树姿半开张；花为蔷薇形，花粉量多。复花芽较多，长、中、短等各类果枝均结果良好。在北京地区，3月下旬叶芽萌动，4月中旬为盛花期，花期持续7天左右。4月下旬为展叶期，

5月上旬为抽梢期，8月初果实采收，果实发育期约109天。大量落叶时间为10月中下旬，全年生育期约207天。抗寒性较强。

适种地区：在我国北方适宜桃生态栽培的区域均可种植。

经济效益情况：早果丰产，成龄树亩产2000千克以上。

联系单位：北京市农林科学院林业果树研究所

联 系 人：姜全、郭继英　联系电话：010-62859265

通讯地址：北京市海淀区香山瑞王坟甲12号　100093

电子邮箱：jyguo3@126.com

3. 品种名称：桃"瑞光39号"

选育单位：北京市农林科学院林业果树研究所

品种特性：果实近圆形，纵径6.99厘米，横径6.95厘米，侧径7.22厘米。平均单果重202克，大果重284克。果

顶圆，略带微尖，缝合线浅，梗洼深度和宽度中等。果皮底色为黄白色，果面3/4近全面着玫瑰红或紫红色，晕状。果皮厚度中等，不能剥离。果肉黄白色，皮下和近核处红色素少，硬溶质，汁液多，风味浓甜，可溶性固

形物含量13%。黏核。在北京地区3月下旬萌芽，4月中旬盛花，花期7天左右。4月下旬展叶，5月上旬抽梢，8月下旬果实成熟。果实发育期132天左右。比瑞光27号晚熟约

14 天。10 月中下旬大量落叶，年生育期 208 天左右。树体和花芽抗寒力较强，无特殊敏感性逆境伤害和病虫害。树势中庸，树姿半开张。一年生枝阳面红褐色，背面绿色。叶长椭圆披针形，叶片长 16.98 厘米，宽 4.41 厘米，叶柄长 1.08 厘米；叶面微向内凹、波状，叶尖渐尖、微向外卷，叶基楔形近直角；叶片绿色；叶缘为钝锯齿；蜜腺肾形，3～4 个。花蔷薇形，粉红色；花药橙红色，有花粉；萼筒内壁绿黄色；雌蕊高于雄蕊。花芽形成较好，复花芽多，花芽起始节位低，为 1～2 节。各类果枝均能结果，幼树以长、中果枝结果为主。

适种地区：适合在北京、河北、山东、河南、辽宁、山西、陕西等适宜桃栽培的生态区域种植。

经济效益情况：丰产，盛果期树亩产 2000 千克以上。

联系单位：北京市农林科学院林业果树研究所
联 系 人：姜全　联系电话：010-82592159
通讯地址：北京市海淀区香山瑞王坟甲 12 号　　100093
电子邮箱：quanj@vip.sina.com

4. 品种名称：桃"瑞蟠 21 号"

选育单位：北京市农林科学院林业果树研究所

品种特性：果实扁平形，纵径 5.46 厘米，横径 8.64 厘米，侧径 8.80 厘米；平均单果重 236 克，大果重 294 克。果个均匀，远离缝合线一端果肉较厚；果顶凹入，基本不裂；缝合线浅，梗洼浅而广，果皮底色为黄白色，果面 1/3～1/2 着紫红色，晕状，茸毛薄。果皮中等厚，难剥离。果肉黄白色，皮下无红丝，近核处红色。肉质为硬溶质，多汁，纤维少，风味甜，较硬。核较小，鲜核重 7.5 克。果核褐色，扁平形，黏核。可溶性固形物含量 13.5%。树势中庸，花芽形成好，复花芽多、花芽起始节位低、为 1～2 节，各类果枝均能结果。以长、中果枝结果为主。北京地区一般 3 月下旬萌芽，4 月中旬盛花，花期 7 天左右。4 月下旬展叶，5 月上旬抽梢，9 月下旬果实成熟。果实发育期 166 天左右。10 月中下旬落叶，生育期 208 天左右。树姿半开张；一年生枝阳面红褐色，背面绿色。叶片长 16.83 厘米，宽 4.22 厘米，叶柄长 0.94 厘米。叶长椭圆披针形，叶面微向内凹，叶尖微向外卷，叶基楔形近直角，绿色，叶缘为钝锯齿，蜜腺肾形，2～4 个。花蔷薇形，粉色；花药橙红色，有花粉；萼筒内壁绿黄色。雌蕊与雄

蕊等高或略低。该品种为优良的极晚熟蟠桃品种，果实大，风味甜，硬度较高。成花容易，坐果率高，丰产。

适种地区：适合在北京、河北、山东、山西、河南、辽宁、陕西等适宜桃栽培的生态区域种植。

经济效益情况：自然坐果率高，丰产性强，4 年生树亩产可达 1700 千克，盛果期树亩产 2200 千克以上。

联系单位：北京市农林科学院林业果树研究所

联 系 人：姜全　联系电话：010-82592159

通讯地址：北京市海淀区香山瑞王坟甲 12 号　　100093

电子邮箱：quanj@vip.sina.com

5. 品种名称：桃"瑞油蟠 2 号"

选育单位：北京市农林科学院林业果树研究所

品种特性：中熟油蟠桃新品种。果实扁平形，平均单果重 122 克，大果重 150 克。果面近全紫红色，外观鲜艳。果肉乳白色，硬溶质，汁液中等含量，风味甜浓，黏核。可溶性固形物含量 13.5%。耐贮运。丰产。花蔷薇形，有花粉。北京地区 8 月中旬果实成熟，果实发育期 119 天左右。

适种地区：在我国北方适宜桃生态栽培的区域均可种植。

经济效益情况：丰产，成龄树亩产 2000 千克以上。

联系单位：北京市农林科学院林业果树研究所
联 系 人：姜全、郭继英　联系电话：010-62859265
通讯地址：北京市海淀区香山瑞王坟甲 12 号　100093
电子邮箱：jyguo3@126.com

6. 品种名称：观食桃"贺春"

选育单位：北京市农林科学院林业果树研究所

品种特性：中熟白肉普通桃。果实圆形，中等大小，平均单果重 131.1 克，较大果重 152 克；果顶圆平，缝合线浅，两侧果肉较对称。果皮茸毛稀少，底色白，表面着条状、块状、斑状鲜红或玫瑰红色，色泽艳丽。果肉乳白色，软溶质，硬度较软。口感较细腻，果汁多。风味浓甜、浓香。可溶性固形物含量 10.1% ~ 11.2%，鲜食品质优。半粘核，无裂核。花为粉色，重瓣，花丝有瓣化现象。花大美观，型若牡丹，直径为5.3 厘米左右。花瓣数 27 枚，有花粉。花期长，始花期晚。

适种地区：适宜在河北、山东、北京、天津等地及气候相似区域露地栽培，亦可在辽宁等北方地区进行保护地种植。

联系单位：北京市农林科学院林业果树研究所

联 系 人：刘佳棽　联系电话：010-62859105

通讯地址：北京市海淀区香山瑞王坟甲 12 号　　100093

电子邮箱：liujs65@126.com

7. 品种名称：观食桃"锦春"

选育单位：北京市农林科学院林业果树研究所

品种特性：早熟白肉油桃。果实正圆，果个中等，较大果重125 克；果顶圆平，缝合线浅，两侧果肉对称。果皮光滑无毛，表面着条状、块状、斑状玫瑰红色，色泽艳丽，果皮偶有轻微开裂。果肉乳白色，红色比率 50% ~ 70%，软溶质，硬度中等。口感较细腻，果汁多。风味甜、微香。可溶性固形物含量 10% ~ 12%，

鲜食品质优。半离核,无裂核。北京地区 6 月 17 - 22 日成熟。花红色,单瓣或复瓣,开花早,秋季叶片呈紫红色,观赏价值高。

适种地区:适宜在河北、山东、北京、天津等地及气候相似区域露地栽培,亦可在辽宁等北方地区进行保护地种植。

联系单位:北京市农林科学院林业果树研究所
联 系 人:刘佳棻 联系电话:010-62859105
通讯地址:北京市海淀区香山瑞王坟甲 12 号　100093
电子邮箱:liujs65@126.com

8. 品种名称:观食桃"知春"

选育单位:北京市农林科学院林业果树研究所

品种特性:中熟白肉普通桃。果实近圆稍扁,果个大,平均单果重 255.2 克,较大果重 290 克;果顶圆平,缝合线浅,两侧果肉较对称。果皮茸毛中,底色乳白,表面着条状、块状、斑状鲜红至玫瑰红色,色泽艳丽。果肉乳白色,硬溶质,硬度较硬。口感较细腻,果汁多。风味浓甜、中香。可溶性固形物含量 10.0% ~ 11.0%,鲜食品质优。半黏核,无裂核。北京地区 7 月 18 - 20 日成熟。多年未发现裂果。花粉色,重复瓣,花瓣数 13 ~ 15 枚;花径大,直径 5.5 厘米,花美艳丽;花期约 10 ~ 12 天,属中花系,有花粉。

适种地区:适宜在河北、山东、北京、天津等地及气候相似区域露地栽培，亦可在辽宁等北方地区进行保护地种植。

联系单位：北京市农林科学院林业果树研究所
联 系 人：刘佳棻　联系电话：010-62859105
通讯地址：北京市海淀区香山瑞王坟甲12号　100093
电子邮箱：liujs65@126.com

9. 品种名称：油桃"望春"

选育单位：北京市农林科学院林业果树研究所

品种特性：早熟黄肉甜油桃。果实近圆稍长，果个大，平

均单果重191.3克，较大果重249克；果顶圆平或略有小唇状，缝合线浅，两侧对称。果皮光滑无毛，底色黄，近全面着鲜红至玫瑰红色，呈块状或斑、条、纹状，少量有中等粗度的果点。果肉黄色，硬溶质，硬度中等。

风味甜、微香，可溶性固形物含量12.7%，鲜食品质优。耐贮运性良好。半黏核，无裂核。北京地区7月9－12日成熟。

适种地区：适宜在河北、山东、北京、天津等地及气候相似区域露地栽培，亦可在辽宁等北方地区进行保护地种植。

联系单位：北京市农林科学院林业果树研究所
联 系 人：刘佳棻　联系电话：010-62859105
通讯地址：北京市海淀区香山瑞王坟甲12号　100093
电子邮箱：liujs65@126.com

10. 品种名称：油桃"金美夏"

选育单位：北京市农林科学院林业果树研究所

品种特性：中熟黄肉甜油桃。果实近圆稍扁，果个大，平均单果重202.1克，较大果重283克；果顶圆平；缝合线浅，两侧片肉对称。果皮光滑无毛，底色黄，全面浓红色，光亮艳丽。果肉黄色，硬溶质，硬度中等。风味浓甜，中度香气，可溶性固形物含量13%左右，鲜食品质优。黏核，无裂核。北京地区7月17 – 22日成熟。

适种地区：适宜在河北、山东、北京、天津等地及气候相似区域露地栽培，亦可在辽宁等北方地区进行保护地种植。

联系单位：北京市农林科学院林业果树研究所
联 系 人：刘佳棽　联系电话：010-62859105
通讯地址：北京市海淀区香山瑞王坟甲12号　100093
电子邮箱：liujs65@126.com

11. 品种名称：草莓"天香"

选育单位：北京市农林科学院林业果树研究所

品种特性：植株生长势中等，株态开张，株高9.92厘米，冠径17.67厘米×17.08厘米。叶圆形，绿色，叶片厚度中

等，叶面平，叶尖向下，叶缘粗锯齿，叶面质地较光滑，光泽度中等，叶梗长 6.6 厘米，单株着生叶片 13 片；花梗中粗，低于叶面，单花序花数 9 朵，单株花总数 27 朵以上，两性花。果实圆锥形，橙红色，有光泽，种子黄绿红色兼有，平或微凸于果面，种子分布中等；果肉橙红色；花萼单层双层兼有，主贴副离。一二级序果平均果重 29.8 克，果实纵横径 6.34 厘米 ×4.88 厘米，最大果重 59 克。外观评价上等，风味酸甜适中，香味较浓。可溶性固形物含量 8.9%，维生素 C 含量 659.7 毫克 / 千克，总糖 5.997%，总酸 0.717%，果实硬度 2.191 千克 / 厘米 ^{2}。

适种地区：适宜在北京地区日光温室栽培。

联系单位：北京市农林科学院林业果树研究所

联 系 人：张运涛 联系电话：010-82598882

通讯地址：北京市海淀区香山瑞王坟甲 12 号 100093

电子邮箱：zhytao1963@126.com

12. 品种名称：草莓"书香"

选育单位：北京市农林科学院林业果树研究所

品种特性：植株生长势较强，株态较直立，株高 13.09 厘米，冠径 33.7 厘米 ×28.7 厘米。叶椭圆形，绿色，叶片厚度中等，叶面平，叶尖向下，叶缘锯齿尖，叶面质地粗糙，有光泽，叶梗长 9.93 厘米，单株着生叶片 33 片；花序分歧，低于叶面，单花序花数 3 朵，单株花总数 36 朵，两性花。果实圆锥形或楔形，红色，有光泽，种子黄绿红色兼有，平于果面，种子分布中等；果肉红色；花萼单层双层兼有，主贴副离。一二级序果平均果重 24.7 克，果实纵横径 5.25 厘米 ×4.35 厘米，最大果重 76 克。外观评价上等，风味酸甜适中，有香味。可溶性固形物含量为 10.9%，维生素 C 含量为 492 毫克 / 千克，总糖 5.56%，总酸 0.52%，果实硬度 2.293 千克 / 厘米^2。

适种地区：适宜在北京地区日光温室栽培。

联系单位：北京市农林科学院林业果树研究所

联　系　人：张运涛　联系电话：010-82598882

通讯地址：北京市海淀区香山瑞王坟甲 12 号　　100093

电子邮箱：zhytao1963@126.com

13. 品种名称：草莓"红袖添香"

选育单位：北京市农林科学院林业果树研究所

品种特性：植株生长势强，株态半开张，株高 12.96 厘米，冠径 28.37 厘米 ×26.63 厘米。叶圆形，绿色，叶片厚度中等，叶面平，叶尖向下，叶缘锯齿钝，叶面质地革质平滑，有光泽，叶柄长 9.4 厘米，单株着生叶片 10.8 片；花序分歧，低于叶面，单花序花数 6 朵，单株花总数 56 朵，两性花。果实长圆锥形或楔形，红色，有光泽，种子黄绿红色兼有，平于果面，种子分布中等；果肉红色；花萼单层双层兼有，主贴副离。一二级序果平均果重 50.6 克，果实纵横径 6.08 厘米 ×4.46 厘米，最大果重 98 克。风味酸甜适中，有香味。可溶性固形物含量为 10.5%，维生素 C 含量为 485 毫克 / 千克，总糖 4.48%，总酸 0.48%，果实硬度 3.159 千克 / 厘米 ^{2}。

适种地区：适宜在北京地区日光温室栽培。

联系单位：北京市农林科学院林业果树研究所
联 系 人：张运涛 联系电话：010-82598882
通讯地址：北京市海淀区香山瑞王坟甲 12 号 100093
电子邮箱：zhytao1963@126.com

14. 品种名称:草莓"粉红公主"

选育单位：北京市农林科学院林业果树研究所

品种特性：北京地区露地栽培初花期为 4 月上中旬，盛花期为 4 月中旬，果实成熟期为 5 月中旬，果实发育期 25 天左右。北京地区日光温室栽培现蕾期为 11 月下旬，初花期为 12 月上旬，盛花期为 12 月下旬，果实转白期为 1 月上旬，果实成熟期为 1 月中旬。

植株生长势较强，株态半开张，株高 14.9 厘米，冠径 23.6 厘米 ×24.1 厘米。叶圆形、绿色，叶片厚度 0.61 毫米，叶面平，叶缘锯齿钝，叶面革质粗糙、有光泽，叶柄长 10.6

厘米，单株着生叶片 4.4 片。花序分歧，低于叶面，两性花。

果实圆锥形或楔形、粉红色、有光泽，种子绿红色兼具，平于果面，种子分布中等，果肉橙黄。花萼单层双层兼有，主贴副离。一二级序果平均果重 20.5 克，果实纵横径 5.68 厘米 ×4.32 厘米，最大果重 43 克，甜多酸少，有香味。可溶性固形物含量为 10.4%，维生素 C 含量为 588.5 毫克 / 千克，还原糖为 4.25%，可滴定酸为 0.625%。

多年来在北京地区观察，无特殊的敏感性病虫害和逆境伤害，表现较强的抗病性。

适种地区：北京、河北、辽宁、山东、河南、云南及西北、西藏等地区日光温室栽培。

联系单位：北京市农林科学院林业果树研究所
联 系 人：张运涛　**联系电话**：010-82598882
通讯地址：北京市海淀区香山瑞王坟甲12号　100093
电子邮件：zhytao1963@126.com

15. 品种名称：草莓"京桃香"

选育单位：北京市农林科学院林业果树研究所

品种特性：北京地区露地栽培，初花期为4月上中旬，盛花期为4月中旬，果实成熟期为5月中旬，果实发育期25天左右。北京地区日光温室栽培，现蕾期为11月下旬，初花期为12月上旬，盛花期为12月中旬，果实转白期

为 1 月上旬，果实成熟期为 1 月中旬。

植株生长势较强，株态半开张，株高 10.8 厘米，冠径 24.0 厘米 ×21.1 厘米。叶椭圆形、绿色，叶片厚度 0.62 毫米，叶面平，叶缘锯齿钝，叶面革质粗糙、有光泽，叶柄长 5.8 厘米，单株着生叶片 7.7 片。花序分歧，高于叶面，两性花。

果实圆锥形或楔形、红色、有光泽，种子黄绿红色兼具，平于果面，种子分布中等，果肉橙红。花萼单层双层兼有，主贴副离。一二级序果平均果重 31.5 克，果实纵横径 4.86 厘米 ×3.34 厘米，最大果重 49 克，酸甜适中，具黄桃香味。可溶性固形物含量为 9.5%，维生素 C 含量为 787.6 毫克 / 千克，还原糖为 5.2%，可滴定酸为 0.67%。

多年来在北京地区观察，无特殊的敏感性病虫害和逆境伤害，表现较强的抗病性。

适种地区：北京、河北、辽宁、山东、河南、西北、云南、西藏等地区日光温室栽培。

联系单位：北京市农林科学院林业果树研究所
联 系 人：张运涛　联系电话：010-82598882
通讯地址：北京市海淀区香山瑞王坟甲 12 号　100093
电子邮件：zhytao1963@126.com

16. 品种名称：草莓 "京留香"

选育单位：北京市农林科学院林业果树研究所

品种特性：北京地区露地栽培，初花期 4 上中旬，盛花期 4 月中旬，果实成熟期为 5 月中旬，果实发育期 25 天左右。在北京地区日光温室栽培现蕾期为 11 月中旬，初花期为

11 月下旬，盛花期为 12 月中旬，果实转白期为 1 月上旬，果实成熟期为 1 月中旬。

植株生长势强，株态直立，株高 12.8 厘米，冠径 23.7 厘米 ×26.0 厘米。叶圆形、绿色，叶片厚度 0.61 毫米，叶面平，叶尖向下，叶缘锯齿钝，叶面革质平滑、有光泽，叶柄长 7.6 厘米，单株着生叶片 8.6 片。花序分歧，高于叶面，两性花。

果实长圆锥形或长楔形、红色、有光泽，种子黄绿红色兼具，平于果面，种子分布中等，果肉橙红。花萼单层双层兼有，主贴副离。一二级序果平均果重 34.5 克，果实纵横径 5.48 厘米 ×3.62 厘米，最大果重 52 克，风味酸甜适中，有香味。可溶性固形物含量为 9.2%，维生素 C 含量为 583.8 毫克 / 千克，总糖 5.2%，总酸 0.56%。

多年来在北京地区观察，无特殊的敏感性病虫害和逆境伤害，表现较强的抗性。

适种地区：北京、河北、辽宁、山东、河南、西北、云南、西藏等地区日光温室栽培。

联系单位：北京市农林科学院林业果树研究所

联 系 人：张运涛　联系电话：010-82598882

通讯地址：北京市海淀区香山瑞王坟甲 12 号　100093

电子邮件：zhytao1963@126.com

17. 品种名称：草莓 "京承香"

选育单位：北京市农林科学院林业果树研究所

品种特性：北京地区露地栽培，初花期为 4 月上中旬，盛花期为 4 月中旬，果实成熟期为 5 月中旬，果实发育期 25 天左右。在北京地区日光温室栽培现蕾期为 11 月下旬，初花期为 12 月上旬，盛花期为 12 月中旬，果实转白期为 12 月下旬，果实成熟期为 1 月中旬。

植株生长势较强，株态较开张，株高 15.2 厘米，冠径 25.5 厘米×25.1 厘米。叶圆形、绿色，叶片厚度中等，叶面较平或叶尖

向下，叶缘锯齿尖，叶面革质粗糙、有光泽，叶柄长 11.1 厘米，单株着生叶片 9.9 片。花序分歧，低于叶面，两性花。

果实圆锥形、红色、有光泽，种子黄绿红色兼有，凹于果面，种子分布中等，果肉红色。花萼单层双层兼具，主贴副离。一二级序果平均果重 33.8 克，果实纵横径 5.6 厘米 ×4.04 厘米，最大果重 56 克，风味酸甜，稍有香味。可溶性固形物含量为 8.6%，维生素 C 含量为 804.9 毫克 / 千克，还原糖为 4.3%，可滴定酸为 0.63%。

多年来在北京地区观察，无特殊的敏感性病虫害和逆境伤害，表现较强的抗性。

适种地区：北京、河北、辽宁、山东、河南、西北、云南、西藏等地区日光温室栽培。

联系单位：北京市农林科学院林业果树研究所

联 系 人：张运涛　联系电话：010-82598882

通讯地址：北京市海淀区香山瑞王坟甲 12 号　　100093

电子邮件：zhytao1963@126.com

18. 品种名称：草莓"京藏香"

选育单位：北京市农林科学院林业果树研究所

品种特性：北京地区露地栽培初花期为 4 月上中旬，盛花期为 4 月中旬，果实成熟期为 5 月中旬，果实发育期

25 天左右。北京地区日光温室栽培现蕾期为 11 月中旬，初花期为 11 月下旬，盛花期为 12 月上旬，果实转白期为 12 月中旬，果实成熟期为 1 月上旬。

植株生长势较强，株态半开张，株高 12.2 厘米，冠径 22.3 厘米 ×20.4 厘米。叶椭圆形、黄绿色，叶片厚度 0.59 毫米，叶缘锯齿钝，叶面革质粗糙、有光泽，叶柄长 6.7 厘米，单株着生叶片 9.4 片。花序分歧，平于或低于叶面，两性花。

果实圆锥形或楔形、红色，有光泽，种子黄绿红色兼有，平于或凹于果面，种子分布中等，果肉橙红。花萼单层双层兼具，主贴副离。一二级序果平均果重 31.9 克，果实纵横径 4.9 厘米 ×3.95 厘米，最大果重 55 克，酸甜适中，香味浓。可溶性固形物含量为 9.4%，维生素 C 含量为 627.0 毫克 / 千克，还原糖为 4.7%，可滴定酸为 0.53%。

在北京地区，特殊年份要注意白粉病的预防。

适种地区：北京、河北、辽宁、山东、河南、西北、云南、西藏等地区日光温室栽培。

联系单位：北京市农林科学院林业果树研究所

联 系 人：张运涛 联系电话：010-82598882

通讯地址：北京市海淀区香山瑞王坟甲 12 号 100093

电子邮件：zhytao1963@126.com

19. 品种名称：草莓"京怡香"

选育单位：北京市农林科学院林业果树研究所

品种特性：北京地区露地栽培初花期为4月上中旬，盛花期为4月中旬，果实成熟期为5月中旬，果实发育期25天左右。北京地区日光温室栽培，现蕾期为11月上旬，初花期为11月下旬，盛花期为12月上旬，果实转白期为12月下旬，果实成熟期为1月上中旬。

植株生长势强，株态半开张，株高14.5厘米，冠径24.98厘米×24.21厘米。叶椭圆形、绿色，叶片厚度中等，叶面平，叶尖向下，叶缘锯齿钝，叶面革质平滑、有光泽，叶柄长9.32厘米，单株着生叶片9.6片。花序分歧，低于叶面，两性花。

果实长圆锥形、红色、有光泽，种子黄绿红色兼有，凹于果面，种子分布中等，果肉红色。花萼单层双层兼具、反卷。一二级序果平均果重32克，果实纵横径5.92厘米×4.14厘米，最大果重62克，风味酸甜适中，有香味。可溶性固形物含量为8%，维生素C含量为746毫克/千克，还原糖为4.1%，可滴定酸为0.64%。

多年来在北京地区观察，无特殊的

敏感性病虫害和逆境伤害，表现较强的抗性。

适种地区：北京、河北、辽宁、山东、河南、西北、云南、西藏等地区日光温室栽培。

联系单位：北京市农林科学院林业果树研究所
联 系 人：张运涛　联系电话：010-82598882
通讯地址：北京市海淀区香山瑞王坟甲 12 号　 100093
电子邮件：zhytao1963@126.com

20. 品种名称：草莓"京醇香"

选育单位：北京市农林科学院林业果树研究所

品种特性：北京地区露地栽培初花期为 4 月上中旬，盛花期为 4 月中旬，果实成熟期为 5 月中旬，果实发育期 25 天左右。北京地区日光温室栽培现蕾期为 11 月中旬，初花期为 12 月上旬，盛花期为 12 月中旬，果实转白期为 12 月下旬，果实成熟期为 1 月中旬。

植株生长势强，株态较直立，株高 15.99 厘米，冠径 29.6 厘米 ×24.98 厘米。叶圆形、绿色，叶片厚度中等，叶面平，叶缘锯齿钝，叶面革质粗糙、有光泽，叶柄长 10.6 厘米，单株着生叶片 6.5 片。花序分歧，两性花。

果实圆锥形，橙红色，有光泽。种子黄绿红色兼有，平于果面，种子分布中等，果肉橙红色。花萼单层双层兼具，主贴副离。一二级序果平均果重 28.2 克，果实纵横径 5.24 厘米

×3.92 厘米，最大果重 54 克，风味酸甜适中，有香味。可溶性固形物含量为 8.9%，维生素 C 含量为 847.2 毫克 / 千克，还原糖为 5.2%，可滴定酸为 0.68%。

多年来在北京地区观察，无特殊的敏感性病虫害和逆境伤害，表现较强的抗性。

适种地区：北京、河北、辽宁、山东、河南、西北、云南、西藏等地区日光温室栽培。

联系单位：北京市农林科学院林业果树研究所
联 系 人：张运涛　联系电话：010-82598882
通讯地址：北京市海淀区香山瑞王坟甲 12 号　　100093
电子邮件：zhytao1963@126.com

21. 品种名称：草莓"京泉香"

选育单位：北京市农林科学院林业果树研究所
品种特性：北京地区露地栽培初花期为 4 月上中旬，盛花

期为 4 月中旬，果实成熟期为 5 月中旬，果实发育期 25 天左右。北京地区日光温室栽培，现蕾期为 11 月中旬，初花期为 11 月下旬，盛花期为 12 月上旬，果实转白期为 12 月中旬，果实成熟期为 1 月上旬。

植株生长势强，株态半开张，株高 18.9 厘米，冠径 32.5 厘米 ×29.6 厘米。叶圆形、绿色，叶片厚度中等，叶面平，叶缘锯齿钝，叶面革质粗糙、有光泽，叶柄长 12.9 厘米，单株着生叶片 10.5 片。花序分歧，高于叶面，两性花。

果实圆锥形或楔形、红色、有光泽，种子黄绿红色兼有，凹于果面，种子分布中等，果肉橙红。花萼单层双层兼具，主贴副离。一二级序果平均果重 38.4 克，果实纵横径 5.46 厘米 ×4.32 厘米，最大果重 90 克，酸甜适中，香味浓。可溶性固形物含量为 9.4%，维生素 C 含量为 756.9 毫克 / 千克，还原糖为 5.2%，可滴定酸为 0.46%。

特殊年份要注意白粉病的预防。

适种地区：北京、河北、辽宁、山东、河南、西北、云南、西藏等地区日光温室栽培。

联系单位：北京市农林科学院林业果树研究所

联 系 人：张运涛　联系电话：010-82598882

通讯地址：北京市海淀区香山瑞王坟甲 12 号　　100093

电子邮件：zhytao1963@126.com

22. 品种名称：草莓"京御香"

选育单位：北京市农林科学院林业果树研究所

品种特性：北京地区露地栽培初花期 4 月上中旬，盛花期 4 月中旬，果实成熟期为 5 月中旬，果实发育期 25～30 天。在北京地区日光温室栽培现蕾期为 11 月中旬，初花期为 11 月下旬，盛花期为 12 月上中旬，果实转白期为 1 月上旬，果实成熟期为 1 月中旬。

植株生长势较强，株态半开张，株高 14.06 厘米，冠径 28.35 厘米×32.60 厘米。叶椭圆形、绿色，叶片厚度中等，叶面平，叶尖向下，叶缘锯齿钝，叶面革质平滑、有光泽，叶

柄长 9.85 厘米，单株着生叶片 14.6 片。花序分歧，高于叶面，两性花。

果实长圆锥形或楔形、红色、有光泽，种子黄绿红色兼具，平于果面，种子分布中等，果肉红色。花萼单层双层兼有，主贴副离。一级序果平均果重 60.2 克，果实纵横径 6.6 厘米 ×4.8 厘米，最大果重 178 克，风味酸甜适中，有香味。可溶性固形物含量为 8.9%，维生素 C 含量为 774.8 毫克 / 千克，总糖 3.0%，总酸 0.52%。

多年来在北京地区观察，无特殊的敏感性病虫害和逆境伤害，表现较强的抗性。

适种地区：北京、河北、辽宁、山东、河南、西北、云南、西藏等地区日光温室栽培。

联系单位：北京市农林科学院林业果树研究所
联 系 人：张运涛　联系电话：010-82598882
通讯地址：北京市海淀区香山瑞王坟甲 12 号　100093
电子邮件：zhytao1963@126.com

23. 品种名称：枣"京枣 18"（酸枣类型）

选育单位：北京市农林科学院林业果树研究所

品种特性：树姿开张，树势弱，干性弱。针刺弱；叶近椭圆形、浅绿色；该类型 4 月上中旬树液开始流动；4 月 20 日左右萌芽；5 月 20 日始花；5 月底 6 月初盛花，盛花期持续到 6 月 10 日左右；花量大，花期长；白熟期 8 月中旬；脆熟期为 8 月底；成熟期 9 月上中旬；果实生长时间 100 ～ 120 天，10 月中旬落叶。单果重 11.77 克，是普通酸枣的 5 倍多；果形为圆柱形或近圆形。

果实大小整齐，成熟果皮颜色为红色或紫红色，鲜枣可溶性固形物 31.4%；总糖含量 21.43%；总酸含量 1.44%，是普通枣酸度的 4 倍；维生素 C 含量为 1418 毫克 / 千克；适用于鲜食或加工。裂果率低，抗缩果病。

适种地区： 我国主要枣产区，华北、华中、华东、西北等地区。

联系单位：北京市农林科学院林业果树研究所

联 系 人：潘青华　联系电话：010-82591641

通讯地址：北京市海淀区香山瑞王坟甲 12 号　　100093

电子邮箱：qinghua_pan@sina.com

24.品种名称：枣"京枣 28"

选育单位： 北京市农林科学院林业果树研究所

品种特性： 该类型 4 月上中旬树液开始流动；4 月 20 日左右萌芽；5 月 20 日左右开花；5 月底 6 月上旬盛花；花量大；白熟期 8 月中下旬；脆熟期为 9 月初；完熟期

9 月上中旬；果实生长时间 100 ~ 120 天，10 月中旬开始落叶。单果均重 33 克，最大单果重可达 45 克，果形为苹果形或近圆形等。果实大小较整齐，成熟果实颜色为紫红色，果肉绿白色，果肉酥脆，汁液多，风味甜，可食率 98.8%。鲜枣可溶性固形物 28.4%；总糖含量 21.6%；滴定酸含量 0.4%；维生素 C 含量为 2750 毫克 / 千克；果实适于鲜食。

适种地区： 华北、华中等地区。

联系单位：北京市农林科学院林业果树研究所
联 系 人：潘青华　联系电话：010-82591641
通讯地址：北京市海淀区香山瑞王坟甲 12 号　　100093
电子邮箱：qinghua_pan@sina.com

25. 品种名称：枣"京枣 31"

选育单位： 北京市农林科学院林业果树研究所

品种特性： 树姿开张，树势中强，干性弱。针刺弱；丰产性好。4 月 20 日左右萌芽；5 月 20 - 25 日始花；5 月底至 6 月上旬盛花；花量大；白熟期 8 月下旬；脆熟期为 9 月初；完熟期 9 月中旬；果实生长时间 100 ~ 120 天，10 月中旬开始落叶。单果重 12.6 克，果形为圆柱形或近圆形。

大小整齐，成熟果实颜色为紫红色。果肉绿白色，质地酥脆，果肉细，汁液多，果实酸甜。鲜枣可溶性固形物 31.6%；总糖含量 23.3%；可滴定酸含量 0.6%；维生素 C 含量为 3100 毫克/千克；宜鲜食。裂果轻，果实达到全红，遇雨有小纹裂，自然裂果率低于 5%；抗缩果病，多年观察，未发现缩果现象。

适种地区：我国主要枣产区，华北、华中、西北等地区。

联系单位：北京市农林科学院林业果树研究所
联 系 人：潘青华　联系电话：010-82591641
通讯地址：北京市海淀区香山瑞王坟甲 12 号　 100093
电子邮箱：qinghua_pan@sina.com

26. 品种名称：枣"京枣60"

选育单位：北京市农林科学院林业果树研究所

品种特性：树姿开张，树势中强，干性强，针刺弱；4 月 20 日左右萌芽；5 月 20 日左右开花；5 月 25 日左右盛花，盛花期持续到 6 月 10 日左右；白熟期 8 月下旬；脆熟期为 9 月中旬；完熟期 9 月中下旬。果个大，

平均单果重 25.5 克，最大果达 31.4 克，果形圆锥形或卵圆形。

果实大小整齐，成熟果实红色至紫红色，风味甜。鲜枣可溶性固形物26%；总糖含量18.6%；可滴定酸含量0.54%；维生素C含量为3240毫克/千克；宜于鲜食。该品系适应性强、结果早、丰产、稳产、果大、可食率高、耐储运、酸甜适口；田间表现抗病虫能力强、抗裂果能力强。

适种地区：我国主要枣产区，华北、华中、西北等地区。

联系单位：北京市农林科学院林业果树研究所
联 系 人：潘青华　联系电话：010-82591641
通讯地址：北京市海淀区香山瑞王坟甲12号　100093
电子邮箱：qinghua_pan@sina.com

27. 品种名称：甜樱桃"彩虹"

选育单位：北京市农林科学院林业果树研究所

品种特性："彩虹"为中晚熟甜樱桃新品种，果实大，平均单果重7.68克，最大果重10.5克，可食率93%。果肉黄色，脆而汁多，可溶性固形物17.44%，风味酸甜可口。果实挂树时间长，适宜观光采摘。早果，丰产性好，

树体和花芽抗寒力均较强，无特殊的敏感性病虫害和逆境伤害。

适种地区：北京及其他甜樱桃适宜种植区域。

联系单位：北京市农林科学院林业果树研究所
联 系 人：张开春　联系电话：010-82596007
通讯地址：北京市海淀区香山瑞王坟甲 12 号　100093
电子邮件：cherriescn@126.com

28. 品种名称：甜樱桃"彩霞"

选育单位：北京市农林科学院林业果树研究所

品种特性："彩霞"为晚熟甜樱桃新品种。平均单果重

6.23 克，最大果重 9.04 克，可食率 93%，可溶性固形物 17.05%。果肉黄色，质地脆，汁多，风味酸甜可口。6月下旬成熟，是目前适宜北京地区种植的晚熟樱桃品种之一。

适种地区：北京及其他甜樱桃适宜种植区域。

联系单位：北京市农林科学院林业果树研究所
联 系 人：张开春　联系电话：010-82596007
通讯地址：北京市海淀区香山瑞王坟甲 12 号　100093
电子邮件：cherriescn@126.com

29. 品种名称：甜樱桃"早丹"

选育单位：北京市农林科学院林业果树研究所

品种特性："早丹"为极早熟甜樱桃新品种，平均单果重 6.2 克，最大果重 8.3 克。果肉红色，汁多，可溶性固形物 16.6%，风味酸甜可口。北京地区果实发育期 30 ~ 35 天，5 月上中旬成熟，比"伯兰特"早成熟 10 ~ 15 天。需冷量低，适宜温室及南方地区栽培。早果、丰产性好，树体和花芽抗寒力均较强，无特殊的敏感性病虫害和逆境伤害。

适种地区：北京及其他甜樱桃适宜种植区域。

联系单位：北京市农林科学院林业果树研究所
联 系 人：张开春　联系电话：010-82596007
通讯地址：北京市海淀区香山瑞王坟甲 12 号　100093
电子邮件：cherriescn@126.com

30. 品种名称：甜樱桃"香泉 1 号"

选育单位：北京市农林科学院林业果树研究所

品种特性："香泉 1 号"果实近圆形，黄底红晕，单果重为 8 ~ 9 克，最大果重 10.1 克，可溶性固形物含

量 17% ~ 18%，品质好。该品种自交结实，不需配置授粉树，在北京地区 6 月 7 日左右成熟。

适种地区：北京及其他甜樱桃适宜种植区域。

联系单位：北京市农林科学院林业果树研究所
联 系 人：张开春　联系电话：010-82596007
通讯地址：北京市海淀区香山瑞王坟甲 12 号　100093
电子邮件：cherriescn@126.com

31. 品种名称：樱桃"香泉 2 号"

选育单位：北京市农林科学院林业果树研究所

品种特性：早熟甜樱桃新品种，初熟时黄底红晕，完熟后全面橘红色。平均单果重 6.6 克，最大果重 8.3 克，可溶性固形物 17.0%。果肉黄色，肉软，汁多，风味浓郁、酸甜可口。可食率 94.4%。北京地区 5 月 18 日前后成熟，比"红灯"品种早 6 ~ 8 天。树体和花芽抗寒力均较强，无特殊的敏感性病虫害和逆境伤害。

适种地区：北京及类似地区。

联系单位：北京市农林科学院林业果树研究所
联 系 人：张开春　联系电话：010-82596007
通讯地址：北京市海淀区香山瑞王坟甲 12 号　100093
电子邮箱：kaichunzhang@126.com

32. 品种名称：甜樱桃砧木"兰丁1号"

选育单位：北京市农林科学院林业果树研究所

品种特性："兰丁1号"（原代号F8），根系发达，固地性好，抗根癌能力强，耐褐斑病，耐瘠薄，耐盐碱。和甜樱桃嫁接亲和性好，嫁接口愈合平滑。嫁接树整齐度高，树势强，成形快，丰产，稳产。果实品质优良，无早衰现象。

适种地区：北京及周边区域，适合山区、丘陵区和土壤瘠薄地区栽培。

联系单位：北京市农林科学院林业果树研究所
联 系 人：张开春　联系电话：010-82596007
通讯地址：北京市海淀区香山瑞王坟甲12号　　100093
电子邮件：cherriescn@126.com

33. 品种名称：甜樱桃砧木"兰丁2号"

选育单位：北京市农林科学院林业果树研究所

品种特性："兰丁2号"（原代号F10）是"兰丁1号"的姊妹系。易于繁殖，根系发达，固地性好，耐褐斑病，较抗根癌，耐盐碱，

较耐瘠薄。和甜樱桃嫁接亲和性好，嫁接口愈合平滑。嫁接树整齐度高，树势健壮，树姿开张，成形快，早果性较好，丰产，果实品质优良。

适种地区：北京及周边区域的丘陵及平原地区栽植。

联系单位：北京市农林科学院林业果树研究所

联 系 人：张开春　联系电话：010-82596007

通讯地址：北京市海淀区香山瑞王坟甲 12 号　100093

电子邮件：cherriescn@126.com

34. 品种名称：杏"京香红"

选育单位：北京市农林科学院林业果树研究所

品种特性：早熟鲜食杏品种。果实扁圆形，平均单果重76.0 克，最大果重 98.0 克。果实底色黄，着红色，着色面积较大；果顶平，梗洼中深；缝合线浅，较对称。果肉较细，纤维中多，汁多，可溶性固形物含量13.0% ～ 14.0%，风味甜，香气浓。果核卵圆形，核翼明显。离核、苦仁。

　　适种地区：北京地区。

联系单位：北京市农林科学院林业果树研究所

联 系 人：王玉柱　联系电话：010-82592521

通讯地址：北京市海淀区瑞王坟甲 12 号　100093

电子邮件：chinabjwyz@126.com

35. 品种名称：杏"京脆红"

选育单位：北京市农林科学院林业果树研究所

品种特性：早熟鲜食杏品种。果实圆形，平均单果重68.0克，最大果重85.2克。果实底色黄绿，着紫红色，着色面积较大；果顶圆凸，梗洼中深，缝合线浅、较对称；果肉细、较硬，纤维中等，汁多，可溶性固形物含量13.5%～14.8%，风味甜，香气微。果核卵圆形，核翼明显。离核、甜仁。

适种地区：北京地区。

联系单位：北京市农林科学院林业果树研究所
联 系 人：王玉柱　联系电话：010-82592521
通讯地址：北京市海淀区瑞王坟甲12号　100093
电子邮件：chinabjwyz@126.com

36. 品种名称：杏"京佳2号"

选育单位：北京市农林科学院林业果树研究所

品种特性：晚熟、大果型鲜食加工兼用杏品种。果实椭圆形，果实纵径 5.51 厘米，横径 4.85 厘米，侧径 4.99 厘米，平均单果重 77.6 克，最大果重 118.0 克。果顶微凹，缝合线中深，较对称。梗洼深，果皮底色橙黄，果面近 1/2 着深色片红，茸毛稀。果肉橙黄，汁液中多，纤维中等，风味甜，有香气。果核椭圆形，核面有皱纹，核翼明显，鲜核重 3.1 克，鲜仁重 1.0 克，核仁饱满。离核、苦仁。可溶性固形物含量 12.0% ～ 14.2%。

适种地区：北京地区。

联系单位：北京市农林科学院林业果树研究所
联 系 人：王玉柱　联系电话：010-82592521
通讯地址：北京市海淀区瑞王坟甲 12 号　100093
电子邮件：chinabjwyz@126.com

37. 品种名称：杏"京早红"

选育单位：北京市农林科学院林业果树研究所

品种特性：早熟鲜食杏品种。果实心圆形，纵径 4.43 厘米，横径 4.52 厘米，侧径 4.28 厘米，平均单果重 48.0 克，最大果重 56.0 克，可食率 94.3%。果顶圆凸，较对称，梗洼中等深度。果皮底色橙黄，果面部分着紫红晕和斑点，茸毛中多。果肉橙黄，汁液中多，纤维中等，风味酸甜，肉质细，香气微。果核卵圆形，核面有皱纹，核翼明显，核纵径3.1厘米，横径2.0厘米。离核、苦仁。可溶性固形物含量12.0%～14.5%。

适种地区：北京地区。

联系单位：北京市农林科学院林业果树研究所
联 系 人：王玉柱　联系电话：010-82592521
通讯地址：北京市海淀区瑞王坟甲12号　100093
电子邮件：chinabjwyz@126.com

38. 品种名称：杏"京佳1号"

选育单位：北京市农林科学院林业果树研究所

品种特性：晚熟、大果型鲜食加工兼用杏品种。果实椭圆形，纵径5.7厘米，横径5.0厘米，侧径5.2厘米，平均单果重79.0

克，最大果重 137.0 克。果顶微凹，缝合线浅，较对称。梗洼深，果皮底色橙黄，果面近 1/2 着深色片红，茸毛稀。果肉橙黄，汁液中多，纤维中等，风味甜，有香气。果核椭圆形，核面有皱纹，核翼明显，核纵径 3.1 厘米，横径 2.0 厘米。鲜核重 3.2 克，鲜仁重 1.1 克，核仁饱满。离核、苦仁。可溶性固形物含量 12.9% ～ 13.2%。

适种地区：北京地区。

联系单位：北京市农林科学院林业果树研究所
联 系 人：王玉柱　联系电话：010-82592521
通讯地址：北京市海淀区瑞王坟甲 12 号　　100093
电子邮件：chinabjwyz@126.com

39. 品种名称：杏"西农 25"

选育单位：北京市农林科学院林业果树研究所

品种特性：中熟鲜食杏品种。
果实心圆形，平均单果重 58.5 克，最大果重 70.5 克，果实纵横侧径 4.9 厘米 ×4.9 厘米 ×4.5 厘米。果顶圆凸，梗洼中等深，缝合线浅、较对称。果皮茸毛中多，裂果极少。果皮底色黄，阳面着鲜红色片红，着色范围中等。果肉橙黄，汁液多，肉质硬脆，纤维少，肉质细。甜味浓，酸味微，无涩味，有香气。果实可溶性固形物含量

14.0% ～ 15.5%。离核、苦仁。

适种地区：北京地区。

联系单位：北京市农林科学院林业果树研究所
联 系 人：王玉柱　联系电话：010-82592521
通讯地址：北京市海淀区瑞王坟甲 12 号　100093
电子邮件：chinabjwyz@126.com

40. 品种名称：葡萄"瑞都无核怡"

选育单位：北京市农林科学院林业果树研究所

品种特性：大粒无核葡萄新品种，北京地区 9 月中下旬成熟。果穗圆锥形，平均单穗重 459.0 克，果粒着生密度中等。果粒椭圆形或近圆形，平均单粒重 6.2 克，最大单粒重 11.4 克。果皮紫红至红紫色。果皮较脆，果肉质地较脆，硬度中硬，酸甜多汁。可溶性固形物 16.2%。

适种地区：北方葡萄产区。

联系单位：北京市农林科学院林业果树研究所
联 系 人：徐海英　联系电话：010-82592156
通讯地址：北京市海淀区香山瑞王坟甲 12 号　100093
电子邮箱：haiyingxu63@sina.com

41. 品种名称：葡萄"瑞都香玉"

选育单位：北京市农林科学院林业果树研究所

品种特性：果穗长圆锥形，有副穗或歧肩，穗长 21.5 厘米，宽 11 厘米，平均单穗重 432 克；穗梗长 7.2 厘米，果梗长 0.92 厘米，果粒着生较松。果粒椭圆形或卵圆形，长 23.0 毫米，宽 20.2 毫米，平均单粒重 6.3 克，最大单粒重 8 克。果皮黄绿色，薄至中等厚，较脆，稍有涩味。果粉薄。果肉质地较脆，硬度中至硬，酸甜多汁，有玫瑰香味，香味中等。果梗抗拉力中等，横断面为圆形。可溶性固形物 16.2%。有种子 3～4 粒，种子外表无横沟，长度中等，种脐稍可见。果实挂到 9 月份都未见裂果。多年来无特殊的敏感性病虫

害和逆境伤害。常规埋土栽培条件下，树体可安全越冬。

适种地区：华北、西北和东北地区。

联系单位：北京市农林科学院林业果树研究所

联 系 人：徐海英　联系电话：010-82592156

通讯地址：北京市海淀区香山瑞王坟甲 12 号　　100093

电子邮件：haiyingxu63@sina.com

42. 品种名称：葡萄"瑞都脆霞"

选育单位：北京市农林科学院林业果树研究所

品种特性：红色、早熟、脆肉型葡萄品种，单粒重8克，穗重500～600克，果肉脆硬、风味酸甜，适合观光采摘。

适种地区：北方葡萄产区及温室等各种设施内栽培。

联系单位：北京市农林科学院林业果树研究所
联 系 人：徐海英　联系电话：010-82592156
通讯地址：北京市海淀区香山瑞王坟甲12号　100093
电子邮箱：haiyingxu63@sina.com

43. 品种名称：葡萄"瑞都红玫"

选育单位：北京市农林科学院林业果树研究所

品种特性：表现丰产，8月中下旬成熟。果穗圆锥形，有副穗，单歧肩较多，穗长20.8厘米，宽13.5厘米，平均单穗重430克，

穗梗长 4.5 厘米，果梗长 1.0 厘米，果粒着生密度中或紧。果粒椭圆形或圆形，长 25.0 毫米，宽 22.2 毫米，平均单粒重 6.6 克，最大单粒重 9 克。果粒大小较整齐一致，果皮紫红或红紫色，色泽较一致。果皮薄至中厚，果粉中，果皮较脆，无或稍有涩味。果肉有中等浓度的玫瑰香味。果肉质地较脆，硬度中，酸甜多汁，肉无色。果梗抗拉力中等，横断面为圆形。可溶性固形物 17.2%。果中大多含 1 ～ 2 粒种子，个别为 3 ～ 4 粒。

适种地区：华北、西北和东北地区。

联系单位：北京市农林科学院林业果树研究所

联 系 人：徐海英　联系电话：010-82592156

通讯地址：北京市海淀区香山瑞王坟甲 12 号　　100093

电子邮件：haiyingxu63@sina.com

44. 品种名称：葡萄"瑞都早红"

选育单位：北京市农林科学院林业果树研究所

品种特性：果穗圆锥形，单或双歧肩，平均单穗重 432.79 克，果粒着生密度中或紧。果粒椭圆形或卵圆形，平均单粒重 6.9 克，最大单粒重 13 克。果粒大小较整齐一致，果皮紫红或红紫色，色泽较一致。果皮薄至中等厚，

果粉中等，果皮较脆，无或稍有涩味。果实成熟中后期果肉具有中等浓度的清香味。果肉质地较脆，硬度中等，酸甜多汁，肉无色。果梗抗拉力中等。可溶性固形物 16.5%。有 2 ~ 4 粒种子。

适种地区：华北、西北和东北地区。

联系单位：北京市农林科学院林业果树研究所
联 系 人：徐海英　联系电话：010-82592156
通讯地址：北京市海淀区香山瑞王坟甲 12 号　　100093
电子邮件：haiyingxu63@sina.com

45.品种名称：葡萄"瑞都红玉"

选育单位：北京市农林科学院林业果树研究所

品种特性：果穗圆锥形，平均单穗重 404.71 克，果粒长椭圆形或卵圆形，平均单粒重 5.52 克，最大单粒重 7 克。果皮紫红或红紫色，果皮薄至中等厚，果粉中，果肉具有淡或中等程度的玫瑰香味。果肉质地较脆，酸甜多汁。果梗抗拉力中或强，横断面为圆形。可溶性固形物 18.2%。

适种地区：华北、西北和东北地区。

联系单位：北京市农林科学院林业果树研究所

联 系 人：徐海英　联系电话：010-82592156

通讯地址：北京市海淀区香山瑞王坟甲12号　100093

电子邮件：haiyingxu63@sina.com

46. 品种名称：核桃"京香1号"

选育单位：北京市农林科学院林业果树研究所

品种特性："京香1号"树势强，树姿较直立。分枝力中等，侧生花芽比率30%，中枝型。嫁接苗第4年（高接第3年）出现雌花，第5年出现雄花，属晚实类型。每雌花序多着生2朵雌花，坐果率58%左右。丰产性较强，8年进入结果盛期，每平方米树冠投影面积产坚果402克。与早实核桃相比，具有较强的抗病性和抗寒性。

坚果圆形，果基圆，果顶圆、微尖，纵径3.49厘米，横径3.55厘米，侧径3.57厘米。单果重9.16～16.26克，平均12.2克。壳面较光滑，果壳颜色浅，缝合线宽、轻微凸起，结合紧密。果壳厚度0.8毫米，内褶壁退化，横膈膜膜质，易取整仁，出仁率58.8%。核仁充实、饱满，浅黄色，香而不涩。脂肪含量

71.6%，蛋白质含量 15.2%，坚果品质优。

适种地区：北京及其生态相似地区。

联系单位：北京市农林科学院林业果树研究所
联 系 人：郝艳宾　联系电话：010-82592158
通讯地址：北京市海淀区香山瑞王坟甲 12 号　100093
电子邮件：jinhetaojht@263.net

47.品种名称：核桃"京香 2 号"

选育单位：北京市农林科学院林业果树研究所

品种特性："京香 2 号"树势中庸，树姿较开张。分枝力较强，侧生花芽比率 50% 左右，中短枝型。嫁接苗第 4 年（高接第 3 年）出现雌花，第 5 年出现雄花，属晚实类型。每雌花序着生 2 ～ 3 朵雌花，坐果率 65% 左右，多双果，有 3 果，青皮不染手，属"白水"核桃类型。丰产性强，8 年进入结果盛期，每平方米树冠投影面积产坚果 475 克。坚果圆形，果基圆，果顶圆。单果重 11.5 ～ 14.8 克，平均 13.5 克。壳面较光滑，果壳颜色浅，缝合线中宽、轻微凸起，结合紧密。果壳厚度 1.1

毫米，内褶壁膜质，横膈膜膜质，易取整仁，出仁率56.0%。核仁特充实、饱满、颜色浅黄、香而不涩。脂肪含量69.5%，蛋白质含量16.6%，坚果品质优。

适种地区：北京及其生态相似地区。

联系单位：北京市农林科学院林业果树研究所
联 系 人：郝艳宾　联系电话：010-82592158
通讯地址：北京市海淀区香山瑞王坟甲12号　100093
电子邮件：jinhetaojht@263.net

48.品种名称：核桃"京香3号"

选育单位：北京市农林科学院林业果树研究所

品种特性："京香3号"树势较强，树姿较开张。分枝力中等，侧生花芽比率35%左右，中短枝型。嫁接苗第4年（高接第3年）出现雌花，第5年出现雄花，属晚实类型。雌先型。每雌花序多着生2朵雌花，坐果率60%左右，多双果，有3果，

丰产性强,每平方米树冠投影面积产坚果432克。坚果近圆形，稍长，果肩微凸。横径3.4厘米，纵径3.43厘米，侧径3.6厘米。单果重10.9～15.5克，平均12.6克。壳面较光滑，果壳颜色较浅。缝合线中宽、轻微凸起，结合紧密。果壳厚度0.7毫米，

内褶壁膜质，横膈膜膜质，易取整仁，出仁率 61.2%。核仁充实、饱满，颜色浅黄，甜香不涩。蛋白质含量 16.6%，脂肪含量 70.3%，坚果品质优。

适种地区：北京及其生态相似地区。

联系单位：北京市农林科学院林业果树研究所
联 系 人：郝艳宾　联系电话：010-82592158
通讯地址：北京市海淀区香山瑞王坟甲 12 号　100093
电子邮件：jinhetaojht@263.net

49. 品种名称："核桃"美香"

选育单位：北京市农林科学院林业果树研究所

品种特性："美香"树势强，树姿较开张。分枝力弱，成枝力强，侧花芽比率 30% 左右。嫁接苗第 4 年（高接第 3 年）结果，晚实。雄先型。每雌花序着生 1 ～ 3 朵雌花，坐果率 70% 左右，丰产性和连续结果能力强。坚果椭圆，果基圆，果顶圆，外形美观。单果重 8.7 ～ 18.5 克，平均 12.8 克。壳面光滑，缝合线中宽、微凸，结合紧密。果壳厚度 1.14 毫米，

内褶壁退化，横膈膜膜质，可取整仁，出仁率 55.5%。核仁充实、肥厚饱满，颜色浅黄或黄白。脂肪含量 68.7%，蛋白质含量 19.1%，坚果品质优。

适种地区：北京及其生态相似地区。

联系单位：北京市农林科学院林业果树研究所
联 系 人：郝艳宾　联系电话：010-82592158
通讯地址：北京市海淀区香山瑞王坟甲 12 号　100093
电子邮件：jinhetaojht@263.net

50.品种名称：核桃"丰香"

选育单位：北京市农林科学院林业果树研究所

品种特性："丰香"树势较强，树姿较开张。分枝力较强，成枝力较强，侧生花芽比率 70% 左右。嫁接苗第 2 年（高接第 2 年）结果。属早实类型。雄先型。每雌花序着生 1～2 朵雌花，坐果率 60% 左右，丰产性强，连续结果能力强。坚果圆形，果基圆，果顶平。单果重 8.3～18.6

克，平均 12.8 克。壳面光滑，缝合线中宽、微凸，结合较紧密。果壳厚度 1.09 毫米，内褶壁退化，横膈膜膜质，可取整仁，出仁率 56.4%。核仁充实、饱满，颜色浅黄色。脂肪含量

70.4%，蛋白质含量 18.4%，坚果品质优。

适种地区：北京及其生态相似地区。

联系单位：北京市农林科学院林业果树研究所
联 系 人：郝艳宾　联系电话：010-82592158
通讯地址：北京市海淀区香山瑞王坟甲 12 号　100093
电子邮件：jinhetaojht@263.net

51. 品种名称：麻核桃"京艺 1 号"

选育单位：北京市农林科学院林业果树研究所

品种特性："京艺 1 号"树势强,树姿较直立。分枝力中等,
顶芽结果,长枝型。属晚实类型。雄先型。每雌花序着生 4 ～ 7
朵雌花,柱头浅黄色,多坐果 1 ～ 3 个,自然坐果率 15% 左右。
高接树第 2 ～ 3 年可见花。幼树丰产性较差,成树丰产性中等。
坚果果形长圆,果基较平或微凹,果顶圆、微尖,属文玩核桃
"虎头"系列。果个中等,横径（边宽）3.8 厘米左右（最大可
达 4.5 厘米),纵径 4.0 厘米,侧径 3.6 厘米。缝合线（边）突出、

中宽，结合紧密，不易开裂。壳面颜色浅，纵纹明显，纹路较深，纹理美观，文玩品质优。

适种地区：北京及其生态相似区。

联系单位：北京市农林科学院林业果树研究所

联 系 人：郝艳宾　联系电话：010-82592158

通讯地址：北京市海淀区香山瑞王坟甲 12 号　　100093

电子邮件：jinhetaojht@263.net

52. 品种名称：麻核桃"京艺 2 号"

选育单位：北京市农林科学院林业果树研究所

品种特性："京艺 2 号"树势中庸，树姿较开张。分枝力较强，成枝力中等。多顶芽结果，侧生混合芽比率低。高接第 2 至第 3 年出现雌花，属晚实类型。雄先型。每雌花序着生 3～5 朵雌花，柱头颜色黄或粉黄，雄花数较多。自然坐果率 10% 左右，成熟后青皮易剥离。坚果近圆（或近半圆）形，底较宽、平或微凹，果顶圆、微尖，属"狮子头"系列。果个中等，平均横

径 3.86 厘米（最大 4.62 厘米）。缝合线凸，中宽，结合紧密。壳面颜色浅，粗纹，纹路较深，纹理美观。

适种地区：北京及其生态相似地区。

联系单位：北京市农林科学院林业果树研究所
联 系 人：郝艳宾　联系电话：010-82592158
通讯地址：北京市海淀区香山瑞王坟甲 12 号　100093
电子邮件：jinhetaojht@263.net

53. 品种名称：麻核桃"京艺 6 号"

选育单位：北京市农林科学院林业果树研究所

品种特性："京艺 6 号"树势较强，树姿较直立。分枝力中等，成枝力较强。顶芽结果。高接第 3 年出现雌花，属晚实类型。雄先型。每雌花序着生 3 ~ 6 朵雌花，柱头黄色，雄花数较多，雄花序较短。自然坐果率 15% 左右，成熟后青皮易剥离。坚果扁圆形，矮桩，果底较平，果顶平、闷尖，属"狮子头"系列。果个中等，平均横径 3.68 厘米（最大 4.51 厘米）。

缝合线较凸，中宽，结合紧密。壳面颜色较浅，粗纹，纹路较深，纹理较美观。

适种地区：北京及其生态相似地区。

联系单位：北京市农林科学院林业果树研究所
联 系 人：郝艳宾　联系电话：010-82592158
通讯地址：北京市海淀区香山瑞王坟甲 12 号　 100093
电子邮件：jinhetaojht@263.net

54. 品种名称：麻核桃"京艺 7 号"

选育单位：北京市农林科学院林业果树研究所

品种特性："京艺 7 号"树势较强，树姿较直立。分枝力中等，成枝力较强。多顶芽结果，侧生混合芽比率较低。高接第 3 年出现雌花，属晚实类型。雄先型。每雌花序着生 3～6 朵雌花，柱头颜色粉红，雄花数较多。自然坐果率 10% 左右，成熟后青皮易剥离。坚果圆形，果底凹（似苹果），果顶圆、微尖，属"狮子头"系列。果个中等，平均横径 3.80 厘米（最大 4.50

厘米）。缝合线较凸，较薄，结合紧密。壳面颜色浅，纵纹明显，纹路深、清晰，纹理美观。

适种地区：北京及其生态相似地区。

联系单位：北京市农林科学院林业果树研究所
联 系 人：郝艳宾　联系电话：010-82592158
通讯地址：北京市海淀区香山瑞王坟甲 12 号　100093
电子邮件：jinhetaojht@263.net

55. 品种名称：麻核桃"京艺 8 号"

选育单位：北京市农林科学院林业果树研究所
品种特性："京艺 8 号"树势较强，树姿较开张。分枝力

中等，成枝力较强。多顶芽结果，侧生混合芽比率较高。高接第 2 至第 3 年出现雌花，属早实类型。雄先型。每雌花序着生 3 ～ 6 朵雌花，柱头颜色黄色，雄花数较多。自然坐果率 15% 左右，成熟后青皮易剥离。坚果圆形（侧方），果底较平，有菊花状条纹，果顶圆、平尖或微尖，属"狮子头"系列。果个中等，平均横径 3.95 厘米（最大 4.65 厘米）。缝合线凸，较厚，结合较紧密。壳面纵纹较明显，粗细纹均有，纹路深而清晰，纹理美观。

适种地区：北京及其生态相似地区。

联系单位：北京市农林科学院林业果树研究所
联 系 人：郝艳宾　联系电话：010-82592158
通讯地址：北京市海淀区香山瑞王坟甲 12 号　　100093
电子邮件：jinhetaojht@263.net

56. 品种名称：麻核桃"华艺 1 号"

选育单位：北京市农林科学院林业果树研究所

品种特性："华艺 1 号"树势强，树姿较直立。分枝力中等，成枝力强，顶芽结果，中长枝型。高接第 3 年出现雌、雄花，属晚实类型。每雌花序多着生 3 ~ 7 朵雌花，自然坐果率 8% 左右。高接五六年生树平均株产坚果 3.5 个和 9.2 个。抗病性和抗寒性强。坚果圆形、稍扁，果基较平或微凹，果顶圆、微尖，果形一致，易配对。横径平均 4.0 厘米（最大可达 4.5 厘米），纵

径平均 3.7 厘米，侧径平均 3.6 厘米。单果重 12.16 ~ 21.78 克，平均 16.52 克。果壳厚度 3.3 毫米，内褶壁骨质，横膈膜骨质，取仁难，出仁率 15.6%。核仁充实、较饱满，棕黄色，浓香而不涩。坚果壳面颜色较浅，缝合线凸出、中宽，结合紧密，不易开裂，纹路较深，纹理美观，文玩品质优。

适种地区：北京及其生态相似地区。

联系单位：北京市农林科学院林业果树研究所
联 系 人：郝艳宾 联系电话：010-82592158
通讯地址：北京市海淀区香山瑞王坟甲 12 号 100093
电子邮件：jinhetaojht@263.net

57. 品种名称：麻核桃"华艺 2 号"

选育单位：北京市农林科学院林业果树研究所

品种特性："华艺 2 号"树势中庸,树姿较开张。分枝力强,成枝力强。多为顶芽结果,侧生混合芽比率较高。属早实类型,高接第 2 至第 3 年出现雌花,第 2 年出现雄花,雄先型。每雌花序着生 3 ~ 6 朵雌花,自然坐果率 5% 左右,果实成熟后青皮易剥离。坚果圆形,底座平,侧径(肚)大,果顶较圆、钝尖,属"狮子头"系列。果个中等,横径平均 3.87 厘米(最大可达 4.65 厘米),纵径 3.87 厘米,侧径 3.88 厘米。缝合线凸、较厚,结合紧密,纵纹较明显,多呈水波纹,纹路较深,纹理美观。

适种地区：北京及其生态相似地区。

联系单位：北京市农林科学院林业果树研究所
联 系 人：郝艳宾 联系电话：010-82592158
通讯地址：北京市海淀区香山瑞王坟甲 12 号   100093
电子邮件：jinhetaojht@263.net

58. 品种名称：麻核桃"华艺 7 号"

选育单位：北京市农林科学院林业果树研究所

品种特性："华艺 7 号"树势较强，树姿较开张。分枝力较弱，成枝力强。多为顶芽结果，侧生混合芽比率较低。晚实类型，高接第 3 年结果，雌先型。每雌花序着生 3 ～ 5 朵雌花，自然坐果率 20% 左右，果实成熟后青皮易剥离，丰产性和连续结果能力均较强。果形长圆，底较平或凹、常歪，果顶较尖，属"官帽"系列。坚果大，横径平均 4.07 厘米（最大可达 5.12 厘米），纵径 4.89 厘米，侧径 4.14 厘米。缝合线凸、较厚，结合紧密，不易开裂，纵纹较明显，刺状纹，纹路深，纹理较美观。

适种地区：北京及其生态相似地区。

联系单位：北京市农林科学院林业果树研究所
联 系 人：郝艳宾　联系电话：010-82592158
通讯地址：北京市海淀区香山瑞王坟甲 12 号　100093
电子邮件：jinhetaojht@263.net

59. 品种名称：板栗"燕昌早生"

选育单位：北京市农林科学院林业果树研究所

品种特性：早熟板栗品种，坚果整齐，平均单粒重在 8.0 克，红褐色，果面光滑美观，有光泽。底座中等，坚果接线月牙形。果肉含水量 54.6%，淀粉 38.2%，总糖 21.37%，蛋白质 4.7%，脂肪 1.0%，粗纤维 2.0%，维生素 C234 毫克 / 千克，维生素 B1.3 毫克 / 千克，锌 79 毫克 / 千克，磷 880 毫克 / 千克，铁 14.9 毫克 / 千克，钾 4056.8 毫克 / 千克，钙 188.5 毫克 / 千克，硒 0.1 毫克 / 千克。其中钾含量较"燕山早生"高出 16.8%。该品种叶片长椭圆形，基部楔形或广楔形，先端渐尖。物候期早 4～5 天，4 月上旬开始萌芽。坚果 8 月 25 日左右成熟，每条结果母枝平均抽生

结果枝 2.1 条，每果枝平均着生栗苞 1.9 个，每蓬平均有坚果 2.1 粒，空蓬率 1.4%。幼树早果性强，丰产。且连续丰产性强，抗逆性较强。

适种地区：适宜在北京地区栽培。

联系单位：北京市农林科学院林业果树研究所

联 系 人：黄武刚　联系电话：010-82590742

通讯地址：北京市海淀区香山瑞王坟甲 12 号　100093

电子邮箱：huang_wugang@hotmail.com

60. 品种名称：板栗"燕山早生"

选育单位：北京市农林科学院林业果树研究所

品种特性：早熟板栗品种，坚果整齐美观，平均单粒重为 8.1 克，深褐色，果面光滑美观，有光泽。种脐中等，坚果接线月牙形。果肉含水量 55.2%，淀粉 38.6%，总糖 19.89%，蛋白质 3.82%，脂肪 1.1%，粗纤维 2.1%，维生素

C 194 毫克 / 千克，维生素 B 1.6 毫克 / 千克，锌 71 毫克 / 千克，磷 960 毫克 / 千克，铁 10.3 毫克 / 千克，钾 3375.8 毫克 / 千克，钙 188.0 毫克 / 千克，硒 0.1 毫克 / 千克。该品种叶片长椭圆形，

基部钝形至微心脏形，先端急尖。4月中旬开始萌芽，坚果8月20日左右成熟，果实发育期短。每条结果母枝平均抽生结果枝2.4条，果枝平均着生栗苞2.0个，每总苞平均含坚果2.2粒，出实率47.25%，空蓬率2.4%。幼树早果性强，丰产。连续坐果能力强，抗逆性较强。

适种地区：适宜在北京地区栽培。

联系单位：北京市农林科学院林业果树研究所
联 系 人：黄武刚　联系电话：010-82590742
通讯地址：北京市海淀区香山瑞王坟甲12号　100093
电子邮箱：huang_wugang@hotmail.com

61. 品种名称：欧李"夏日红"

选育单位：北京市农林科学院林业果树研究所

品种特性："夏日红"植株树体矮小，株高0.5～0.8米，树皮灰褐色。1年生枝条较细、灰褐色，最长新梢平均长度89.1厘米，粗0.74厘米。花白色，从下到上密布着生，形成花枝。自然坐果率在60%以上，果实挂满细枝。叶片平均长6.71厘米，宽3.17厘米，长宽比为2.12，呈长倒卵形，叶色翠绿，新梢黄绿色；叶缘锯齿状，外向生长。

欧李"夏日红"选系，由实生树中选出，为丰产优质的优新

品系。该优系平均单果重 6.74 克，最大果重 7.33 克。果实纵径 1.87 厘米，横径 2.33 厘米，侧径 2.28 厘米；果柄长 0.7～1.2 厘米，平均长 0.96 厘米。果实扁圆形，果顶平，缝合线浅，梗洼中。果皮红色，果肉黄色，肉厚，纤维少，果汁多，味酸甜。成熟果果肉总糖含量 8.20%，总酸含量 1.81%，糖酸比 4.53，果肉中钙含量为 219.7 毫克/千克，铁含量 4.4 毫克/千克，锌含量 1.09 毫克/千克，维生素 C 含量 182 毫克/千克，果实可溶性固形物达 10.9%。核鲜重 0.323 克，半离核，可食率达 94.51%。丰产，坐果率高，7 月中旬至下旬成熟，属早熟品系，经嫁接后植株结果极具观赏性。

适种地区：适合北京地区栽培，第 2 年开花结果，丰产性较强。

联系单位：北京市农林科学院林业果树研究所
联 系 人：姚砚武　联系电话：010-82591641
通讯地址：北京市海淀区香山瑞王坟甲 12 号　100093
电子邮件：yyw5880@sina.com

四、食用菌

1. 品种名称：小白平菇

选育单位：北京市农林科学院植物保护环境保护研究所

品种特性：小白平菇是北京市农林科学院植保环保所应用系统选育技术筛选出的优良菌株，此菌株子实体为丛生，菌盖为小叶型，菇朵圆整，菇体洁白，为中低温型品种，适宜的栽培原料为玉米芯、棉籽壳等，可采收 3 ~ 4 潮菇，生物学效率达 80%。北京地区可安排在 9 月至翌年 4 月栽培。

适种地区：北京及周边省市。

联系单位：北京市农林科学院植物保护环境保护研究所

联 系 人：刘宇　联系电话：010-51503432

通讯地址：北京市海淀区曙光花园中路 9 号　　100097

电子邮箱：ly6828@sina.com

2. 品种名称：秀珍菇

选育单位：北京市农林科学院植物保护环境保护研究所

品种特性：秀珍菇是北京市农林科学院植保环保所应用系统选育技术筛选出的优良菌株，此菌株子实体为丛生，菌盖为小叶型，菇朵圆整，菇体灰褐色，为广温型品种，适宜的栽培原料为玉米芯、棉籽壳等，可采收 4～5 潮菇，生物学效率达90%。北京地区适宜在 3－11 月栽培。

适种地区：北京及周边省市。

联系单位：北京市农林科学院植物保护环境保护研究所

联 系 人：刘宇　联系电话：010-51503432

通讯地址：北京市海淀区曙光花园中路 9 号　100097

电子邮箱：ly6828@sina.com

3. 品种名称：红平菇

选育单位：北京市农林科学院植物保护环境保护研究所

品种特性：红平菇是北京市农林科学院植保环保所应用系统选育技术筛选出的优良菌株，此菌株子实体为丛生，菌盖圆整，菇体鲜红，为高温型品种，适宜的栽培原料为玉米芯、棉籽壳等，可采收 3～4 潮菇，生物学效率达 70%，观赏价值高，适合观光采摘。北京地区可安排在 5－9 月栽培。

适种地区：北京及周边省市。

联系单位：北京市农林科学院植物保护环境保护研究所
联 系 人：刘宇　**联系电话**：010-51503432
通讯地址：北京市海淀区曙光花园中路 9 号　100097
电子邮箱：ly6828@sina.com

4. 品种名称：榆黄菇

选育单位：北京市农林科学院植物保护环境保护研究所

品种特性：榆黄菇是北京市农林科学院植保环保所应用系统选育技术筛选出的优良菌株，此菌株子实体为丛生，菌盖圆整，菇体金黄，为中高温型品种，适宜的

栽培原料为玉米芯、棉籽壳等，可采收 3 ~ 4 潮菇，生物学效率达 80%，观赏价值高，适合观光采摘。北京地区可安排在 4 - 10 月栽培。

适种地区： 北京及周边省市。

联系单位：北京市农林科学院植物保护环境保护研究所
联 系 人：刘宇　联系电话：010-51503432
通讯地址：北京市海淀区曙光花园中路 9 号　　100097
电子邮箱：ly6828@sina.com

5. 品种名称：大杯伞

选育单位： 北京市农林科学院植物保护环境保护研究所

品种特性： 大杯伞是北京市农林科学院植保环保所分离

驯化来的一个优良菌株，商品名"猪肚菇"。子实体大型，单生或丛生，菌盖直径为 10 ~ 20 厘米，中部下凹呈漏斗状，表面光滑，土黄色，菌柄近柱形，较长，高

温型品种，适宜的栽培原料为棉籽壳、木屑等多种农副产品，可采收 2 ~ 3 潮菇，生物学效率达 80%。北京地区可安排在 5 - 8 月栽培。

适种地区：北京及周边省市。

联系单位：北京市农林科学院植物保护环境保护研究所
联 系 人：刘宇　联系电话：010-51503432
通讯地址：北京市海淀区曙光花园中路9号　100097
电子邮箱：ly6828@sina.com

6.品种名称：长根菇

选育单位：北京市农林科学院植物保护环境保护研究所
　品种特性：长根菇是北京市农林科学院植保环保所分离驯化来的一个优良菌株，子实体中等至稍大，单生或丛生，菌盖直径为7～15厘米，半球形至渐平展，表面光滑，茶褐色，菌柄近柱形，较长，达10～20厘米，高温型品种，适宜的栽培原料为棉籽壳、木屑等多种农副产品，可采收2～3潮菇，生物学效率达80%。北京地区可安排在5－8月栽培。

　　适种地区：北京及周边省市。

联系单位：北京市农林科学院植物保护环境保护研究所
联 系 人：刘宇　联系电话：010-51503432
通讯地址：北京市海淀区曙光花园中路9号　100097
电子邮箱：ly6828@sina.com

7. 品种名称：杏鲍菇 14 号

选育单位：北京市农林科学院植物保护环境保护研究所

品种特性：杏鲍菇 14 号是北京市农林科学院植保环保所利用杂交育种技术培育的一个优良菌株，获国家发明专利授权，子实体呈细棍棒状，单生或丛生，菌盖直径为 4～5 厘米，菌肉厚度为 1.5～2.5 厘米，菌柄长度为 10～15 厘米，菌柄粗细为 2～3 厘米，菌盖褐色，低温型品种，适宜的栽培原料为棉籽壳、玉米芯、木屑等多种农副产品，生物学效率达 60%。适宜工厂化周年栽培。

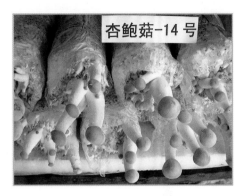

适种地区：北京及周边省市。

联系单位：北京市农林科学院植物保护环境保护研究所
联 系 人：刘宇　联系电话：010-51503432
通讯地址：北京市海淀区曙光花园中路 9 号　100097
电子邮箱：ly6828@sina.com

8. 品种名称：杏鲍菇 16 号

选育单位：北京市农林科学院植物保护环境保护研究所

品种特性：杏鲍菇 16 号是北京市农林科学院植保环保所利用杂交育种技术培育的一个优良菌株，获国家发明专利授权，

杏鲍菇-16 号

子实体呈保龄球状，单生或丛生，菌盖直径为 4 ～ 5.5 厘米，菌肉厚度为 1.8 ～ 3 厘米，菌柄长度为 7 ～ 10 厘米，菌柄粗细为 3 ～ 5 厘米，菌盖褐色，低温型品种，适宜的栽培原料为棉籽壳、玉米芯、木屑等多种农副产品，生物学效率达 70%。适宜工厂化周年栽培。

适种地区：北京及周边省市。

联系单位：北京市农林科学院植物保护环境保护研究所
联 系 人：刘宇　联系电话：010-51503432
通讯地址：北京市海淀区曙光花园中路 9 号　100097
电子邮箱：ly6828@sina.com

9. 品种名称：杏鲍菇 17 号

选育单位：北京市农林科学院植物保护环境保护研究所

品种特性：杏鲍菇 17 号是北京市农林科学院植保环保所利用杂交育种技术培育的一个优良菌株，获国家发明专利授权，子实体呈保龄球状，单生或丛生，菌盖直径为 5 ～ 7 厘米，菌肉厚度为 1.8 ～ 3 厘米，菌柄长度为 7 ～ 10 厘米，菌柄粗细为 3 ～ 5 厘米，菌盖褐色，低温型品种，适宜的栽培原料为棉籽壳、玉米芯、木屑等多种农副产品，生物学效率达 80%。适宜北京地区 11 月至翌年 3 月设施栽培。

适种地区：北京及周边省市。

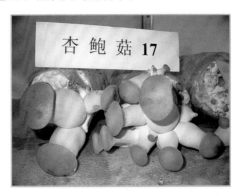

联系单位：北京市农林科学院植物保护环境保护研究所
联 系 人：刘宇　　**联系电话**：010-51503432
通讯地址：北京市海淀区曙光花园中路9号　　100097
电子邮箱：ly6828@sina.com

10. 品种名称：白灵菇 15 号

选育单位：北京市农林科学院植物保护环境保护研究所

品种特性：白灵菇 15 号是北京市农林科学院植保环保所利用杂交育种技术培育的一个优良菌株，子实体呈手掌形，单生或丛生，菌盖直径

为 10 ～ 15 厘米，菌肉厚度为 5 ～ 7 厘米，菌盖洁白，低温型品种,适宜的栽培原料为棉籽壳、玉米芯、木屑等多种农副产品,生物学效率达 30% ～ 50%。适宜北京地区 11 月至翌年 3 月设施栽培及工厂化周年栽培。

适种地区：北京及周边省市。

联系单位：北京市农林科学院植物保护环境保护研究所
联 系 人：刘宇　联系电话：010-51503432
通讯地址：北京市海淀区曙光花园中路 9 号　　100097
电子邮箱：ly6828@sina.com

11. 品种名称：奥德京 1 号

选育单位：北京市农林科学院植物保护环境保护研究所

品种特性："奥德京 1 号"属于热带小奥德蘑（*Oudemansiella canarii*），子实体中等大小，菌盖直径 3 ～ 6 厘米，浅褐色至深褐色；菌肉白色；菌褶白色；菌柄白色，长 8 ～ 13 厘米，粗 0.5 ～ 1.5 厘米。熟料袋式栽培，菌丝生长适宜 pH 8.5，最适生长温度 28℃，出菇温度范围 16 ～ 27℃，

最适温度 20 ～ 22℃。常规栽培室温 25℃下 25 ～ 30 天完成发菌，7 ～ 10 天后出菇；菇潮间隔期 7 ～ 10 天，试验平均生物

学效率 115%。

适种地区：适宜全国春秋季大棚或工厂化栽培。

联系单位：北京市农林科学院植物保护环境保护研究所
联 系 人：王守现　联系电话：010-51503432
通讯地址：北京市海淀区曙光花园中路 9 号　　100097
电子邮箱：18600482727@163.com

12. 品种名称：尖鳞环绣伞 HS4

选育单位：北京市农林科学院植物保护环境保护研究所

品种特性："尖鳞环绣伞 HS4"（*Pholiota squarrosoides*）为中温型品种，菌丝生长速度快，较鳞伞属对照菌株"黄伞 HS1"提前 10 ~ 12 天发满菌袋，后熟期长，产量高；子实体黄色，丛生，柄短，菌盖大，表层有白色鳞片，菌盖直径 24 ~ 32 毫米，平均 27.85 毫米；菌盖厚 4 ~ 5 毫米，平均 4.65 毫米；菌柄长 64 ~ 78 毫米，平均 69.85 毫米；菌柄直径 8 ~ 9 毫米，平均 8.5 毫米。菌丝生长适宜

pH 范围为 6.0 ~ 8.5，最适 7.0；适宜生长温度为 24 ~ 30℃，最适生长温度为 28℃；出菇温度范围为 16 ~ 25℃，最适温度为 18 ~ 22℃。秋栽头两潮菇的平均生物学效率为 50% 左右。每百克（干重）子实体中所测 18 种氨基酸总量 9.62 克，碳水

化合物 41.68 克。

适种地区：适合全国秋季和早春日光温室栽培。

联系单位：北京市农林科学院植物保护环境保护研究所
联 系 人：王守现　联系电话：010-51503432
通讯地址：北京市海淀区曙光花园中路9号　 100097
电子邮箱：18600482727@163.com

13. 品种名称：黄伞 HS5

选育单位：北京市农林科学院植物保护环境保护研究所

品种特性："黄伞 HS5"（*Pholiota adipose* HS5）为中温型品种，出菇早，较对照菌株"黄伞 HS1"提前 8～9 天；产量高，头两潮菇生物学效率为 68% 左右，是对照菌株的 1.58 倍。子实体黄色，丛生，柄长，菌盖中等，表层有黄色鳞片，菌盖直径 22～30 毫米，平均 24.95 毫米；菌盖厚 6～8 毫米，平均 6.85 毫米；菌柄长 94～105 毫米，平均 99 毫米；菌柄直径 9～13 毫米，平均 10.9 毫米。菌丝生长适宜 pH 范围为 5.0～6.0，适宜生长温度为 24～30℃，最适生长温度为 28℃；出菇温

度范围为 16 ～ 25℃，最适温度为 18 ～ 22℃。每百克（干重）
子实体中所测 18 种氨基酸总量 13.95 克，碳水化合物 29.94 克。

适种地区：适合全国工厂化栽培或秋季、早春日光温室
栽培。

联系单位：北京市农林科学院植物保护环境保护研究所
联 系 人：王守现　联系电话：010-51503432
通讯地址：北京市海淀区曙光花园中路 9 号　100097
电子邮箱：18600482727@163.com

14. 品种名称：黄伞 HS7

选育单位：北京市农林科学院植物保护环境保护研究所

品种特性："黄伞 HS7"（*Pholiota adipose* HS7）为中温型
品种，出菇整齐，产量高，头两潮菇生物学效率为 56% 左右，

是对照菌株"黄伞
HS1"的 1.30 倍。子
实体黄色，丛生，原
基少，柄短粗，菌盖
小，表层有黄色鳞片；
菌盖直径 24 ～ 32
毫米，平均 28.5 毫
米；菌盖厚 5 ～ 10

毫米，平均 8.35 毫米；菌柄长 60 ～ 73 毫米，平均 66.30 毫
米；菌柄直径 14 ～ 19 毫米，平均 16.05 毫米。菌丝适宜生长
温度为 24 ～ 30℃，最适生长温度为 28℃；出菇温度范围为
16 ～ 25℃，最适温度为 18 ～ 22℃。每百克（干重）子实体

中所测 18 种氨基酸总量 12.97 克，碳水化合物 33.32 克。

适种地区：适合全国工厂化栽培或秋季、早春日光温室栽培。

联系单位：北京市农林科学院植物保护环境保护研究所

联 系 人：王守现　联系电话：010-51503432

通讯地址：北京市海淀区曙光花园中路 9 号　100097

电子邮箱：18600482727@163.com

五、花、草

1. 品种名称：食用菊花"白玉1号"

选育单位：北京市农林科学院农业生物技术研究中心、美尔特达（北京）生物工程技术有限公司

品种特性：京S-SV-CM-012-2012。株高80～100厘米；直立，分枝力一般。设施地地栽或盆栽，6月底前定植，自然花期11月上旬。耐寒、耐旱、耐瘠薄，抗病抗虫性较强。对短日照处理敏感，催花易，可实行周年生产。花朵白色，花瓣厚，口感脆甜。花瓣营养保健成分含量丰富，每100克鲜花含：蛋白质1.3克、胡萝卜素0.31毫克、维生素C 4.7毫克、叶酸0.488微克、钙41.6毫克等。每亩地鲜花产量为1000～1250千克，亩产值6万元以上。

适种地区：北京

及其周边地区。

联系单位：北京市农林科学院农业生物技术研究中心
联 系 人：黄丛林　联系电话：010-51503801
通讯地址：北京市海淀区曙光花园中路9号　100097
电子邮箱：conglinh@126.com

2. 品种名称：食用菊花"粉玳1号"

选育单位：北京市农林科学院农业生物技术研究中心、美尔特达（北京）生物工程技术有限公司

品种特性：京 S-SV-CM-013-2012。株高 100 ～ 120 厘米；直立，分枝力一般。设施地地栽或盆栽，6月底前定植，自然花期11月上旬。耐寒、耐旱、耐瘠薄，抗病抗虫性较强。对短日照处理敏感，催花易，可实行周年生产。花朵粉色，花瓣厚，口感脆甜。花瓣营养保健成分含量丰富，每 100 克鲜花含：蛋白质 1.7 克、胡萝卜素 0.41 毫克、维生素 C 7.3 毫克、叶酸 0.586 微克、钙 33.4 毫克等。每亩地鲜花产量为 1100 ～ 1300 千克，

亩产值 6.6 万元以上。

适种地区：北京及其周边地区。

联系单位：北京市农林科学院农业生物技术研究中心
联 系 人：黄丛林　联系电话：010-51503801
通讯地址：北京市海淀区曙光花园中路 9 号　　100097
电子邮箱：conglinh@126.com

3. 品种名称：食用菊花"金黄 1 号"

选育单位：北京市农林科学院农业生物技术研究中心、美尔特达（北京）生物工程技术有限公司

品种特性：京 S-SV-CM-014-2012。株高 80～100 厘米；直立，分枝力一般。设施地地栽或盆栽，6 月底前定植，自然花期 11 月上旬。耐寒、耐旱、耐瘠薄，抗病抗虫性较强。对短日照处理敏感，催花易，可实行周年生产。花朵橙黄色，花瓣厚，口感脆甜。花瓣营养保健成分含量丰富，每 100 克鲜花含：蛋白质 1.7 克、胡萝卜素 0.33 毫克、维生素 C 5.2 毫克、叶酸 0.567

微克、钙 33.7 毫克等。每亩地鲜花产量为 1100 ～ 1300 千克，亩产值 6.6 万元以上。

适种地区：北京及其周边地区。

联系单位：北京市农林科学院农业生物技术研究中心
联 系 人：黄丛林　联系电话：010-51503801
通讯地址：北京市海淀区曙光花园中路 9 号　　100097
电子邮箱：conglinh@126.com

4. 品种名称：食用菊"燕山白玉"

选育单位：北京市农林科学院农业生物技术研究中心

品种特性：株高 80 ～ 100 厘米；直立，分枝力一般。设施地地栽或盆栽，6 月底前定植，自然花期 11 月上旬。耐寒、耐旱、耐瘠薄，抗病抗虫性较强。对短日照处理敏感，催花易，可实行周年生产。扦插育苗时间 30 ～ 45 天，定植 30 ～ 45 天后开始催花，催花时间 60 天。花朵白色。花瓣营养保健成分含量丰富，每 100 克鲜花含：蛋白质 1.56 克、胡萝卜素

17.4 微克、维生素 C 13.1 毫克、叶酸 26 微克、钙 31.79 毫克等。可溶性固形物含量 7.04%。每亩地鲜花产量为 1200 ～ 1350 千克。

适种地区：适宜在北京地区保护地种植。

联系单位：北京市农林科学院农业生物技术研究中心

联 系 人：黄丛林　联系电话：010-51503801

通讯地址：北京市海淀区曙光花园中路 9 号　100097

电子邮箱：conglinh@126.com

5. 品种名称：食用菊"燕山金黄"

选育单位：北京市农林科学院农业生物技术研究中心

品种特性：株高 80 ～ 100 厘米；直立，分枝力一般。设施地地栽或盆栽，6 月底前定植，自然花期 11 月上旬。耐寒、耐旱、耐瘠薄，抗病抗虫性较强。对短日照处理敏感，催花易，可实行周年生产。扦插育苗时间 30 ～ 45 天，定植 30 ～ 45 天后开始催花，催花时间 60 天。花朵黄色。花瓣营养保健成分

含量丰富，每100克鲜花含：蛋白质1.63克、胡萝卜素25.7微克、维生素C 12.7毫克、叶酸33.9微克、钙38.93毫克等。可溶性固形物含量7.18％。每亩地鲜花产量为1250～1350千克。

适种地区：适宜在北京地区保护地种植。

联系单位：北京市农林科学院农业生物技术研究中心
联 系 人：黄丛林 联系电话：010-51503801
通讯地址：北京市海淀区曙光花园中路9号   100097
电子邮箱：conglinh@126.com

6. 品种名称：茶菊"玉台1号"

选育单位：北京市农林科学院农业生物技术研究中心

品种特性：京S-SV-CM-005-2011。株高65～80厘米；株形自然呈球形，直立，分枝力中等，适合密植。在北京地区露地栽培，5月底前定植，8月中旬冒蕾，8月底9月初开花，9月中旬盛花。开花早，耐旱、耐瘠薄，抗病抗虫。优质，每100克干茶菊含：总氨基酸13.50克，蛋白质23.0克，

钙957.39毫克，胡萝卜素31.3毫克，叶酸120微克；黄酮含量为干重4.99％，是杭白菊黄酮含量的3.35倍，杭白菊黄酮含量为干重1.49％。每亩地茶菊产量为干重100～150千

克，亩产值 4900 元以上。适合做高档胎菊。

适种地区：北京地区及全国。

联系单位：北京市农林科学院农业生物技术研究中心
联 系 人：黄丛林　联系电话：010-51503801
通讯地址：北京市海淀区曙光花园中路9号　100097
电子邮箱：conglinh@126.com

7. 品种名称：观赏大菊"高山狮吼"

选育单位：北京市农林科学院农业生物技术研究中心

品种特性：株高 50 ~ 60 厘米，直立。花朵淡黄白色，花形飞舞形带毛刺，花径 15 ~ 20 厘米。设施地盆栽，6 月上旬定植，自然花期 11 月上旬。耐旱、抗病抗虫。对短日照处理敏感，催花易。扦插育苗时间 30 ~ 45 天，定植 30 ~ 45 天后开始催花，催花时间 60 天。

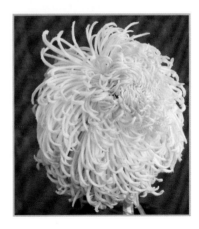

适种地区：适宜在北京地区种植。

联系单位：北京市农林科学院农业生物技术研究中心
联 系 人：黄丛林　联系电话：010-51503801
通讯地址：北京市海淀区曙光花园中路9号　100097
电子邮箱：conglinh@126.com

8. 品种名称：观赏大菊"金凤还巢"

选育单位：北京市农林科学院农业生物技术研究中心

品种特性：株高 60～70 厘米，直立。花朵金黄色，花形飞舞形带毛刺。设施地盆栽，6月上旬定植，自然花期11月上旬。耐旱、抗病抗虫。对短日照处理敏感，催花易。扦插育苗时间30～45天，定植30～45天后开始催花，催花时间60天。

适种地区：适宜在北京地区种植。

联系单位：北京市农林科学院农业生物技术研究中心
联 系 人：黄丛林　联系电话：010-51503801
通讯地址：北京市海淀区曙光花园中路9号　　100097
电子邮箱：conglinh@126.com

9. 品种名称：观赏大菊"燕山金狮"

选育单位：北京市农林科学院农业生物技术研究中心

品种特性：株高 50～60 厘米，直立。花朵黄色，花形球形。设施地盆栽，6月上旬前上盆，自然花期11月上旬。耐旱、抗病抗虫。对短日照处理敏感，催花易。扦插育苗时间30～45天，定植30～45天后开始催花，催花时间60天。

适种地区：适宜在北京地区种植。

联系单位：北京市农林科学院农业生物技术研究中心
联 系 人：黄丛林 联系电话：010-51503801
通讯地址：北京市海淀区曙光花园中路9号 100097
电子邮箱：conglinh@126.com

10. 品种名称：观赏小菊"燕山京黄"

选育单位：北京市农林科学院农业生物技术研究中心
品种特性：花朵金黄色。自然花期9月下旬。分枝力强，不用摘心，自然呈球形。茎秆直立性好，抗倒伏能力强。花朵紧凑，着花繁密，单株花朵数450～500朵。株高45～50厘米，冠幅55～65厘米。耐旱、耐瘠薄，抗病抗虫性强，几乎无病

虫害。露地地栽或盆栽，5月上旬至6月上旬露地定植或上盆。

适种地区：北京市及其周边地区。

联系单位：北京市农林科学院农业生物技术研究中心
联 系 人：黄丛林　联系电话：010-51503801
通讯地址：北京市海淀区曙光花园中路9号　100097
电子邮箱：conglinh@126.com

11.品种名称：观赏小菊"燕山京粉"

选育单位：北京市农林科学院农业生物技术研究中心

品种特性：花朵粉色。分枝力强，不用摘心，自然呈球形。

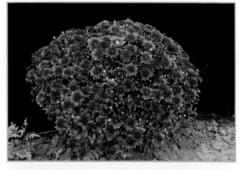

茎秆直立性好，抗倒伏能力强。花朵紧凑，着花繁密，单株花朵数350～400朵。群体自然花期从9月中下旬开始露色持续至11月初，单株花期在40天左右。株高45～50厘米，冠幅60～70厘米。耐旱、耐寒、耐瘠薄，抗病抗虫性强，几乎无病虫害。耐管理粗放。露地栽或盆栽，5月上旬至 6 月上旬露地定植或上盆。

适种地区：适宜在北京地区露地种植。

联系单位：北京市农林科学院农业生物技术研究中心

联 系 人：黄丛林　联系电话：010-51503801

通讯地址：北京市海淀区曙光花园中路 9 号　　100097

电子邮箱：conglinh@126.com

12. 品种名称：观赏小菊"燕山京红"

选育单位：北京市农林科学院农业生物技术研究中心

品种特性：花朵红色。群体自然花期从 9 月下旬开始露色持续至 11 月上旬，单株花期在 40 天左右。分枝力强，不用摘心，自然呈球形。茎秆直立性好，抗倒伏能力强。花朵紧凑，着花繁密，单株花朵数 700 ～ 750 朵。株高 60 ～ 80 厘米，冠幅 80 ～ 90 厘米。耐旱、耐涝、耐瘠薄。抗病抗虫性强，几乎无病虫害。

适种地区：适

宜在北京地区露地种植。

联系单位：北京市农林科学院农业生物技术研究中心
联 系 人：黄丛林　联系电话：010-51503801
通讯地址：北京市海淀区曙光花园中路9号　　100097
电子邮箱：conglinh@126.com

13. 品种名称：彩色马蹄莲"京彩阳光"

选育单位：北京市农林科学院蔬菜研究中心

品种特性：切花品种，佛焰苞黄色，带深紫色花喉，株高80～90厘米，花茎粗壮，花茎长80～120厘米，花形优美，花大，佛焰苞长×宽为（8～9）厘米×（7～8）厘米，佛焰苞厚，叶箭头形，绿色，斑点多，周径14～16厘米种球开花2～3支。4月中旬栽植，6月初进入初花期，2周后进入盛花期。

　　品种特点是生长旺盛、叶片肥大、耐雨打、抗病性强，适应性强，株高、花形、花色整齐一致，开花整齐度高，可用于周年生产切花，也可用作花坛、花境用花和组合盆栽观赏等。

适种地区：各地设施切花周年生产。

联系单位：北京市农林科学院蔬菜研究中心

联 系 人：周涤　**联系电话**：010-51503071

通讯地址：北京市海淀区彰化路50号　100097

电子邮箱：zhoudi@nercv.org

14. 品种名称：偃麦草"京草1号"

选育单位：北京市农林科学院草业与环境研究发展中心、内蒙古赤峰市农牧科学研究院

品种特性：多年生根茎型草本。株型直立，分蘖多，叶色灰绿，长15～25厘米,宽0.8～1.2厘米。穗状花序，长12～14厘米。小穗单生于穗轴之每节，含小花5～9枚。颖披针形，长0.9～1.3厘米，边缘膜质，具5～7脉。外稃披针形，先端钝或具短尖头，具5脉。内稃稍短于外稃，种子颖果矩圆形，暗褐色，千粒重2.8克。春季返青早，生长速度快，绿期长，根茎蔓生速度快，且分蘖能力和覆盖地面能力强，抗旱耐寒能力较强。北京地区年可刈割2次，在全年只浇1次返青水条件下，干草产量可达5170千克/公顷。抽穗期风干样中含粗蛋白质11.9%，酸性洗涤纤维28.9%，中性洗涤纤维53.8%。适宜于我国北方地区退化草地改良，沙荒地、弃耕地种植以及公路铁路边坡植被恢复，不宜在农田种植。

适种地区：适应于我国北方干旱半干旱年均降水量 300 毫米以上的地区种植。

联系单位：北京市农林科学院草业与环境研究发展中心
联 系 人：孟林　联系电话：010-51503345
通讯地址：北京市海淀区曙光花园中路 9 号　100097
电子邮箱：menglin9599@sina.com

15. **品种名称**：矮丛苔草"长青"

选育单位：北京市农林科学院草业与环境研究发展中心

品种特性：2012 年北京市林木品种审定委员会审定品种（京 S-SV-CH-006-2012）。

叶片狭长繁密。株高 30～35 厘米，成株冠幅 50 厘米左右。

绿色期 240 天左右。具有耐旱节水特性，夏季生长旺盛，生态适应性强，为阳生植物，耐荫性强。花序隐于叶丛，花果期景观效果好。

适种地区：北京平原地区的林下及其他公共绿地。

联系单位：北京市农林科学院草业与环境研究发展中心
联 系 人：杨学军　联系电话：010-51503977
通讯地址：北京市海淀区曙光花园中路 9 号　100097
电子邮箱：313442939@qq.com

16. 品种名称：长芒草"春逸"

选育单位：北京市农林科学院草业与环境研究发展中心

品种特性：2008 年国家林业局林木品种审定委员会认定品种（国 R‑SV‑SB‑010‑2008）。

冷季型宿根草本植物。基生叶形成厚密的株丛，高 20 余厘米，成株冠幅 45～50 厘米。春季观花，圆锥花序开展飘逸，此时株高约 60 厘米；自然花期为 4 月下旬至 6 月中旬。在北京地区 3 月 10 日左右萌芽，11 月初枯黄，绿色期 230 余天。品种喜光，耐旱，耐寒，耐贫瘠土壤，夏季不休眠，生态适应性强。

适种地区：华北地区。

联系单位：北京市农林科学院草业与环境研究发展中心
联 系 人：杨学军　联系电话：010‑51503977
通讯地址：北京市海淀区曙光花园中路 9 号　　100097
电子邮箱：313442939@qq.com

17. 品种名称：芒"花叶"

选育单位：北京市农林科学院草业与环境研究发展中心

品种特性：2008 年国家林业局林木品种审定委员会认定品种（国 R‑SV‑MS‑011‑2008）。

暖季型观赏草，成株高 1.5 ～ 1.8 米，冠幅 1 米有余。叶片具乳白色的条纹，弧形，向四周下垂，几近地面，形成浑圆的株形。顶生圆锥花序呈指状，本品种需要长时间的炎热季节才能开花完全，在华北地区秋季开花，不能产生成熟的种子，分株为主要繁殖方法。

适种地区：华北地区。

联系单位：北京市农林科学院草业与环境研究发展中心
联 系 人：杨学军　联系电话：010-51503977
通讯地址：北京市海淀区曙光花园中路 9 号　100097
电子邮箱：313442939@qq.com

18. 品种名称：青绿苔草"四季"

选育单位：北京市农林科学院草业与环境研究发展中心

品种特性：2010年国家林业局林木品种审定委员会审定品

种（国 S-SV-CL-006-2010）。

株丛紧密，叶基生，成株冠幅 45～50 厘米；绿色期 240 天；耐旱，耐寒，耐贫瘠土壤，在全日照至 75% 遮荫条件下均旺盛生长；生长期无须修剪。坪用效果突出，种子产量高，无休眠特性。

适种地区：山东、河北中南部及北京平原地区的林下及其他公共绿地。

联系单位：北京市农林科学院草业与环境研究发展中心
联 系 人：杨学军　联系电话：010-51503977
通讯地址：北京市海淀区曙光花园中路 9 号　100097
电子邮箱：313442939@qq.com

19. 品种名称：披针叶苔草"秀发"

选育单位：北京市农林科学院草业与环境研究发展中心

品种特性：2012 年国家林业局林木品种审定委员会审定品种（国 S-SV-CL-014-2012）。

叶片狭如长发，株丛厚密；绿色期 240 天；耐荫，耐寒，耐高温，病虫害少；生长期无需修剪。叶片细长柔美，可建植大面积草坪地被，也可用于花坛与花境配置。

适种地区：山东、河北中南部及北

京平原地区的林下及其他公共绿地。

联系单位：北京市农林科学院草业与环境研究发展中心

联 系 人：杨学军　联系电话：010-51503977

通讯地址：北京市海淀区曙光花园中路9号　100097

电子邮箱：313442939@qq.com

20. 品种名称：短毛野青茅"韩国涟川"

选育单位：北京市农林科学院草业与环境研究发展中心

品种特性：2011年农业部草品种审定委员会审定品种（436）。多年生草本，暖季型，丛生。茎秆直立，株高80～150厘米，早春叶片绿色或淡青铜色，叶片开展。圆锥花序，初花期淡粉色，而后变为淡紫色，花序长15～30厘米。花期8－10月份。花序雍容华贵，孤植、片植或盆栽种植，均有很好的效果，尤其秋冬季节效果非常突出。

适种地区：华北地区。

联系单位：北京市农林科学院草业与环境研究发展中心

联 系 人：杨学军　联系电话：010-51503977

通讯地址：北京市海淀区曙光花园中路9号　100097

电子邮箱：313442939@qq.com

六、畜禽水产

1. 品种名称：锦鲤

选育单位：北京市水产科学研究所

品种特性：风靡当今世界的一种高档观赏鱼，为鲤鱼的一个变异杂交品种，起源于中国，是以养殖食用鲤传入日本后，在其北部沿海的新潟县中越地区，由于养殖环境变化引起体色突变，经过近300年的人工选育和杂交培育而来。其生性温和、喜群游，个体较大，体长可达1米以上，重10千克以上；性成熟为2～3龄，寿命长，平均约为70岁。以健美的体态，艳丽的色彩，灿烂的斑纹，高雅的泳姿，给人以极大的美的享受，誉有"水中活宝石""会游泳的艺术品"之美称。由于容易繁殖和饲养，食性较杂，故受到人们的欢迎。就其色彩图案而论是一种极不稳定、变异性很大的品种，没有任意两条锦鲤的斑纹是相同的，而锦鲤是以其不同的颜色在鱼体不同部位分布，以及图案形状，来评价该鱼的优劣以及本身的价值。

适养地区：锦鲤的抗病力很强，也容易适应环境，只要不是剧烈的变化，锦鲤很容易适应各种水温、水质等环境的变化，几乎全世界各地方都能饲养锦鲤。

联系单位：北京市水产科学研究所
联 系 人：梁拥军　联系电话：010-61785669
通讯地址：北京市丰台区角门路18号　100068
电子邮箱：kejiban@bjfishery.com

2.品种名称：金鱼

选育单位：北京市水产科学研究所

品种特性：金鱼和鲫鱼同属于一个物种，在科学上用同一个学名 *Carassius auratus*。金鱼也称"金鲫鱼"，近似鲤鱼（*Cyprinus carpio*）但无口须，是由鲫鱼演化而成的观赏鱼类。金鱼的品种很多，颜色有红、

橙、紫、蓝、墨、银白、五花等，分为草种、文种、蛋种、龙种四类。金鱼易于饲养，它身姿奇异，色彩绚丽，形态优美。金鱼能美化环境，很受人们的喜爱，是我国特有的观赏鱼。

适养地区：金鱼是一种经人类完全驯化的杂食性鱼类，抵抗力与适应性强，食性广，饲养简便；很容易适应各种水温、

水质等环境的变化，几乎全世界各地方都能饲养。

联系单位：北京市水产科学研究所

联系人：梁拥军　联系电话：010-61785669

通讯地址：北京市丰台区角门路18号　100068

电子邮箱：kejiban@bjfishery.com

3.品种名称：草金鱼

选育单位：北京市水产科学研究所

品种特性：俗称红鲫鱼或金鲫鱼，体呈纺锤形，尾鳍不分叉，背、腹、胸、臀鳍均正常。体质强健，适应性强，食性广，容易饲养。它的颜色除红色之外，还有银白色和红白花色。红鲫鱼因长期驯养，常在水面游动，能随人拍手声列队而游；若喂以食物，还会群集水面争食，作戏水状，非常有趣，适合公园大池饲养。草金鱼的尾鳍有长尾和短尾之分，短尾者一般称草金鱼；长尾者称长尾草金鱼或称燕尾（有些品种的尾鳍和家燕的尾羽相似，因此得名）。英、美等地称"彗星"。发现金鲫鱼最早的时间，约在晋朝。

适养地区：草金鱼体质健壮，抵抗力与适应性强，食性广，

不需精细管理，饲养简便；养在池中，若饵料充足，生长较快，3年生体重可达500克以上，体长约30厘米，最长可达50厘米。很容易适应各种水温、水质等环境的变化，几乎全世界各地方都能饲养。

联系单位：北京市水产科学研究所

联 系 人：梁拥军 联系电话：010-61785669

通讯地址：北京市丰台区角门路18号 100068

电子邮箱：kejiban@bjfishery.com

4.品种名称：杂交鲟

选育单位：北京市水产科学研究所

品种特性：运用杂交优势原理进行鲟鱼种间和属间杂交，杂交鲟兼备父本和母本的优点：抗逆性更强，生长更迅速，生长周期可缩短1～2个月，所以越来越受到广大养殖户的欢迎。我国最早引进的杂交鲟是欧洲鳇（母本♀）和小体鲟（父本♂）的杂交后代，英文名Bester，生存水温1～33℃，最适水温19～25℃，Bester是鳇属和鲟属的属间杂交，外形和

小体鲟相近，但较小体鲟粗壮，口大弯月形，似其母本欧洲鳇。Bester 集中了欧洲鳇个体大、生长快和小体鲟适应性强，易于驯养等优点成为引进杂交种的最佳组合。我国黑龙江的达氏鳇♀和施氏鲟♂杂交，也具有生长快，抗逆性强的优良品质。北京市水产科学研究所拥有大量西伯利亚鲟、施氏鲟、达氏鳇、俄罗斯鲟和小体鲟亲鱼，并已达到性成熟，进行了各品种间的杂交试验，可全年繁殖施氏鲟♀ × 达氏鳇♂，施氏鲟♀ × 西伯利亚鲟♂，俄罗斯鲟♀ × 西伯利亚鲟♂等各杂交种。杂交鲟苗种可直接使用配合饲料开口或使用活饵开口配合饲料驯化方法，成活率较高。

适养地区：适宜在我国偏冷水水库、山区流水和湖泊进行池塘、流水、工厂化和网箱增养殖。

联系单位：北京市水产科学研究所

联 系 人：胡红霞　联系电话：010-67585972

通讯地址：北京市丰台区角门路 18 号　100068

电子邮箱：kejiban@bjfishery.com

5. 品种名称：施氏鲟

选育单位：北京市水产科学研究所

品种特性：隶属鲟形目（Acipenseriformes），鲟科（Acipenseridae），鲟属（*Acipenser*）。亚冷性鱼类，生存温度为 1 ~ 30℃，可短期耐受 30 ~ 33℃，生长最适水温为 18 ~ 25℃。主要分布在我国的黑龙江，乌苏里江、松花江、嫩江也有分布。耗氧率和窒息点高于常规养殖鱼类，溶氧要求 6 毫克 / 升。体延长，呈圆锥形鱼体呈长纺锤形，体被五行骨板，头部呈正三角形，顶部

较平，吻尖，平扁，口小，颊部和腮膜不相连，口前的两对吻须较长，须的前方有 7 个疣状突起，所以施氏鲟又称七粒浮子。鱼体头部及背侧灰褐色，腹面白色。在黑龙江捕到的最大个体重达 102 千克，全长 2.4 米以上。自然水体中性成熟年龄雌鱼为 9 ~ 11 龄，生殖周期为 2 ~ 4 年，5 - 7 月份繁殖。人工养殖雌鱼 6 ~ 7 龄成熟，可实现全年繁育。为肉食性鱼类，幼鱼以底栖生物、水蚯蚓和水生昆虫为主，成鱼则以水生昆虫、底栖生物和小型鱼类为食。苗种培育一般采取活饵开口再用配合饲料驯化法，人工养殖常年水温 15 ~ 25℃，一周年个体重可达 0.75 ~ 1.5 千克。施氏鲟个体生长快，可塑性强，抗逆性高于常规鱼类，深受养殖户欢迎。北京市水产科学研究所已突破施氏鲟全人工繁殖和反季节繁殖技术。

适养地区：适宜在我国偏冷水水库、山区流水和湖泊进行池塘、流水、工厂化和网箱增养殖。

联系单位：北京市水产科学研究所

联 系 人：胡红霞　联系电话：010-67585972

通讯地址：北京市丰台区角门路 18 号　100068

电子邮箱：kejiban@bjfishery.com

6. 品种名称：西伯利亚鲟

选育单位：北京市水产科学研究所

品种特性：隶属鲟形目(Acipenseriforms)，鲟科(Acipenseridae)，鲟属（*Acipenser*）。亚冷性鱼类，生存温度 2 ~ 30℃，适宜水温 16 ~ 22℃，溶氧要求 5 毫克/升以上。西伯利亚鲟分 3 个生态类型，即半洄游型、河居型和湖河型，主要栖息在西伯利亚各河流中。该鱼鱼体修长，横切呈五角形，向尾部延伸变细，吻长尖，口腹位，口裂较小，一字形，歪尾，鳃盖骨愈合为一。体裸露无鳞具五行骨板，腹骨板与背骨板间具有许多星状薄骨板或微小颗粒。吻须 4 条，介于吻突与口裂之间稍靠近口裂。鱼体背部呈淡灰黑色至暗褐色，两侧较淡，腹部为白色。成熟个体通常在 90 ~ 130 厘米，体重在 20 ~ 25 千克，在自然水域中雌鱼 10 ~ 23 龄达性成熟，人工养殖条件下 6 ~ 7 龄可成熟。食性广，在自然界以昆虫幼虫、软体动物、蠕虫和小鱼等为食，人工培育西伯利亚鲟仔鱼可直接摄食配合饲料，具有生长快，抗逆性强，肉质洁白等特点，是市场上最受欢迎的鲟鱼品种，适宜条件下，一年体重可达 0.75 ~ 1.5 千克。北京市水产科学研究所已突破西伯利亚鲟鱼全人工繁殖和反季节繁殖技术，之前我国主要从俄罗斯、德国、法国

引进。

适养地区：适宜在我国偏冷水水库、山区流水和湖泊进行池塘、流水、工厂化和网箱增养殖。

联系单位：北京市水产科学研究所
联 系 人：胡红霞　联系电话：010-67585972
通讯地址：北京市丰台区角门路 18 号　100068
电子邮箱：kejiban@bjfishery.com

7. 品种名称：俄罗斯鲟

选育单位：北京市水产科学研究所

品种特性：隶属鲟形目（Acipenseriformes），鲟科（Acipenseridae），鲟属（*Acipenser*）。亚冷性鱼类，生存温度 2 ~ 30℃，适宜水温 19 ~ 25℃，溶氧要求 5 毫克 / 升以上。俄罗斯鲟主要分布在里海、亚速海、黑海和流入这些海域的河流。在黑海个体全长可达 236 厘米，体重 115 千克。鱼体呈纺锤形，头吻短而钝，略呈圆形，4 根触须位于吻端与口之间，更近吻端，口小、横

裂、较突出，下唇中央断开。体被 5 行骨板，在骨板行之间体表分布许多小骨板称小星。体色背部灰黑色、浅绿色，体侧通常灰褐色至淡黄色，腹部黄色。俄罗斯鲟在自然界主食底栖软体动物，多毛纲，也摄食虾、蟹等甲壳类及鱼类。俄罗斯鲟除洄游性种群外，部分是淡水定栖性种群。自然界雌鱼成熟多在 12 ~ 16 龄，产卵间期 4 ~ 6 年。分春季和秋季产卵型，春季洄游型 5 月中旬至 6 月初繁殖，水温 8.9 ~ 12℃。人工养殖亲鱼 5 ~ 7 龄成熟，可实现全年繁育。食性杂，人工养殖条件下可以很好地接受配合饲料。北京市水产科学研究所已突破俄罗斯鲟鱼全人工繁殖和反季节繁殖技术，之前基本从俄罗斯引进。

适养地区：适宜在我国偏冷水水库、山区流水和湖泊进行池塘、流水、工厂化和网箱增养殖。也可进行海水养殖。

联系单位：北京市水产科学研究所
联 系 人：胡红霞　联系电话：010-67585972
通讯地址：北京市丰台区角门路 18 号　　100068
电子邮箱：kejiban@bjfishery.com

8. 品种名称：虹鳟

选育单位：北京市水产科学研究所

品种特性：肉食性鱼类，其仔鱼和稚鱼摄食浮游动物、底栖动物和水生昆虫，幼鱼能吞食小杂鱼和两栖类等。成鱼主要摄食鱼类，兼食一部分小虾、底栖动物、水生昆虫、植物碎片和藻类等。生长迅速、适应性强，人工饲养的当年鱼一般体重可达 50 ~ 200 克，3 龄鱼为 1 ~ 2 千克或以上。地下涌泉、山溪水、河水、深井水、水库蓄水以至海水均可用作养殖水源。

主要饲以人工配合颗粒饵料。

适养地区：拥有常年保持 3 ~ 20℃ 水温的地下涌泉、山溪水、河水、深井水、水库底层水以至海水的地区。

联系单位：北京市水产科学研究所
联 系 人：徐绍刚　联系电话：010-67565314
通讯地址：北京市丰台区角门路 18 号　100068
电子邮箱：kejiban@bjfishery.com

9. 品种名称：金鳟

选育单位：北京市水产科学研究所

品种特性：金鳟周身金黄、橙黄或淡黄色，体侧有红色彩带，眼呈玫瑰红色。投喂含有类胡萝素的饲料体色会更艳

丽，肉呈橙红色。金黄色是单纯的显性遗传性状。金鳟喜栖于 pH 6.5 ~ 7.5 的清冷高溶氧水域，弱碱性水更适于其生长。正常生长的上限水温是 20℃，较适生长水温

是 12 ~ 18℃，超过或低于 18℃越远生长越慢，超过 22℃，死亡率增高，25℃水温下不多日即全部死亡。

适养地区： 北方地区。

联系单位：北京市水产科学研究所
联 系 人：徐绍刚　联系电话：010-67565314
通讯地址：北京市丰台区角门路 18 号　　100068
电子邮箱：kejiban@bjfishery.com

10. 品种名称：硬头鳟

选育单位： 北京市水产科学研究所

品种特性： 硬头鳟（*Salmon gairdneri*）属于冷水性鱼类。

原产于美国阿拉斯加和加拿大不列颠哥伦比亚省等地区的水域。后来通过生物技术育种手段并不断驯化，硬头鳟已经在淡水中实现集约化养殖。硬头鳟可生存在水温 0.6 ~ 20℃的水域环境中，最适生长水温 10 ~ 18℃；硬头鳟要求水质清洁、水量充沛、氧气充足、溶解氧 6 毫克/升以上。硬头鳟对盐度适应能力较强，从淡水至 0.8% 盐度的水中都能正常生活。硬头鳟属肉食性鱼类，喜食鱼类、底栖动物、水生昆虫，亦食植物碎屑；在人工养殖条件下，已实现摄食全人工颗粒饲料，其摄食量随水温及溶解氧气变化而不同。水温 10 ~ 18℃，溶解氧 8 毫克 / 升以上食欲最强，溶解氧 5 毫克 / 升以下食欲不振。1 龄鱼体重可达 50 ~ 200 克，2 龄鱼体重达 500 ~ 1500 克，3 龄鱼体重达 2000 克以上，一般 2 龄鱼可达商品鱼规格即 500 克 / 尾以上。

适养地区： 硬头鳟养殖的水源需要清澈的微流水，不混浊，不污染，高溶氧，周年水温变动在 5 ~ 20℃范围内，年平均水温在 8 ~ 15℃，通常涌泉水、山涧溪流水、地下水、水库底排水可作为养殖用水。

联系单位：北京市水产科学研究所
联 系 人：徐绍刚　联系电话：010-67565314
通讯地址：北京市丰台区角门路 18 号　100068
电子邮箱：kejiban@bjfishery.com

11. 品种名称：哲罗鲑

选育单位： 北京市水产科学研究所
品种特性： 我国名贵冷水鱼类，名列黑龙江流域八种名贵

鱼类——"三花五罗"之首,做生鱼片时其肉质优于虹鳟,味道鲜美,生长快,个体大,是少数几种能长到数百斤的大型淡水经济鱼类之一。

适养地区:水温20℃以下的水域,目前养殖分布黑龙江、吉林、辽宁、北京、河北、山东、山西、内蒙古、新疆、青海、甘肃、四川、云南、贵州等地。

联系单位:北京市水产科学研究所
联 系 人:杨贵强 联系电话:010-67565314
通讯地址:北京市丰台区角门路18号   100068
电子邮箱:ygqbj2013@163.com

12. 品种名称:吉富罗非鱼

选育单位:北京市水产科学研究所

品种特性:罗非鱼属鲈形目丽鱼科罗非鱼属,是联合国粮农组织向全世界推广养殖的优良品种,具有生长快、抗病力强、食性杂和无肌间刺等优点,是我国第六大鱼类养殖品种,也是未来需要重点发展的鱼类养殖品种之一。相比其他罗非鱼品种,吉富罗非鱼具有以下特点:①生长速度快。该鱼比其他品系罗非鱼快5%~30%,从2~3厘米鱼苗开始饲养,在温度适当的条件下,5个月可长到600克以上,6个月可超800克。在生产实践中,200克鱼种,人工饲养42天,平均体重达到650克,日增10克以上。②背宽肉厚,出肉率高。该鱼加工成肉片,净出肉率达42%,比奥尼罗非鱼等其他杂交罗非鱼高。③雄性率高,抗寒性强。该鱼通过生物工程处理,雄性率可超99%。有效克服了过度繁殖的缺陷,其死亡温度低限范围是

11 ~ 8.4℃，比其他品系罗非鱼高 1℃左右。④容易驯化，起捕率高。该鱼食欲旺盛，容易群集，从而有利于集中捕捞。

适养地区：最低水温 11℃以上或有热源地区，海淡水都能饲养。

联系单位：北京市水产科学研究所
联 系 人：张欣　联系电话：67586095
通讯地址：北京市丰台区角门路 18 号　100068
电子邮箱：kejiban@bjfishery.com

13. 品种名称：缺帘鱼

选育单位：北京市水产科学研究所

品种特性：缺帘鱼隶属于脂鲤目（Characiformes）、脂鲤亚目（Characoidei）。缺帘鱼体形长而侧扁，全身银白，从臀鳍末端到尾鳍镶嵌着黑色条纹，独具特色，而且肉质优良，味道鲜美，是餐桌上一道不错的佳肴。生长速度快，一年就可以达到商品鱼的规格。它的适宜生长温度是 27 ~ 32℃，对饲料中所含粗蛋白的要求不高，所以在养殖过程中饲料成本低。

适养地区：一般养殖四大家鱼的池塘或小水塘、沟渠都

可以养殖。面积从几分到几亩，最大不超过 10 亩，水深要求 1.5 ~ 2.0 米，当水温保持在 15℃以上时就可以放养鱼苗了。

联系单位：北京市水产科学研究所

联 系 人：徐绍刚　联系电话：010-67565314

通讯地址：北京市丰台区角门路 18 号　　100068

电子邮箱：kejiban@bjfishery.com

14. 品种名称：北京油鸡

选育单位：北京市农林科学院畜牧兽医研究所

品种特性：又名"中华宫廷黄鸡"，原产于京郊，是我国珍贵的肉蛋兼用型地方鸡种，以外形独特、肉味鲜美而著称。2001 年被农业部列为国家畜禽品种资源重点保护品种。

北京油鸡外貌独特，不仅具备羽黄、喙黄、胫黄的"三黄"特征，而且还具备罕见的毛冠、毛髯、毛腿的"三毛"特征和五趾特征。商品鸡 110 ~ 120 日龄上市，平均体重 1.5 千克。鸡肉品质优异，味道鲜美，鸡肉中游离氨基酸和肌内脂肪含量丰富。14 周龄胸肌肌肉中游离氨基酸含量 6.4 毫克 / 克，肌内脂肪 1.1%，其中不饱和脂肪酸占 59.7%，必需脂肪酸占

19.8%，有益于人体健康。

北京油鸡母鸡 150 日龄左右开产，年产蛋 160 ～ 180 枚。蛋壳粉褐色，大小适中，平均蛋重 50.2 克；蛋黄个儿大，占比 30%；蛋白品质优良，蛋白浓稠，哈氏单位 74.8，属于 AA 级；蛋形规则，蛋形指数为 1.34。全蛋中干物质、粗脂肪及粗蛋白含量较高，分别达到 23.4%、9.0% 和 11.2%；全蛋中卵磷脂含量 2.25%，高于普通鸡蛋 30% 以上。

北京油鸡外观标识明显，遗传稳定，品质优异，可作为生产高档禽类产品的首选鸡种。适应各种养殖方式，既可地面平养，也可网上平养或笼养；既可林地和果园规模放养，也可农户小规模庭院饲养。

适养地区：北京油鸡已推广到除西藏以外的全国大部分省市饲养。普遍反映其适应性强，成活率高，对南北各地的气候都能适应（南方湿热地区适应性稍差）。

联系单位：北京市农林科学院畜牧兽医研究所

联 系 人：刘华贵　联系电话：010-89213430

通讯地址：北京市海淀区曙光花园中路 9 号　100097

电子邮箱：13601351244@163.com

2 新技术

一、设施农业技术

1. 技术名称：草莓套种小西瓜

技术来源：北京市农林科学院蔬菜研究中心

技术简介：草莓套种小西瓜一般采取育苗移栽。为了确定套种小西瓜的适宜时间，笔者进行了试验。试验结果表明2月中下旬在不种草莓的温室进行西瓜育苗，3月中下旬定植，比1月份育苗、2月份定植适宜。

定植密度：草莓行间距比较窄，为80～90厘米。为了提高草莓后期产量和品质，避免西瓜给草莓过度遮阴，造成通风透光差的现象，采取隔行套种的方法，即每隔1行草莓种1行西瓜，西瓜行间160～180厘米，每亩套种670株左右。

有效利用日光温室：常规温室栽培草莓1年只能种1茬，每年设施利用时间从8月底到来年4月中下旬长达7个月，温室利用率不高；套种小西瓜后基本上实现了周年生产，有效利用了日光温室。效益可观：每亩套种670株小西瓜，平均每株坐果1.2～1.5个，价格为6元/千克，每亩采收804～1050

个西瓜，收入 5788.8 ～ 15075.0 元。节约肥水：由于底肥十分充足，采取全地膜覆盖，保肥保水性非常好。草莓和小西瓜个小，需要的肥水量少。同时，草莓和西瓜根系不同，对肥水利用不一样：草莓根系浅，主要吸收浅层土壤的肥水；西瓜根系深且发达，吸收肥水能力强，主要吸收深层土壤的肥水，能充分利用土壤中的肥水，从西瓜定植时浇一水后，直到收获最多再施 1 次肥水足够了。

适用范围：设施草莓栽培。

经济、生态及社会效益情况：效益高、成本低。

联系单位：北京市农林科学院蔬菜研究中心
联 系 人：陈春秀　联系电话：010-51503006
通讯地址：北京市海淀区彰化路 50 号　　100097
电子邮箱：chenchunxiu@nercv.org

2.技术名称：北京地区保护地大棚越夏西瓜高品质配套栽培技术

技术来源：北京市农林科学院蔬菜研究中心

技术简介：①选地。一定要选择地势高燥、排灌条件良好、土层深厚、土质肥沃的沙质壤土建造大棚栽培。②整地施基肥。因夏季雨多、昼夜温差小，苗期易徒长，肥料易流失，应以有机肥为主。翻犁后，每亩施用优质土杂肥 5000 千克、三元复合肥 20 ～ 30 千克作基肥，再整成宽 1.6 ～ 1.8 米、高 15 ～ 20 厘米、畦上部宽 60 ～ 70 厘米的小高畦。③覆盖银灰色反光地膜覆盖小高畦，行间覆盖稻草。因高温多雨极有利病虫害尤其是蚜虫的发生和传播，用银灰色反光地膜覆盖可驱避

防止"水脱"降低大棚温度　　　　　　越夏地爬栽培

蚜虫和减轻病毒病危害，同时还能降低地温稳定土壤墒情，减轻养分流失，并防止土壤板结。覆盖稻草可有效降低地温，防杂草滋生及有利保湿。④品种选择。北京从 6 月份后进入高温季节，白天温度达 34～37℃，夜间在 20～25℃。夏季西瓜生长期正处在高温季节，特别是西瓜花芽分化期需要的是低温长日照，西瓜膨大期需要昼夜温差大，以利于积累糖分时，都处在高温季节，很不利于西瓜的生长；另外，高温常常造成西瓜后期还未成熟时果肉出现糖化，不能食用。为了解决这些矛盾，首先从品种入手。⑤嫁接育苗。⑥降低温度的措施。

适用范围：北京地区大棚。

经济、生态及社会效益情况：目前越夏大棚西瓜栽培面积已达 5000 多亩。经济效益每亩高达 1.8 万元。

联系单位：北京市农林科学院蔬菜研究中心
联　系　人：陈春秀　联系电话：010-51503006
通讯地址：北京市海淀区彰化路 50 号　　100097
电子邮箱：chenchunxiu@nercv.org

3. 技术名称：彩色马蹄莲种球繁育技术

技术来源：北京市农林科学院蔬菜研究中心

技术简介：针对彩色马蹄莲种球主要依赖进口的现状，研究彩色马蹄莲种球繁育国产化技术，包括彩色马蹄莲种苗组培快繁技术体系建立，种球培养技术，肥水管理技术，种球采收贮藏技术及设施越夏生产技术集成与创新。"彩色马蹄莲优质球茎及其培育方法"获得国家发明专利（ZL 2008 1 0116783.4）。

适用范围：北方地区彩色马蹄莲种球设施生产。

经济、生态及社会效益情况：彩色马蹄莲是北京市花卉重点发展的球根花卉品种。作为技术支撑单位，采用公司加农户的模式在延庆县进行了彩色马蹄莲种球繁育技术推广与示范，生产的彩色马蹄莲国产种球具有价格优势，满足了国内生产对国产化种源的需求，为沟域经济发展，区域特色产业和观光休闲等融合性服务产业提供新品种、新技术。参与农户人均年增收 5000 元左右。具有良好的发展前景。

种球培育　　　　　国产种球　　　　彩色马蹄莲种苗
　　　　　　　　　　　　　　　　　规模化生产

联系单位：北京市农林科学院蔬菜研究中心

联 系 人：周涤　联系电话：010-51503071

通讯地址：北京市海淀区彰化路 50 号　100097

电子邮箱：zhoudi@nercv.org

4. 技术名称：安心韭菜生产栽培技术

技术来源：北京市农林科学院蔬菜研究中心

技术简介：安心韭菜生产栽培技术主要包括栽培系统和栽培管理技术，主要有两种形式：一种是架式栽培，另一种是漂浮栽培。两种系统都是采用营养液水培技术，主要包括催芽系统、栽培槽（漂浮板）系统、循环系统、营养液管理系统。该项技术通过将韭菜栽培在营养液中，彻底阻断了韭蛆的生长环境，有效解决了韭蛆的为害。播种时使用特制的格板（漂浮板），将种子播种在播种纸和覆盖纸间，上面覆盖珍珠岩，催芽后放入栽培槽（漂浮池）中，生产中不使用草炭等基质，生产过程中营养液循环利用，不对外排放。韭菜生长中没有杂草，收获后的韭菜干净卫生，生产过程中没有韭蛆的为害，具有节水节肥、安全高效的特点。该项技术还包含了韭菜专用营养液配方和生产管理技术。该项技术韭菜每年可采收 8 ～ 10 次。

适用范围：设施韭菜生产。

经济、生态及社会效益情况：该项技术有效解决了韭蛆为害的问题，不再需要使用农药进行韭蛆的防治，极大减少了农药的使用，具有生态环保的特点。采用珍珠岩作为覆盖基质，采用水培的方式，解决了杂草的问题，减少了韭菜生产劳动力的成本。生产的产品净菜率高，干净卫生，商品性好。营养液循环利用，节水节肥。

联系单位：北京市农林科学院蔬菜研究中心
联 系 人：武占会　联系电话：010-51503553
通讯地址：北京市海淀区彰化路 50 号　100097
电子邮箱：wuzhanhui@nercv.org

5. 技术名称：保护地蔬菜根结线虫生物—化学协同防治技术

技术来源：北京市农林科学院植物保护环境保护研究所

技术简介：本技术主要抓住苗期、定植期和生长期 3 个防治时期，做好育苗、整地、定植、田间管理 4 个关键环节。在蔬菜种植前两周用甲壳素 500 倍稀释液均匀浇洒蔬菜苗，在蔬菜种植前每亩用 10% 福气多颗粒剂 1.0 ~ 2.0 千克与芝麻渣 20 ~ 60 千克混合均匀处理土壤后定植。为了巩固防治效果，在种植 1 个月后，用生物制剂进行灌根。通过采用甲壳素来处理苗床，定植前用福气多与芝麻渣混合处理土壤，定植后再配合用生物制剂阿罗蒇兹、淡紫拟青霉和黑曲霉 y-61 中的一种或两种，具有使用方便，安全有效，既能有效控制根结线虫病，又能促进蔬菜植株生长，药肥双效的效果，并能够减轻农药大剂量使用所带来的环境污染，前期通过化学杀线虫剂福气多压低土壤中的线虫数量,通过甲壳素和芝麻渣增加蔬菜的抗逆性，定植后期通过生物制剂来调控土壤中残留的线虫数量，达到了生物–化学协同控制根结线虫病害的作用，克服了传统的用单一的化学方法来防治根结线虫的缺点，提供一种化学药剂、芝麻渣和生物农药结合起来的低毒、高效、安全的防治方法，具有很高的推广价值。

适用范围：可在温室大棚的黄瓜、番茄、西瓜和甜瓜等作物上进行应用。

经济、生态及社会效益情况：通过该技术在核心示范区的试验示范，防治效果在 75% 以上，对产量增加也在 18% 以上，每年每亩可减少生产损失 500～2000 元，增加收入 1000～2000 元，取得了显著的经济效益。为京郊广大菜农迫切需要解决的问题提出了有效的解答，对指导京郊设施蔬菜高效可持续发展具有重要指导作用。

通过培育无根结线虫壮苗技术，立足于减少病害源头，通过生物–化学协同防控根结线虫技术来改善生产环境及作物生长条件，充分协调、发挥多种无公害防治技术措施补偿效应，把控害、增产和改善生产、生态环境作为最终目标，全面提高北京市蔬菜根结线虫病害防治的整体水平，减少常规化学农药用量。可实现经济、社会和环境效益同步增长。

联系单位：北京市农林科学院植物保护环境保护研究所
联 系 人：刘霆　联系电话：010-51503337
通讯地址：北京市海淀区曙光花园中路9号　100097
电子邮箱：lting11@163.com

6. 技术名称：设施蔬菜害虫生物生态控制技术

技术来源：北京市农林科学院植物保护环境保护研究所

技术简介：包括天敌昆虫的单独及组合释放，相生植物的利用等，是一个蔬菜田间主要害虫控制的集成技术体系。

适用范围：设施蔬菜害虫控制。

经济、生态及社会效益情况：能够有效控制害虫的危害，减少产量损失，并且提高果品品质，保护生态环境和食品安全。

联系单位：北京市农林科学院植物保护环境保护研究所
联 系 人：张帆　联系电话：010-51503688
通讯地址：北京市海淀区曙光花园中路9号　100097
电子邮箱：zf6131@263.net

7. 技术名称：设施食用菌虫害综合防控技术

技术来源：北京市农林科学院植物保护环境保护研究所

技术简介：设施食用菌虫害综合防控技术是北京市农林科学院植保环保所近年来研发出的一项高效安全栽培技术，本技术主要利用"两网、一板、一灯、一缓冲"栽培模式，可有效预防夏季食用菌虫害发生，增加出菇潮次2～3潮，亩均增收42%；同时，可避免杀虫剂施用，保障产品质量安全，具有很好的推广前景。

适用范围：适用于北京及周边省市设施大棚及日光温室。

经济、生态及社会效益情况：利用本项技术，每亩食用菌产值达4万～5万元，亩均增收42%；生态、社会效益显著。

联系单位：北京市农林科学院植物保护环境保护研究所
联 系 人：刘宇　联系电话：010-51503432
通讯地址：北京市海淀区曙光花园中路9号　100097
电子邮箱：ly6828@sina.com

8. 技术名称：葡萄温室二季栽培技术

技术来源：北京市农林科学院林业果树研究所

技术简介：利用日光温室良好的保温性能，筛选适宜的品种、休眠调控技术、合理树形和叶幕形管理促冬芽成花

等一系列综合配套栽培技术，在北方温室内实现 5 - 6 月份和 12 月至翌年 1 月份一年两次采收葡萄。

适用范围：北方日光温室栽培。

经济、生态及社会效益情况：改变传统北方日光温室葡萄一季栽培，实现两次结果，经济效益突出，采摘鲜果质量好，销价高。

联系单位：北京市农林科学院林业果树研究所
联 系 人：徐海英　联系电话：010 - 82592156
通讯地址：北京市海淀区香山瑞王坟甲 12 号　　100093
电子邮箱：haiyingxu63@sina.com

9. 技术名称：葡萄优质高效省力化设施栽培技术

技术来源：北京市农林科学院林业果树研究所

技术简介：利用塑料大棚及温室等设施辅助葡萄种植，使葡萄树可以在冬季不下架、不埋土越冬，夏季无雨水冲刷，减少病虫害，减少农药用量，果实充分自然成熟采收，实现真正意义上的葡萄绿色或有机栽培。可提供有配套的稀植大树高干水平主蔓整形栽培技术。

适用范围：北方设施栽培。

经济、生态及社会效益情况：改变传统葡萄埋土栽培方式，容易实现树势均衡，果实可充分成熟，在都市现代农业中可生产出真正高品质的葡萄鲜果，市场前景极好。

联系单位：北京市农林科学院林业果树研究所
联 系 人：徐海英　联系电话：010-82592156
通讯地址：北京市海淀区香山瑞王坟甲 12 号　100093
电子邮箱：haiyingxu63@sina.com

二、安全优质生产技术

1. 技术名称：番茄黄化曲叶病毒（TYLCV）快速分子检测技术

技术来源：北京市农林科学院蔬菜研究中心

技术简介：番茄黄化曲叶病毒（TYLCV）是当前世界范围内危害番茄生产的毁灭性病害。如何快速、准确、高效、特异地检测番茄是否感染了 TYLCV 病毒，对于病害的发生预警及防控具有重要作用。拥有对该病毒的快速分子检测技术专利，可以方便地将其应用到工厂化育苗的带毒性检测、蔬菜大规模生产中植株发病情况的快速检测以及抗病毒育种，从而为蔬菜安全可持续生产提供科技支撑。

适用范围：①工厂化育苗的带毒性检测；②番茄病毒病发生普查监测；③番茄抗病毒育种。

经济、生态及社会效益情况：快速高效低成本，绿色环保

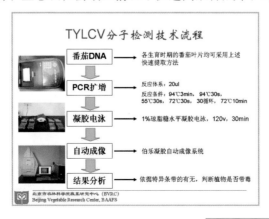

233

有助于病毒病的综合防控。

联系单位：北京市农林科学院蔬菜研究中心
联 系 人：李常保　联系电话：010-51503486
通讯地址：北京市海淀区彰化路50号　　100097
电子邮箱：lichangbao@nercv.org

2. 技术名称：侧开孔穴盘育苗节水技术

技术来源：北京市农林科学院蔬菜研究中心

技术简介：该项技术主要包括侧开孔穴盘的生产工艺和

侧开孔穴盘育苗节水技术。其生产工艺是将片料在吸塑机上压制出无底穴盘，然后用安装有侧开孔模具的开孔机床开孔，侧开孔一次成型。有50孔和72孔类型。侧开孔穴盘主要

是针对传统底部开孔穴盘存在的根系容易从底开孔钻出、易伤根，浇水频繁、浪费水严重等问题，侧开孔穴盘是在每个孔穴的四周竖向打双孔，不延伸至底部，可使部分水分留存在穴盘

底部，可减少浇水频次，减少劳动投入，提高水分利用率，同时避免根系容易从底开孔钻出的问题。在整个育苗阶段，侧开孔穴盘在番茄夏秋季育苗中节水 11.7%，冬季育苗节水 9.81%；在黄瓜夏秋季育苗中节水 19.63%，冬季育苗节水 10.34%。因此，利用侧开孔穴盘进行番茄、黄瓜等蔬菜育苗能够促进幼苗的生长，并具有较好节水效果。

适用范围：各类蔬菜育苗。

经济、生态及社会效益情况：侧开孔穴盘有效减少了育苗灌溉过程中底部渗漏的水分，减少了浇水的次数，有效实现了节水并节省了劳动力。开孔在侧面后，减少了底部根系的渗出，减少了移栽时的伤根问题，减少了育苗移栽的缓苗期，提升了育苗质量。

联系单位：北京市农林科学院蔬菜研究中心
联 系 人：梁浩　联系电话：010-51503022
通讯地址：北京市海淀区彰化路 50 号　　100097
电子邮箱：lianghao@nercv.org

3. 技术名称：节水节肥生态槽培技术

技术来源：北京市农林科学院蔬菜研究中心

技术简介：节水节肥生态槽培技术主要包括槽培系统和栽培管理技术，槽培系统主要包括栽培槽系统、营养液循环系统、营养液管理系统。该技术通过对栽培槽的独特设计，实现了营养液的封闭式循环再利用，不再使用短期不可再生的草炭作为栽培基质，使用珍珠岩作为基质，解决了番茄土传病害、连作障碍等问题，且生产全过程实现了营养液的封闭式循环再利用，不对外排放营养液，实现了生产的节水节肥、生态环保。该项技术的栽培槽和循环系统均为自主设计研发，并且形成了设施番茄营养液专用配方，番茄全生育期的营养液管理模式，实现了生产的优质高产高效。该项技术操作简单，对技术要求不高，便于大面积推广应用。

适用范围：设施农业。

经济、生态及社会效益情况：该项技术不再使用草炭资源，而是使用珍珠岩作为栽培基质，且生产过程中实现了营养液的封闭式循环再利用，具有节水节肥、生态环保的特点。该项技术由于不再使用土壤，因此不再需要翻耕整地除草等繁重的农事劳作，具有轻简省力的特点。该项技术还有效解决了土传病害和连作障碍等问题，在非耕地、老种植区、都市农业等方面具有广阔的应用空间。

联系单位：北京市农林科学院蔬菜研究中心

联 系 人：李延海　联系电话：010-51503003

通讯地址：北京市海淀区彰化路 50 号　　100097

电子邮箱：jiyanhai@nercv.org

4. 技术名称：无机基质营养液育苗技术

技术来源：北京市农林科学院蔬菜研究中心

技术简介：无机基质营养液育苗技术主要包括育苗系统和育苗技术。该系统主要包括催芽系统、育苗槽系统、营养液循环系统、营养液管理系统组成。该项技术通过播种纸和覆盖纸将幼苗地上部固定支撑，根系完全生长在营养液中；独特育苗

格盘和催芽室设计，缩短了育苗时间 7 ~ 10 天；营养液配比和浓度可以根据作物需求做到最优化和精确调控，克服了基质育苗养分难以调控的缺点；该系统能够精确调控育苗过程中的温度、氧气、养分、水分等环境因子，达到幼苗生长最适合的环境条件；改变了传统穴盘育苗补水方式，水分主要靠根系从营养液直接吸收，克服了传统穴盘育苗因穴盘体积小，基质的

水分含量变化大难以调控的缺点；本系统通过对营养液直接加温或降温，克服了穴盘育苗因穴盘体积小，根系温度变化大难以调控的缺点，比常规的环境调温更直接经济有效；提高育苗整

齐度、壮苗率、健壮度和早熟丰产性，成苗后起苗更方便、快捷，占用空间少，更利于运输。

适用范围：各类蔬菜育苗。

经济、生态及社会效益情况：该项技术通过营养液水培的方式，使用珍珠岩作为覆盖基质，不再使用草炭等短期不可再生资源，减少了对生态环境的破坏。营养液实现了循环再利用，不再对外排放，节水节肥。该项技术通过水培的方式，解决传统穴盘育苗灌溉不均匀，费工费力等问题，节约了劳动力成本，提高了育苗整齐度、壮苗率、健壮度和早熟丰产性，成苗后起苗更方便、快捷，占用空间少，更利于运输，节约了幼苗的运输成本，实现了生产的轻简省力、生态高效的目的。

联系单位：北京市农林科学院蔬菜研究中心

联 系 人：刘明池　联系电话：010-51503519

通讯地址：北京市海淀区彰化路50号　100097

电子邮箱：liumingchi@nercv.org

5. 技术名称：蔬菜潮汐式育苗技术

技术来源：北京市农林科学院蔬菜研究中心

技术简介：颠覆了传统集约化育苗的顶部喷淋灌溉模式，在苗盘底部加装潮汐盘，通过电脑模块设定，自动由营养液罐向潮汐盘内添加营养

液，利用穴盘底部透气透水孔将营养液吸入到整个穴盘孔中，实现穴盘苗的灌溉，余下的营养液流回储存罐中。

技术的先进性：穴盘底部灌溉，避免叶片直接接触水分，降低病害的发生几率；避免浇水浇不透或不均匀；方便快捷，节省浇水的人工及时间；水肥可回收再利用，避免水肥的浪费；营养全面均衡、缩短蔬菜成苗周期。

适用范围：蔬菜、花卉等农作物的集约化育苗、盆栽。

经济、生态及社会效益情况：节约水肥使用30%以上，

降低病害发生几率20%以上；节省育苗期浇水人工80%以上；缩短蔬菜成苗周期，节省5～8天；水肥循环利用，减少环境污染。

联系单位：北京市农林科学院蔬菜研究中心

联 系 人：王宝驹　联系电话：010-51503551

通讯地址：北京市海淀区彰化路50号　　100097

电子邮箱：wangbaoju@nercv.org

6. 技术名称：茄子嫁接生态防土传病害育苗技术

技术来源：北京市农林科学院蔬菜研究中心

技术简介：该项技术通过嫁接能够有效防除茄子生产中的土传病害等问题，实现病害的生态防治。①砧木推荐选用发芽快，出苗整齐的茄砧一号。②接穗推荐选择京茄黑骏、京

茄黑宝、京茄黑龙王等优质、高产、抗病品种。③播种期选择：华北地区砧木较接穗提前 25 ～ 35 天播种，播种前应对种子进行消毒和催芽处理。④分苗：当砧木

和接穗真叶长到 2 叶 1 心时分苗。⑤嫁接时期的选择：当砧木长有 5 ～ 6 片真叶，接穗苗 3 ～ 4 片叶时为嫁接最适期，砧木留 2 片叶后，将其上部一次性去除。⑥嫁接方法：A 劈接法，将处理好的砧木由切口处沿茎中心向下切开 0.6 ～ 0.8 厘米的切口，随后将接穗留 1 叶 1 心削成斜面长 0.6 ～ 0.8 厘米的楔形，立即将其插入砧木的切口中，使切口对齐密合，然后用嫁接夹固定即可。B 贴接法，在处理好的砧木上用刀片在第 2 片真叶上面节间斜削成呈 30 度的斜面，斜面长 0.6 ～ 0.8 厘米。取接穗苗，上部保留 2 ～ 3 片叶，用刀片削成与砧木相反的斜面，斜面长 0.6 ～ 0.8 厘米。然后将 2 个斜面迅速贴合到一起，对齐，然后用嫁接夹固定。⑦嫁接后管理：湿度管理上，

嫁接后头 3 天小拱棚不得通风，湿度必须在 95% 以上，接后 3 天必须把湿度降下来，每天都要进行放风排湿。温度管理上，嫁接后的头 3 天白天温度在 25 ～ 30 ℃，夜

间 17 ~ 20℃，地温在 25℃左右；3 天后逐渐降低温度，白天 23 ~ 26℃、夜间 16 ~ 18℃。遮阳管理上，嫁接后头 3 天要以遮阳为主，嫁接后 3 ~ 6 天，见光和遮阳交替进行，避开中午光照强的时候见光；10 天后去掉小拱棚转入正常管理，去除嫁接夹，及时抹除砧木上萌发的枝蘖。

适用范围：嫁接育苗。

经济、生态及社会效益情况：该项技术有效解决了茄子生产上的连作障碍和土传病害的问题，不再需要使用农药等进行防治，减少了农药的使用和对环境的破坏。通过嫁接的方式提高了茄子的抗病性和产量，改善了茄子的商品性，增加了农民的收入。

联系单位：北京市农林科学院蔬菜研究中心
联 系 人：刘明池　联系电话：010-51503519
通讯地址：北京市海淀区彰化路 50 号　100097
电子邮箱：liumingchi@nercv.org

7. 技术名称：西瓜"水脱"发生的原因及解决的措施

技术来源：北京市农林科学院蔬菜研究中心

技术简介：近年来西瓜出现了一种新病害，群众称作"水脱""塌瓢"，又叫作"紫瓢"或肉质恶变。这种病危害西瓜果实，病变果实完全失去食用价值和商品价值，无人收购，无法食用。该病发病株率一般在 5% ~ 20%，严重地块高达 70%，给瓜农造成了巨大的经济损失。

解决西瓜"水脱"有效栽培技术措施包括：①选择西瓜品

种和砧木品种。②温度、湿度管理。及时放风、排湿、降温，平时放风，控制棚温在 30℃ 以下；坐果后 15 ~ 25 天这段时间，西瓜膨大，并开始转色，是管理的关键时期，此时只要棚温不低于 20℃，均要进行放风。③水分管理。④配方施肥。注意后期追肥，促进植株健壮。产区农民多忽视钾肥的使用，而氮肥供应严重超量，这不利于西瓜的健壮生长。⑤整平土地，减少田间积水。

适用范围：北京地区大棚。

经济、生态及社会效益情况：减少每亩大棚西瓜损失 2000 ~ 3000 元。

联系单位：北京市农林科学院蔬菜研究中心
联 系 人：陈春秀　联系电话：010-51503006
通讯地址：北京市海淀区彰化路 50 号　　100097
电子邮箱：chenchunxiu@nercv.org

8. 技术名称：果园鸟害的综合防治

技术来源：国家梨产业技术体系北京综合试验站

技术简介：以使用黄山市双宝科技应用有限公司生产的驱

鸟胶体合剂为基础防治鸟害，可减少鸟害 80% 以上，配合其他防治方法，可将鸟害控制在允许的范围内，同时还可保护野生鸟类，维护人与自然的和谐。

该驱鸟剂可缓慢持久地释放出气体，鸟雀闻后产生不适，即会飞走，对喜鹊、灰喜鹊、乌鸦等鸟类驱避作用明显。不伤害鸟类，对人畜无害，通过了国家有关部门的质量和安全性认证。

使用时，一瓶 100 毫升的驱鸟剂，零售价约

悬挂驱鸟剂防治鸟害

二十多元，配 2.5 升药液，分装到 40 ~ 50 个饮料瓶中，可以控制 1 亩地，有效期在 1 个月以上。饮料瓶盖紧盖，在瓶上用电烙铁等烫出 5 ~ 6 个小拇指粗的孔，便于药液挥发。一般 1 ~ 2 棵树挂 1 饮料瓶，株行距大时，1 棵树可挂 2 瓶，瓶的位置挂在树的中部。药液挥发后，应注意随时添加。如发现瓶内有胶体沉淀，应及时摇晃，使胶体溶解，以保证防治效果。在鸟类啄食果实之前使用驱鸟剂，对鸟类提前产生驱避作用，防治效果会更好。

驱鸟剂驱鸟应与声音惊吓，悬挂光盘、彩带等闪光、可飘动物体等驱鸟方法结合使用，避免防治方法单一，提高防鸟效果。

适用范围：鸟害严重的果园和瓜园。

经济、生态及社会效益情况：梨、苹果、葡萄等果树的果实味美、多汁，颜色多样，容易吸引鸟类啄食，一些果园由鸟害造成的损失可达总产量的 30% ~ 70%。如何对鸟害进行科学、有效地防治已成为一个迫切需要解决的问题。

在我国北方地区，为害果园的鸟类主要为喜鹊和灰喜鹊等。这两种鸟均为留鸟，食性杂，主要在白天活动。在果园不仅可以为害果实，春季还可啄食嫩芽，踩坏嫁接枝条，使新嫁接树受到损失。

自 2009 年起，先后在海淀、大兴、房山、密云、平谷等地的果园推广以驱鸟剂为主要防治手段的鸟害综合防治技术，累计推广面积达 2000 亩以上，减少鸟害造成的经济损失超过100 万元，同时还保护了鸟类和生态环境。

联系单位：北京市农林科学院林业果树研究所
联 系 人：刘军、刘松忠　联系电话：13611144440
通讯地址：北京市海淀区香山瑞王坟甲 12 号　　100093
电子邮箱：1344868765@qq.com

9. 技术名称：梨树病虫害生物防治

技术来源：国家梨产业技术体系北京综合试验站

技术简介：以三安植物保护剂菌剂为基础，通过对菌剂发酵时间的控制、营养条件的优化和对病虫害的监测，及时、有效地对梨树主要病虫害进行防治，同时保护天敌，充分发挥天敌对虫害的抑制作用，配合使用烟碱、苦参碱、鱼藤酮、石硫合剂、波尔多液等植物源、矿物源农药以及粘虫板、杀虫灯、昆虫性激素诱杀等物理、生物防治方法，建立有利于生产的梨园生态系统，药剂成本控制在每亩 200 元以内，实现梨果安全生产和可持续发展。

适用范围：北京地区梨产区。

经济、生态及社会效益情况：从 2010 年起先后在海淀、大兴、房山、密云等区县梨园试验推广以三安植物保护剂生物防治为基础的梨树病虫害综合防治技术，累计推广面积 5000 亩，梨树的主要病虫害得到有效控制。2012 年大兴区庞各庄镇梨花村京白梨的虫果率仅有 2%，大大少于往年，同时对梨果中 62 项农药残留的检测结果均为未检出，果品的安全水平实现了质的飞跃。果品质量和安全性的提高直接带动了果品价格，采

三安植物保护剂发酵

使用三安植物保护剂
进行梨树病虫害防治

用综合防治生产技术的园区京白梨出园价格达到 4 元 / 千克，高于一般化学防治的 2.6 ~ 3.2 元 / 千克。2012 年庞各庄镇梨花村的梨果收入与 2011 年相比增加 200 万元。

联系单位：北京市农林科学院林业果树研究所

联 系 人：刘军、刘松忠　联系电话：13611144440

通讯地址：北京市海淀区香山瑞王坟甲 12 号　100093

电子邮箱：1344868765@qq.com

10. 技术名称：苹果矮砧优质现代高效栽培技术

技术来源：北京市农林科学院林业果树研究所

技术简介：此种栽培技术以早果、优质和高效为核心，要求应用矮化砧木，选用带分枝大苗建园，采用高密度栽植、简化树体管理，架式栽培结合配备防（减）灾设施，配套省力化果园机械，达到经济上高效益、土地上高利用、光能上高效率、技术上高标准。

高密度栽植：高纺锤形，建议株距 1.0 ~ 1.5 米，行距 3.5 ~ 4.0 米；V 字形，建议株距 0.75 ~ 1.0 米，行距 4.0 ~ 5.0 米。

优质大苗建园：高度 1.8 米以上，干径 1.6 厘米以上，在合适分枝部位有 8 ~ 10 个分枝；主根健壮，侧根多，大多数长度超过了 20 厘米，毛细根密集。

简化树体管理：保持树体中干绝对优势，调控生长与结果的平衡，实现持续优质丰产。①促发枝技术，自地面 70 厘米以上双刻芽、涂发枝素或喷激素促进苗木发枝；②转枝技术，主枝新梢生长到 30 厘米时，将基部扭伤，利于进一步拉枝操作；③大角度拉枝、摘除幼叶，主枝新梢拉成 130 度，抹去背上芽，减少徒长枝。

优质大苗建园

架式栽培结合配备防（减）灾设施：实现架式栽培的防雹、防鸟、防霜和防日烧等多功能性。架式材料可选用钢管、水泥柱、木棍、竹竿等。顺行每隔20米左右立一个架杆，幼树期也可以在每株树旁栽一个立杆（竹竿、薄壁钢管等），扶植中干；架杆地上高度5.0米，拉5道连接丝，最上面连接丝上安装弥雾装置；在架杆最上部垂直树的行向拉一道连接丝，上面盖防雹、防鸟网。

V字形架式

高密度栽植

配套省力化果园机械：配套弥雾喷药机、除草机、开沟施肥机等果园机械。

适用范围： 矮砧苹果等北方果树。

经济、生态及社会效益情况： 结果时间比传统栽培提早1～2年，盛果期苹果亩产量3000～5000千克，每亩收益2.0万元以上；生态效益和社会效益明显。

联系单位：北京市农林科学院林业果树研究所

联 系 人：魏钦平　联系电话：010-82598036

通讯地址：北京市海淀区香山瑞王坟甲12号　100093

电子邮箱：qpwei@sina.com

11. 技术名称：平邑甜茶叶盘再生不定芽的培养方法

技术来源：北京市农林科学院林业果树研究所

技术简介：初春采平邑甜茶一年生枝条，水培 10 天左右，取枝条上饱满的芽，流水冲洗 3 小时，用 0.1% 的升汞（HgCl₂）处理 6 分钟，无菌水冲洗 6 次，用无菌吸水纸吸干残留水分，将芽接种到初代培养基上。初代培养基为在 MS 基本培养基中附加 30 克 / 升蔗糖、6.5 克 / 升琼脂粉、1.0 毫克 / 升 6-苄基腺嘌呤和 0.2 毫克 / 升吲哚丁酸，pH 5.6 的培养基。在接种后的第 2 天有部分材料开始褐化，一旦发现有褐化的材料，马上换新的培养基，直到褐化消除。接种 10 天时，饱满的芽都开始萌发，40 天时长成约 4 厘米左右的组培苗，以后每月继代一次。平邑甜茶组培苗的继代培养基为：在 MS 基本培养基中

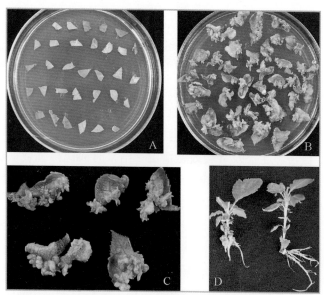

(A) 平邑甜茶外植体-叶盘；(B) 叶盘接种后 45 天再生不定芽；
(C) 每个叶盘上再生多个不定芽；(D) 诱导不定根

附加 30 克 / 升蔗糖、6.5 克 / 升琼脂粉、0.3 毫克 / 升 6 - 苄基腺嘌呤和 0.1 毫克 / 升萘乙酸（naphthalene - acetic acid），pH 5.6 的培养基。将平邑甜茶的组培苗在该继代培养基上培养生长 35 天，即可切取叶盘进行不定芽再生的步骤。

在超净工作台上取组培苗的伸展叶片，用剪刀剪成约 0.1 厘米 ^{2} 的叶盘，接种在再生培养基上。所述再生培养基为在 MS 基本培养基中附加 30 克 / 升蔗糖、6.5 克 / 升琼脂粉、2.0 毫克 / 升 N - 苯基 - N'- 1,2,3 - 噻二唑 - 5 - 脲（1,2,3 - thiadiazol - 5 - yl - N - phenylurea）和 0.2 毫克 / 升吲哚丁酸，pH 5.6 的培养基。将叶盘接种后，先在温度（25±1）℃ 的条件下暗培养 14 天，然后置于光周期为 16 小时光照 /8 小时黑暗、光照强度为 30 微摩尔 /（米 ^{2} · 秒）的条件下再培养约 30 天，即可再生出不定芽，再生频率最高达 100%。

适用范围：农业生物技术。

经济、生态及社会效益情况：有一定的经济及社会效益。

联系单位：北京市农林科学院林业果树研究所
联 系 人：金万梅 联系电话：010-62859105
通讯地址：北京市海淀区香山瑞王坟甲 12 号 100093
电子邮箱：jwm0809@163.com

12. 技术名称：一种获得无选择标记基因转基因苹果植株的方法

技术来源：北京市农林科学院林业果树研究所

技术简介：继代培养基是在 MS 基本培养基中附加 30 毫克 / 升蔗糖、6.5 毫克 / 升琼脂粉、0.3 毫克 / 升 6 - 苄基腺嘌呤和 0.1 毫克／升萘乙酸（naphthalene-acetic acid），pH 5.6 的培养基。将平邑甜茶的组培苗在该继代培养基上培养生长 35 天，即可切取叶盘进行转基因的步骤。

根癌农杆菌 LBA4404 携带植物表达载体 p121-Cre-Gus 的质粒，在 28℃ 下 LB 液体（100 毫克／升卡那霉素）培养基培养 16 小时，备用。

在超净工作台上取组培苗伸展叶片，用剪刀剪成约 0.1 厘米² 的叶盘，放在上述培养物中 5 分钟，然后接种在再生培养基上黑暗条件下 1 天；然后转接在含 300 毫克／升头孢霉素的分化培养基上，温度（25±1）℃ 下暗培养 14 天，然后置于光周期 16 小时光照/8 小时黑暗、光照强度为 30 微摩尔/(米²·秒) 的条件下再培养 30 天，可获得转化芽；GUS 染色，从转化芽和阴性对照的幼叶上剪取 1～2 厘米的叶块，放入装有 GUS

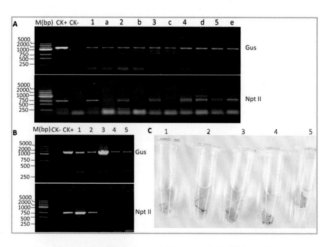

(A)转基因植株热激处理前后的PCR鉴定CK+ 质粒对照；CK-为非转基因对照；1-5 为热激前的转基因株系；a-e 为热激后的转基因株系；(B) 转基因平邑甜茶热激处理后的 PCR 鉴定；(C) 转基因平邑甜茶叶片的 GUS 染色

染色液的离心管中，37℃培养箱中进行 GUS 组织染色，16 小时后取出叶片，先以 20%乙醇清洗样品 20 分钟，再用 50%乙醇清洗 30 分钟，最后用 70%的乙醇脱色，脱至白色为止。提取转基因平邑甜茶 DNA，PCR 扩增：

模板:GUS 检测阳性植株 DNA、阳性质粒 DNA、阴性对照。

GUS 基因：上游引物 GTCAGTCCCTTATGTTACG

　　　　　下游引物 TGA TTCATTGTTTGCCTC

NPTII 基因：上游引物 GGGATTGAACAAGATGGATTGC

　　　　　下游引物 CATGTGTCACGACGAGATCCTC

PCR 反应体系：2.0 微升 PCR buffer，2.5 微升 $MgCl_2$，1 微升 dNTPS，引物各 1 微升，聚合酶 2 单位，水补足 20 微升。反应程序:94℃ 5 分钟，(94℃ 30 秒，55℃ 30 秒，72℃ 60 秒) 35 个循环，72℃ 10 分钟，15℃保持，扩增产物进行凝胶电泳，并且在紫外灯下成像。

适用范围：农业生物技术。

经济、生态及社会效益情况：有一定的经济及社会效益。

联系单位：北京市农林科学院林业果树研究所

联 系 人：金万梅　联系电话：010-62859105

通讯地址：北京市海淀区香山瑞王坟甲 12 号　100093

电子邮箱：jwm0809@163.com

13. 技术名称：一种区分樱桃果实颜色的分子方法

技术来源：北京市农林科学院林业果树研究所

技术简介：该方法包括：A. 取不同樱桃叶片，提取基因组 DNA；B. 采用 PCR 方法扩增基因 LGS；C. 在 0.8%琼脂糖胶（EB）上电泳，紫外灯下观察扩增的 DNA 片段；D. 对有条带的样品进行 PCR 产物测序；E. 区分结果：没有扩增到 LGS 基因，该品种为黄色；能够扩增到完整 LGS 基因的为紫红色品种；能够扩增到 LGS 基因，但在 1214 碱基对位置上有一个碱基 A 发生缺失的，则为黄底红晕品种。该方法通过一个基因检测可以区分黄色、黄底红晕、紫红色樱桃三类品种，为樱桃育种服务，尤其为童期樱桃的快速选择提供技术支持。

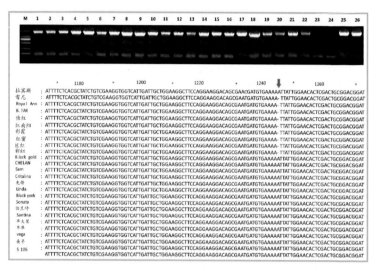

PCR 扩增不同颜色樱桃的测序结果

适用范围：农业生物技术。

经济、生态及社会效益情况：有一定的经济及社会效益。

联系单位：北京市农林科学院林业果树研究所

联 系 人：金万梅　联系电话：010-62859105

通讯地址：北京市海淀区香山瑞王坟甲 12 号　100093

电子邮箱：jwm0809@163.com

14. 技术名称：无需 PCR 仪的侧翼核酸序列快速准确扩增方法及应用

技术来源：北京市农林科学院林业果树研究所

技术简介：本发明提供了一种无需 PCR 仪的侧翼核酸序列快速准确扩增方法，包括如下步骤：①第一轮反应：以 DNA 模板、重组酶聚合酶、第一轮引物进行第一轮反应；②第二轮反应：以第一轮反应产物为模板，加入重组酶聚合酶、第二轮引物，进行第二轮反应；③第三轮反应：以第二轮反应产物为模板，加入重组酶聚合酶、第三轮引物进行第三轮反应。本发明还提供了用于无需 PCR 仪的侧翼核酸序列快速准确扩增方法的引物和试剂盒。本发明的另一目的是提供所述方法、引物、试剂盒在 DNA 序列扩增中的应用。本发明的方法不用 PCR 仪，能简单、高效、准确扩增 DNA 侧翼序列。

适用范围：基因检测扩增领域。

经济、生态及社会效益情况：相较于反向 PCR，连接介导 PCR，随机引物 PCR 等方法，该产品不依赖 PCR 仪，避免了繁琐的酶切、适配体连接和纯化步骤，没有非特异性产物，

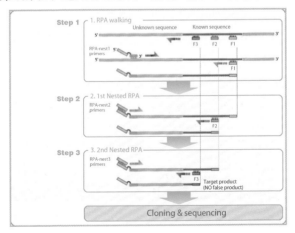

引物设计简单，两小时内获得侧翼序列，试验成本低。

联系单位：北京市农林科学院林业果树研究所
联 系 人：黄武刚　联系电话：010-82590742
通讯地址：北京市海淀区香山瑞王坟甲 12 号　100093
电子邮箱：huang_wugang@hotmail.com

15. 技术名称：草莓叶茶及其制备方法

技术来源：北京市农林科学院林业果树研究所

技术简介：本发明公开了草莓叶茶，所述草莓叶茶的原料为初展的草莓嫩叶，并提供了其制备方法，包括选料、摊放及萎凋、杀青、揉捻和干燥 5 个步骤。

适用范围：草莓育苗区域。

经济、生态及社会效益情况：草莓叶片中富含维生素 C 和鞣花酸，具有抗氧化、防癌、降压等保健功效，将草莓叶片加工制成叶茶饮用可增强人体的抗氧化和抗癌功能。同时草莓叶茶加工工艺为其他保健叶茶的制作提供了有价值的参考，也实现了草莓种植业的综合利用。因此，研究草莓叶茶有极广阔

草莓产品

三件套

的市场前景。

联系单位：北京市农林科学院林业果树研究所
联 系 人：张运涛　联系电话：010-82598882
通讯地址：北京市海淀区香山瑞王坟甲 12 号　100093
电子邮箱：zhytao1963@126.com

16. 技术名称：微生物源杀菌剂农抗 A02 的研制与使用技术

技术来源：北京市农林科学院植物保护环境保护研究所

技术简介：此技术包括菌种选育、发酵调控、活性产物分离、制剂制备和田间应用。以广谱抗真菌天然药物纳他霉素新产生菌利迪链霉菌（Streptomyces lydicus）菌株 A01 和 A02 为出发菌株，经紫外 - 氯化锂复合诱变和基因组重排（Genome shuffling）育种获得高产菌株 G117；以 G117 为生产菌种，通过发酵调控优化，建立以工业葡萄糖、玉米淀粉和豆粕粉为

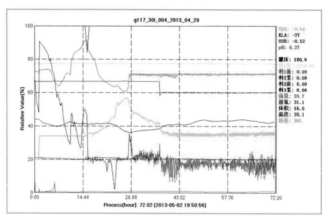

菌株 G117 补料分批发酵主要参数动态曲线

主要原料，以适于菌株自身生物学特性的变温培养为特征的补料分批发酵工艺，发酵周期仅为 72 小时；利用 HPD200A 大孔树脂吸附、真空减压浓缩从发酵液中分离纳他霉素；以纳他霉素为有效成分（芯材）、明胶和阿拉伯树胶为壁材，利用复凝聚法制备出微胶囊悬浮剂，大幅提高了产品的光稳定性和防治效果。制剂用于防治气传真菌病害可用有效成分含量为 60 ~ 100 微克 / 毫升的溶液喷雾，防治土传真菌病害用 200 ~ 300 微克 / 毫升的溶液灌根；施药宜在傍晚进行，避免光线照射；发病初期施用，连续施药 3 次，间隔 7 ~ 10 天；可与细菌菌剂混用，但不可与真菌活体制剂同时使用。

适用范围：用于广谱杀真菌剂农抗 A02 的生产制备和田间应用指导。

经济、生态及社会效益情况：本技术研制的广谱杀真菌剂 A02 具有高效低毒、对人畜安全、环境友好的特点，适用于绿色、有机果蔬病害的防治，生产出的高品质产品可获得较高的经济效益；因其不易诱导病菌的抗药性，可避免病害再猖獗现

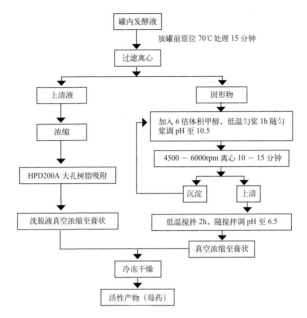

农抗 A02 有效成分纳他霉素分离制备工艺

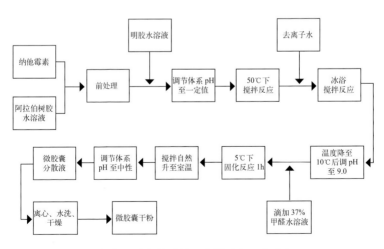

复凝聚法制备纳他霉素微胶囊工艺流程

象；施用后无残留，对各类生态因子安全，不污染环境，适于城市化生态农业的可持续发展。因此具有经济、生态和社会效益。

联系单位：北京市农林科学院植物保护环境保护研究所
联 系 人：刘伟成　联系电话：010-51503337
通讯地址：北京市海淀区曙光花园中路9号　100097
电子邮箱：liuwich@163.com

17. 技术名称：甲氨基阿维菌素苯甲酸盐氯烯炔菊酯杀虫组合物

技术来源：北京市农林科学院植物保护环境保护研究所

技术简介：本发明涉及一种甲氨基阿维菌素苯甲酸盐氯烯炔菊酯杀虫组合物，包括有效活性成分、助剂以及溶剂，其特征在于：有效活性成分占成品药剂的重量百分比为0.1%～60%，所述的有效活性成分由甲氨基阿维菌素苯甲酸盐和氯烯炔菊酯组成，其中甲氨基阿维菌素苯甲酸盐在有效活性成分中的重量百分比为0.01%～90%。

适用范围：农业上鳞翅目、同翅目、鞘翅目及其他害虫的防治。

经济、生态及社会效益情况：将氯烯炔菊酯与甲氨基阿维菌素苯甲酸盐进行复配后，与传统的单剂使用相比，明显增效，大大提高了杀虫活性，扩大了杀虫谱，减缓了害虫抗药性，大幅度降低了用药成本；由于有效活性成分中的两类药剂都具有易降解的特性，复配后的杀虫剂在环境中也较易降解，减少了污染、降低了农药残留。

联系单位：北京市农林科学院植物保护环境保护研究所

联 系 人：余革中　联系电话：010-51503435

通讯地址：北京市海淀区曙光花园中路9号　　100097

电子邮箱：pzhyu@sina.com.cn

18. 技术名称：菊酯类农药降解菌株及其菌剂和应用

技术来源：北京市农林科学院植物保护环境保护研究所

技术简介：本发明公开了一种菊酯类农药降解菌株，其为奇异变形杆菌（*Proteus mirabilis*）JZB42C001，已保藏于中国微生物菌种保藏管理委员会普通微生物中心，保藏号为CGMCC No.8585。上述菌株来源于北京郊区农田土壤中。本

发明还公开了一种包含上述菌株的菌剂以及其在降解残留拟菊酯类农药方面的应用。该奇异变形杆菌JZB42C001对基础无机盐培养液中浓度为100毫克/升的三氟氯氰菊酯降解率达71.6%；对于基础无机盐培养液中浓度为100毫克/升的联苯菊酯降解率达到61.5%；对于基础无机盐培养液中浓度为100毫克/升的高效氯氰菊酯降解率达到

87.6%。

适用范围：农药污染农田土壤中降低拟除虫菊酯类农药残留。

经济、生态及社会效益情况：降低环境农药残留，保障农产品安全。

联系单位：北京市农林科学院植物保护环境保护研究所
联 系 人：陈莉　联系电话：010-51503435
通讯地址：北京市海淀区曙光花园中路9号　100097
电子邮箱：chenli517@126.com

19. 技术名称：用于降解菊酯类农药的真菌菌株及其菌剂和应用

技术来源：北京市农林科学院植物保护环境保护研究所

技术简介：本发明公开了一种用于降解菊酯类农药的真菌菌株及其菌剂和应用，该菌株为腐皮镰孢菌（*Fusarium solani*）JZB41C002，已于2014年5月5日保藏于中国微生物菌种保藏管理委员会普通微生物中心。本发明还公开了一种包含上述菌株的菌剂以及其在降解残留菊酯方面的应用。该腐皮镰孢菌JZB41C002对土壤、水果、蔬菜或水体中残留的菊酯降解效果好，对于基础无机盐培养液中浓度为50毫克/升的高效氯氰菊酯，采用本发明菌株处理5天后

降解率达到 74.6%。

适用范围：农药污染农田土壤中降低拟除虫菊酯类农药残留。

经济、生态及社会效益情况：降低环境农药残留，保障农产品安全。

联系单位：北京市农林科学院植物保护环境保护研究所
联 系 人：陈莉　联系电话：010-51503435
通讯地址：北京市海淀区曙光花园中路 9 号　　100097
电子邮箱：chenli517@126.com

20. 技术名称：蔬菜害虫科学选药技术

技术来源：北京市农林科学院植物保护环境保护研究所

技术简介：根据害虫的生物学特性、发生规律以及药剂的作用特点，优化构建了 6 种快速、精确的害虫抗药性生物测定方法以及生物化学与分子生物学检测技术；明确了北京地区 16 种害虫对 20 种常用药剂与 10 种新型杀虫剂的敏感性；全面系统地摸清了北京地区主要蔬菜害虫的抗药性水平。在此基础上，构建了蔬菜害虫科学选药技术体系。

适用范围：蓟马、粉虱、蚜虫、叶螨等蔬

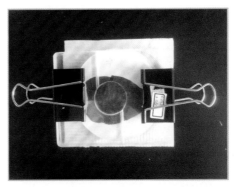

生物测定方法之一

菜害虫。

经济、生态及社会效益情况：通过技术实施，减少化学农药使用达50%以上，防控效果达95%以上。

联系单位：北京市农林科学院植物保护环境保护研究所
联 系 人：宫亚军　联系电话：010-51503025
通讯地址：北京市海淀区曙光花园中路9号　100097
电子邮箱：gongyajun200303@163.com

21. 技术名称：二斑叶螨防控新技术

技术来源：北京市农林科学院植物保护环境保护研究所

技术简介：二斑叶螨在蔬菜上严重为害是最近2年出现的，在京郊设施迅速蔓延，目前已经对蔬菜生产造成严重威胁。是继烟粉虱、西花蓟马之后的又一大危害。该螨世界性分布，

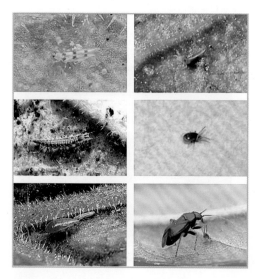

抗药性非常强。针对这种情况，研究室开展了大量的样本采集，室内测定和田间试验。在此基础上制定了二斑叶螨的应急防控技术。提出了以新型农药爱卡螨为主，结合生物、物理措施的防控新技术。该技术通过在基地

示范收到了理想的防控效果。对二斑叶螨的防治效果达 85% 以上。可有效控制该螨在京郊的为害。

适用范围：设施蔬菜、露地蔬菜及果树上害螨防治。

经济、生态及社会效益情况：该技术可以有效控制二斑叶螨对设施和露地蔬菜及果树造成的损失，减少因二斑叶螨造成的设施蔬菜损失 20% 以上。减少农药用量 60% 以上。

联系单位：北京市农林科学院植物保护环境保护研究所
联 系 人：石宝才　联系电话：010-51503439
通讯地址：北京市海淀区曙光花园中路 9 号　100097
电子邮箱：baocaishi@163.com

22. 技术名称：叶螨综合防控技术

技术来源：北京市农林科学院植物保护环境保护研究所

技术简介：针对京郊叶螨暴发危害的现状，北京市农林科学院植保所经过系统研究，摸清了叶螨的种类为二斑叶螨，具有

受害严重叶片只剩下捕食螨

较高抗药性水平；筛选出1种高效专食性捕食性天敌——智利小植绥螨和1种高效低毒杀螨剂——联苯肼酯；优化建立了生物防治、化学防治以及二者联合使用的技术措施。

调查基数

适用范围：蔬菜、草莓、果树上发生的二斑叶螨、朱砂叶螨、截形叶螨等。

喷施药剂

经济、生态及社会效益情况：通过技术实施，减少化学农药使用80%以上，部分防控区实现化学农药零使用量，防控效果95%以上。

联系单位：北京市农林科学院植物保护环境保护研究所
联 系 人：魏书军　联系电话：010-51503439
通讯地址：北京市海淀区曙光花园中路9号　100097
电子邮箱：shujun268@163.com

23. 技术名称：果园主要害虫全程生态、生物控制技术体系

技术来源：北京市农林科学院植物保护环境保护研究所
技术简介：包括天敌昆虫的单独及组合释放，相生植物的

利用等，是果园主要害虫控制的集成技术体系。

适用范围：果园主要害虫控制。

经济、生态及社会效益情况：能够有效控制害虫的为害，减少产量损失，并且提高果品品质，保护生态环境和食品安全。

联系单位：北京市农林科学院植物保护环境保护研究所

联 系 人：张帆　联系电话：010-51503688

通讯地址：北京市海淀区曙光花园中路9号　　100097

电子邮箱：zf6131@263.net

24. 技术名称：有机葡萄园酿酒葡萄病害防控技术规程

技术来源：北京市农林科学院植物保护环境保护研究所

技术简介：

（1）清除田间病残体，减少病害侵染源。在田间生长期及收获期，及时清除枯枝烂叶，统一集中销毁处理，减少田间菌量。

（2）进行药剂保护，防控葡萄霜霉病和白粉病。在葡萄萌芽期喷施1次石硫合剂；花前、花后各用1次铜制剂（必备或波尔多液），葡萄收获后，喷施1～2次铜制剂，埋土前喷施

1次石硫合剂。以上几次药剂主要起到病菌的铲除和保护作用。

（3）雨水较多地区，可采用避雨措施防治炭疽病、霜霉病。在北方地区，避雨在7月初，避雨措施可有效地防治葡萄炭疽病和霜霉病。

避雨防病效果

（4）利用生物药剂防治灰霉病和白粉病。防治葡萄灰霉病和白粉病的生物制剂有寡雄腐霉、宁南霉素、武夷菌素和木酶制剂等。

（5）选用抗病品

常规对照

种，栽植健康无病葡萄苗。新建园在选择品种时应考虑品种的抗病性，合理进行品种搭配，通过抗病品种的选用达到病害的控制目的。

病毒病和根癌病主要随苗木和种条远距离传播。调运葡萄苗时要选择健康无病毒病症状的苗木，自繁自育葡萄苗时，应从健康的、生产性状良好的母株上采集接穗和插条。为了防止苗木和种条传带根癌病，不要从有根癌病的地区或苗圃引进苗木，并在种植前用硫酸铜等进行浸泡消毒。

适用范围：有机酿酒葡萄种植。

经济、生态及社会效益情况：通过该项技术的实施，生态效益和社会效益明显，对病害的控制效果在80%以上。

联系单位：北京市农林科学院植物保护环境保护研究所
联　系　人：李兴红　联系电话：010-51503434
通讯地址：北京市海淀区曙光花园中路9号　　100097
电子邮箱：lixinghong1962@163.com

25. 技术名称：北方地区设施葡萄病害绿色防控技术

技术来源：北京市农林科学院植物保护环境保护研究所

技术简介：北方设施葡萄主要病害是灰霉病和白粉病，有时也有病毒病和根癌病。新建果园在品种选育上优先选用抗病品种；葡萄休眠期利用硫磺或烟剂进行棚室消毒，以生态调控为主，采用高光效架式提高葡萄生境，避免与瓜类作物间作，春季套种蔬菜严格控制棚内温湿度，相对湿度在70%以下，遇有春季阴雨天气采用百菌清或腐霉利烟剂熏蒸，对白粉病发生严重的棚在葡萄萌芽期喷施石硫合剂；在葡萄采收后喷施1~2次铜制剂和1次石硫合剂，在花期和花后10天花穗靶标喷施两次杀菌剂防治果实灰霉病和白粉病害。生长期进行病

采育冷棚避雨葡萄

延庆日光温室葡萄

害监测，发病初期采用生物或化学药剂防治，施药 2 ～ 3 次。

适用范围：北方设施葡萄栽培。

经济、生态及社会效益情况：可以有效控制葡萄病害，减少农药使用，提高果品质量，具有明显的经济、生态和社会效益。

联系单位：北京市农林科学院植物保护环境保护研究所
联 系 人：李兴红　联系电话：010-51503434
通讯地址：北京市海淀区曙光花园中路9号　　100097
电子邮箱：lixinghong1962@163.com

26. 技术名称：林地食用菌栽培技术

技术来源：北京市农林科学院植物保护环境保护研究所

技术简介：林地食用菌栽培技术是北京市农林科学院植保环保所近年来研发出的一项新型实用栽培技术，包括林地选择、菇棚建造、场地处理、品种选择、季节安排、栽培模式确定、出菇管理、病虫害防治、采收保鲜等技术环节。本项技术能够很好地解决造林长期效益与林农短期效益之间的矛盾，增加林农收入，具有很好的推广前景；其中，林地高棚栽培技术获得国家发明专利授权。

适用范围：具有一定郁闭度及水源的平原或山区林地。

平原林地食用菌栽培技术　　　山区林地食用菌栽培技术

经济、生态及社会效益情况：利用本项技术，每亩食用菌产值达 3 万元；同时，可实现林菌生态互补，解决林农就业，生态、社会效益显著。

联系单位：北京市农林科学院植物保护环境保护研究所
联 系 人：刘宇　联系电话：010-51503432
通讯地址：北京市海淀区曙光花园中路 9 号　100097
电子邮箱：ly6828@sina.com

27. 技术名称：矿洞食用菌栽培技术

技术来源：北京市农林科学院植物保护环境保护研究所

技术简介：矿洞食用菌栽培技术是北京市农林科学院植保所近年来研发出的一项新型实用栽培技术，本技术可充分利用矿洞天然冷凉条件，适宜食用菌反季节栽培，包括矿洞选择、场地处理、光照补充、品种选择、栽培模式确定、出菇管理、病虫害防治、采收保鲜等技术环节。本项技术能够解决矿山工人再就业，具有一定的应用前景。

适用范围：要求矿洞具有安全保障，且有水源、通风良好。

经济、生态及社会效益情况：利用本项技术，每亩食用菌产值达 4 万元；有利于山区产业结构调整，具有一定的生态、社会效益。

联系单位：北京市农林科学院植物保护环境保护研究所
联 系 人：刘宇　联系电话：010-51503432
通讯地址：北京市海淀区曙光花园中路 9 号　　100097
电子邮箱：ly6828@sina.com

28. 技术名称：谷物中多种有机磷、菊酯类农药残留检测新方法

技术来源：北京市农林科学院植物保护环境保护研究所

技术简介：谷物中的农药具有残留量低、基质干扰大的特点，因此在分析中需要复杂的前处理，新方法利用 QuEChERS 和分散液微萃取技术作为前处理手段，对谷物（玉米、小麦、大米）等作物中的有机磷农药、拟除虫菊酯类农药进行快速检测。利用 QuEChERS 作为净化技术，微萃取技术作为富集手段，从而使本方法具有净化效果好、富集倍数高的优点，与现有的国家标准方法相比，灵敏度提高了 10 倍以上，有机溶剂的使用量降低了 50% 以上，方法的灵敏度、准确度等指标均满足农药残留分析的技术要求。新方法有效地解决了目前谷物农药残留分析面临的问题，具有操作简单、节省有机溶剂的优点。

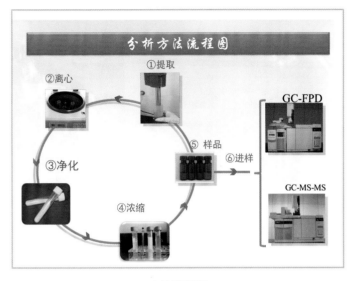

方法流程图

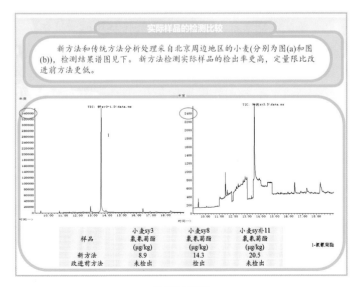

检测结果图

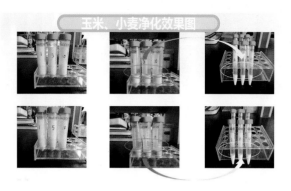

玉米、小麦净化效果图

净化效果图

适用范围：食品安全质检单位、粮食生产企业。

经济、生态及社会效益情况：成本低，使用有机溶剂少，降低环境污染。

联系单位：北京市农林科学院植物保护环境保护研究所
联 系 人：赵尔成　联系电话：010-51503438
通讯地址：北京市海淀区曙光花园中路9号　100097
电子邮箱：eczhao@126.com

29. 技术名称：壁蜂授粉技术

技术来源：北京市农林科学院植物保护环境保护研究所

技术简介：壁蜂是一种独居性野生传粉昆虫，壁蜂的最大特点是耐低温，12℃以上就可出巢访花，已被证实是早春温度较低环境下露地果树的首选授粉蜂种。

筛选出了适宜北方果树授粉的蜂种——凹唇壁蜂 (Osmia excavata Alfken)，能够根据果树花期通过温控手段来打破其滞

壁蜂为苹果授粉　　　　　　　壁蜂为桃树授粉

育，使壁蜂蜂茧的孵化与果树花期同步，从而更有效地为果树进行传粉。使用壁蜂授粉管理方便，不用饲喂，使用成本较低，但授粉效率却不低，一次性授粉坐果率可达85%，很适合一家一户和规模化的果园使用。

适用范围：苹果、梨、杏、李子、樱桃等露地果树。

经济、生态及社会效益情况：应用壁蜂授粉可以显著提高果树的坐果率，实现有选择地疏果，提高果品的商品率，从而提高果农的收入。应用壁蜂授粉前后都不能使用农药，因此果品安全、品质均有保障，其生态和社会效益也是很明显的。

联系单位：北京市农林科学院植物保护环境保护研究所
联 系 人：徐希莲　联系电话：010-51503382
通讯地址：北京市海淀区曙光花园中路9号　100097
电子邮箱：xuxilian@aliyun.com

30. 技术名称：蜜蜂授粉技术

技术来源：北京市农林科学院植物保护环境保护研究所
技术简介：蜜蜂是人类用以酿蜜同时进行辅助授粉的古老

的授粉昆虫，该技术的主要特点是将它的辅助授粉功能转化为专业授粉，已取得比较成熟且实用的技术与经验，主要是利用杂交优势，筛选出了适应棚室环境的授粉专用蜂种，培育出授粉专用蜂群，并在实践中解决了蜜蜂授粉撞棚不工作的现实问题，提出了适应西瓜的尤王群授粉技术，研制了标准便携的新型授粉蜂箱，集成应用后可显著提高作物产量和品质并减少农药的使用。

蜜蜂为西瓜授粉　　　　　　蜜蜂为草莓授粉

适用范围：由于蜜蜂的自身生物学特性，适宜为有粉有蜜、花期较长的作物传粉，如草莓、西瓜、蔬菜制种、果树等。

经济、生态及社会效益情况：应用蜜蜂授粉技术可以促进作物增产、提质、增效，在促进作物增产的同时改善产品品质，平均亩增产增收 300 元以上；取代人工和喷洒激素等辅助坐果方式，减少药剂投入和潜在残留与污染，减少农药使用量；节约人工，节省劳动力，促进农业优质、安全生产。

联系单位：北京市农林科学院植物保护环境保护研究所
联 系 人：徐希莲　联系电话：010-51503382
通讯地址：北京市海淀区曙光花园中路 9 号　100097
电子邮箱：xuxilian@aliyun.com

31. 技术名称：熊蜂授粉技术

技术来源：北京市农林科学院植物保护环境保护研究所

技术简介：熊蜂已被证实是设施茄果类蔬菜最有效的授粉昆虫。熊蜂授粉技术包括优良授粉蜂种的选育、蜂种复壮、人工周年繁育的关键技术和配套应用技术等系列技术。

目前推广应用的国内蜂种主要是小峰熊蜂和红光熊蜂，如何提供高质量的授粉蜂群是该技术的第一个关键环节；其次，应用环境及配套环节的条件保障是应用该技术成功的另一个关键环节。该技术在全国范围内进行过授粉试验示范，授粉作物有二十余种并制定了应用技术操作规范的北京市地方标准。

熊蜂为番茄授粉

熊蜂为草莓授粉

适用范围：适用范围较广，最适宜为设施茄果类蔬菜，番茄、茄子、辣椒等授粉；因熊蜂耐高低温能力较强，也可在低温下为草莓授粉，高温下为甜瓜授粉。

经济、生态及社会效益情况：熊蜂授粉技术可以完全取代人工和喷洒激素来辅助茄果类蔬菜坐果的方法，可使作物增产10%以上，亩增效益500元以上；取代人工后可减少因植株摩擦而使用农药的次数，减少农药的使用量，其经济、生态和社会效益显著。

联系单位：北京市农林科学院植物保护环境保护研究所
联 系 人：徐希莲 联系电话：010-51503382
通讯地址：北京市海淀区曙光花园中路9号 100097
电子邮箱：xuxilian@aliyun.com

32.技术名称：玉米"一增四改"关键技术

技术来源：北京市农林科学院玉米研究中心

技术简介：玉米"一增四改"，即合理增加种植密度、改种耐密型高产品种、改套种为平播（直播）并适时晚收、改粗放用肥为配方施肥、改人工种植为机械化作业。该技术是农业部玉米专家指导组在调查分析我国玉米生产现状和国际玉米增产基本经验的基础上，根据我国近年玉米最新科研成果集成的综合玉米增产技术体系。自 2007 年推广实施以来，取得了显著的增产效果。

"一增"：合理增加玉米种植密度。根据品种特性和生产条件，因地制宜将现有耐密品种的种植密度每亩增加

夏玉米免耕铁茬直播

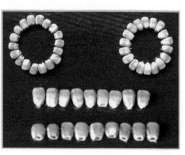

籽粒成熟度

500～1000株，使其达到每亩4000～4500株。"一改"：改种耐密型高产品种。耐密型品种不完全等同于紧凑型品种，有些紧凑型品种并不耐密植。耐密植品种除了株型紧凑、叶片上冲外，还应具备小雄穗、坚茎秆、开叶距、低穗位和发达根系等形态特征。"二改"：改套种为平播（直播）。平播有利于机械化作业，减少粗缩病等病虫害的发生，可大幅提高密度、单位面积穗数和产量。结合平播，可适当延迟玉米收获时间。"三改"：改粗放用肥为配方施肥。玉米粗放施肥成本高，养分流失严重。配方施肥要按照玉米养分需要和目标产量，结合当地土壤养分含量，合理搭配肥料种类和比例，结合施肥机械的改进，逐步实现化肥深施和长效缓释专用肥的应用。"四改"：改人工种植、收获等农事活动为机械化作业。玉米种植方式要适应机械作业，同时各环节所购买机械的种植要求要符合统一标准，以利于播种、施肥、除草、收获等各农事环节实施机械化作业。

适用范围：适用于全国玉米生产，特别是黄淮海夏玉米区、北方春玉米区等。

经济、生态及社会效益情况：玉米"一增四改"技术的全面应用不仅可大幅提高玉米产量，而且还可促进玉米生产现代化。通过改种耐密型品种，不仅可使每亩种植密度提高500～1000株，而且还可提高玉米的抗倒伏能力、耐阴雨寡照能力和施肥相应能力，更适于简化栽培和机械作业。通过测土配方施肥，每亩可提高玉米产量50千克左右，并可提高肥料利用率。玉米套种限制了密度的增加，降低了群体的整齐度，限制了产量的进一步提高。改套种为直播有利于机械化作业、提高群体整齐度和控制粗缩病的危害，增产效果显著。机械化作业不仅可减轻繁重的体力劳动、提高生产效率，还可提高播种、施肥、收获等田间作业质量。

联系单位：北京市农林科学院玉米研究中心
联系人：闫明明　联系电话：010-51503420
通讯地址：北京市海淀区曙光花园中路9号　100097
电子邮箱：yanm2@163.com

33. 技术名称：玉米雨养旱作集成技术

技术来源：北京市农林科学院玉米研究中心

技术简介：此项技术以玉米雨养旱作为目标，以提高自然降水利用效率为核心，

包括"中早熟高产稳产耐旱玉米品种、抢墒播种技术、等雨播种技术、蓄水保墒耕作技术、以肥调水技术、抗旱种衣剂技术"等主要技术内容。技术要点如下：①中早熟高产稳产耐旱玉米品种：以我院玉米研究中心自主选育的京单28等中早熟高产稳产耐旱玉米品种作为玉米雨养旱作主导品种，既能充分适应抢墒早播和等雨晚播在播期上的变化，又能利用播期和生育期的调节躲过或耐过"卡脖旱"，实现早播不早衰、晚播能成熟、产量有保障、节水又增效；②抢墒播种与等雨播种技术：在北京自然降水条件下通过采取抢墒播种或等雨播种技术，实现一次播种保全苗，并获得高产稳产和增产增收，改变过去依靠灌溉造墒保全苗的种植方式；

③蓄水保墒耕作技术：免耕直播＋中耕深松比传统的秋翻耕或秋留茬＋春季浅旋等耕作方式具有更好的蓄水保墒增产效果；④以肥调水技术：采用长效缓释氮肥深施和5～9叶展等雨追肥技术具有水肥耦合、以肥调水、提高肥效和水分利用效率、增加产量的作用；⑤抗旱种衣剂等技术：保水剂和种衣剂在雨养旱作条件下可提高玉米田间出苗率。

适用范围：京津冀及全国类似生态区。

经济、生态及社会效益情况：仅2007－2008年，在京郊累积示范推广326.35万亩，节省灌溉用水1.08亿米^3，增收玉米3.10亿千克，增收节支3.54亿元。目前已基本实现京郊玉米生产全覆盖，并已辐射到京津冀及全国类似生态区，且推广应用前景广阔。该技术解决了玉米生产中"一次播种保全苗"和"过卡脖旱关"等关键难点，实现了京郊玉米生产由灌溉种植向雨养旱作的转变，在大幅度节水的同时玉米产量也稳步提高，实现了政府要节水的生态效益和农民要增收的经济效益双赢。玉米雨养理念已得到广泛认同，农民节水意识大幅度提高，为北京市及全国类似地区的农业节水探索了一条新途径。

联系单位：北京市农林科学院玉米研究中心
联　系　人：王荣焕　联系电话：010-51503703
通讯地址：北京市海淀区曙光花园中路9号　100097
电子邮箱：ronghuanwang@126.com

34. 技术名称：玉米品种真实性鉴定SSR指纹技术

技术来源：北京市农林科学院玉米研究中心

技术简介：依托于北京市科技计划和北京市科技新星计

划，研发了基于 SSR（Simple Sequence Repeat）标记玉米品种真实性鉴定 DNA 指纹技术。本技术首次提出采用核心引物组合法进行品种 DNA 指纹检测；利用代表性玉米自交系和杂交种样品，从公开的 2000 多个 SSR 引物中根据多态性、重复性、稳定性、多重扩增能力、均匀分布等 11 条原则，经过逐级评估、扩大样品验证，最后筛选确定适于玉米品种真实性检测的 40 对 SSR 核心引物，并且区分为 20 对基本核心引物和 20 对扩展核心引物。优化 SSR 标记检测体系，主要包括 40 对 SSR 引物的重新设计、建立 DNA 快速提取方法、优化稳定 PCR 扩增体系、设计 10 重荧光毛细管电泳体系，最终建立起基于 SSR 标记的高通量、快速准确、经济简便、稳定可靠的玉米品种真实性鉴定 DNA 指纹技术。与原有 DNA 检测、同工酶蛋白电泳相比，检测效率提高了 10 倍以上；对构建的玉米品种 DNA 指纹数据库进行分析表明，能够区分 99.98% 的玉米品种。

玉米品种真实性鉴定 DNA 指纹技术已经获得国家发明专利，为国内首个和唯一的适于玉米品种真实性检测的专利产品，

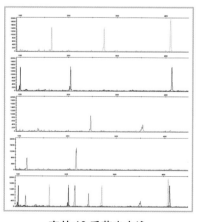

高效 10 重荧光电泳

并且制定了相应的行业标准"玉米品种鉴定 DNA 指纹方法"（NY/T 1432 - 2007）。依托于专利和标准，该技术在国家及各省玉米品种区试、种子质量市场监督抽查、品种权保护、企业维权、司法鉴定等方面被广泛应用，仅 2007 - 2010 年累计已达到 7000 多批次。

本技术的研发与推广应用促进了我国玉米品种鉴定从传统的田间小区种植、蛋白鉴定为主向 DNA 指纹技术的发展；推动了玉米品种 DNA 指纹鉴定的标准化进程；带动了其他作物品种 DNA 指纹鉴定技术的研发，为棉花、小麦、大豆等其他作物开展 DNA 指纹鉴定提供重要的借鉴；提升了全国种子质量检测技术整体水平；提供了更加科学高效的品种管理手段。

适用范围：品种或种子管理部门、种子检测中心、种业公司、工商公安系统等在玉米品种真实性监管、鉴定、企业品种维权、司法鉴定领域应用。

经济、生态及社会效益情况：本技术已经在农业部及全国 20 多个省级农业管理部门，几十家种子检测中心，上百家种子企业，几十家工商、公安和法院，以及农业合作组织中得到广泛推广应用，通过加大品种监管力度，为企业营造了公平、公正、有序的竞争环境，为农民提供了安全可靠的生产环境，产生了巨大的影响，社会效益显著。主要体现在 3 个方面：

（1）2002 年起对国家和各省区试玉米品种进行真实性检测以来，随意更换组合、仿冒他人品种等行为得到有效遏制，对区试品种的丰产性和适应性评价更加客观公正，同时避免真实性有问题品种通过审定进入种子市场后扰乱正常的市场秩序，为种业健康发展发挥了保驾护航的作用。

（2）各级农业管理部门加大了种子打假的力度，实现从制种基地到销售市场到粮食生产的多环节全方位监控。如 2010

年的种子执法年行动中累计抽检样品 2000 多份，处理了一批真实性有问题的品种和企业，净化种子市场，减少了农民购买假种导致生产损失的风险，避免了大量种子纠纷问题，维护了农民利益，保障了粮食生产安全和社会稳定。

（3）使企业拥有了有效的维权手段，切实维护了企业及其品种的品牌形象。如利用本技术在郑单 958、浚单 20、先玉 335 等品种开展的知识产权维护工作，打击了制售假冒品种行为，保障了良好的市场秩序。

联系单位：北京市农林科学院玉米研究中心
联 系 人：闫明明　联系电话：010-51503420
通讯地址：北京市海淀区曙光花园中路 9 号　100097
电子邮箱：yanm2@163.com

35. 技术名称：规模化、高产高效二系杂交小麦制种技术

技术来源：北京市农林科学院杂交小麦工程技术研究中心
技术简介：小麦光温敏雄性不育系为环境诱导型雄性不育系，利用光温敏不育系和不同生态区光温条件差异，在不育生态区与恢复系杂交进行制种，在可育生态区繁种，减少了保持系环节，称为"二系法"。二系杂交小麦规模化、高产高效制种技术主要包括制种技术和亲本繁殖技术两大部分。其中制种技术主要有行播和混播两种方法，在不影响制种纯度和产量的情况下，通过改变父母本播种行比例或父母本按照一定比例同时混播（重量）提高制种产量和机械化播种、收获作业程度。技术要点如下：

（1）合理制种生态区域。目前应用的骨干不育系，通过大生态区的分期播种研究，进一步明确了用于制种的不育系的安全制繁种区间。

（2）合理的父母本群体结构。制种过程中要考虑品种间特性存在差异来确定播种密度，一般加大母本的播种密度。

（3）父母本盛花期相遇。通过父母本生育期的长年观察，确定其播种期，该播种期不仅要满足父母本的花期相遇，而且还要满足在抽穗开花期的气候适合扬花授粉。进一步研究表明：选择开颖角度大的不育系、施用柱头活力延长药剂等均可大幅度提高制种不育系的异交结实率。

（4）科学赶粉花时。人工辅助赶粉的最佳时期应该取决于母本的开颖时间，而不是父本的散粉盛期，同时竹竿赶粉的效果好于绳子赶粉和机动喷雾器吹粉，而机动喷雾器吹粉的效率又远远大于另两种方法。采用适时赶粉技术后制种产量比未采用适时赶粉技术时增产70%～140%。

（5）防杂保纯。防杂保纯措施的实施，可以大幅度提高二系法杂交小麦的制种产量与制种纯度，主要内容有合理的制种隔离区设置、防止播种和收获时的混杂。

适用范围：二系杂交小麦采用小麦光温敏雄性不育系为母本进行制种，适宜区域与该不育系的光温转换阈值及光温效应相关。目前京麦6和京麦7在安徽阜阳、甘肃成县、云南丽江、辽宁大连等地区制种效果较好，适宜在该地区推广"规模化高产高效二系杂交小麦制种技术"。与阜阳地区同纬度或具有相似生态气候特征区域也可作为该技术体系适宜推广区。

杂交小麦母本在北部冬麦区育性恢复较好，可选择北部冬麦区（如北京、天津、河北北部、山西、新疆等区域）作为杂交小麦父母本繁种基地。

经济、生态及社会效益情况：二系杂交小麦品种京麦 6 和京麦 7 号等在北京、天津、河北、山西、陕西、青海、甘肃、新疆等地安排了 12 个杂交小麦展示示范区，累计示范面积 10.5 万亩，比对照品种增产 15% 以上。

联系单位：北京市农林科学院杂交小麦工程技术研究中心
联 系 人：张凤廷　　联系电话：010-51503104
通讯地址：北京市海淀区曙光花园中路 9 号　　100097
电子邮箱：bjhwc2003@126.com

36. 技术名称：茶菊生产技术规程

技术来源：北京市农林科学院农业生物技术研究中心

技术简介：品种的选择标准；育苗的时间和方式、播种量、育苗设施的准备、播种和播种后管理、种苗出圃等的标准；栽植地点的选择和准备、移栽定植等的标准；田间管理、病虫害防治、采收标准及时间、灭茬等技术的标准。

适用范围：适用于北京地区茶菊种植。

经济、生态及社会效益情况：由于气候优势使北京茶菊的卖相和品质均优于杭白菊和贡菊，因此近年来北京茶菊产业发展十分迅速，已经具有一定规模，并初步形成延庆"四海"品牌。2010 年仅延庆县四海镇种植面积已经达到

茶菊规模化育苗

1500 亩，年产值 1500 万元以上。目前茶菊的种植已遍及延庆、怀柔、密云、顺义、房山和门头沟等北京周边近郊，面积高达 6000 余亩，产业前景十分广阔，市场需求也在日益增大。

联系单位：北京市农林科学院农业生物技术研究中心
联 系 人：黄丛林　**联系电话**：010-51503801
通讯地址：北京市海淀区曙光花园中路 9 号　100097
电子邮箱：conglinh@126.com

37.技术名称：草莓避雨基质育苗技术

技术来源：北京市农林科学院植物营养与资源研究所

技术简介：草莓基质育苗新技术是针对草莓常规露地裸根育苗，种苗多细弱、根系少、花芽分化质量差、易感染病害、死苗率高的产业问题，将"露地土壤育苗"改变为"设施基质育苗"，该技术是在成功开发养分缓释型蔬菜育苗基质的基础上，进行草莓专用育苗基质配方及工艺研究，研发出草莓专用育苗基质，这种基质以无害化处理后的园林废弃物为主要原料，把基质、营养、调酸、保水等功能于一体，可为草莓种苗生长提供最佳的基础

条件。为了全面解决生产问题，科研人员还研发草莓专用育苗穴盘、匍匐茎苗引压器等配套农用资材产品，摸清了育苗各环节的管理参数，建立了一整套草莓基质育苗操作技术规程，可为从事草莓基质育苗生产的农户、企业提供技术指南。

适用范围：草莓优质种苗扩繁生产。

经济、生态及社会效益情况：基质育苗繁苗率高，繁苗系数达到 1：（50～70），株高和茎粗增加 12.73% 和 53.17%，种苗定植后无须缓苗成活率 95% 以上，无须或仅需少量补苗，成活后壮苗率 88% 以上。与普通裸根苗相比，同期培育的基质草莓苗幼苗健壮，定植后生根快，缓苗迅速，长势整齐一致，花芽分化早,坐果提前,北京地区 12 月上旬就可进行大量采摘，价格优势十分明显，经济效益显著提高。该项技术是解决当前草莓种苗质量不高、成活率低、产量低的一条有效手段，值得大力推广与应用。

联系单位：北京市农林科学院植物营养与资源研究所
联 系 人：邹国元、左强　联系电话：010-51503957
通讯地址：北京市海淀区曙光花园中路 9 号　　100097
电子邮箱：zq18189@163.com

38. 技术名称：禽畜粪便堆肥发酵除臭技术

技术来源：北京市农林科学院植物营养与资源研究所

技术简介：通过本技术的应用可以无害化处理禽畜粪便、蘑菇渣等有机废弃物，加快腐熟速度，减少堆肥体系养分损失的同时，控制氨气、硫化氢等污染气体的排放，实现资源的循环利用和清洁生产。

本技术具有以下特点和优势：

（1）通过原料成分测定准确进行原料配比，减少发酵体系因配比不合理造成的养分损失和氨气、硫化氢等臭气排放。

禽畜粪便堆肥发酵除臭技术

（2）针对好氧堆肥体系特点开发的"生物-物理"联合除臭法可以减少40%～90%的氨气排放量，减少养分损失的同时可以减少约70%～80%的硫化氢、二氧化氮、二氧化碳的排放量，减少空气污染。

农业有机废弃物低排放好氧堆肥发酵技术

（3）针对好氧堆肥环境体系开发的多菌复合腐熟剂，在低温环境下，添加该腐熟剂的堆体温度较不添加的平均高2～3℃，发酵升温快，发酵更彻底。

适用范围：以禽畜粪便、蘑菇渣等有机废弃物为主要原料堆肥发酵生产有机肥或农用基质。

经济、生态及社会效益情况：使用本技术可以实现禽畜粪便、蘑菇渣等种养有机废弃物的无害化和资源化利用，变废为宝，发酵产物有机质含量高，植物易于吸收，具有一定的养分供给和改良土壤的作用。

联系单位：北京市农林科学院植物营养与资源研究所
联 系 人：刘善江、武凤霞
联系电话：010-51503586，010-51503324
通讯地址：北京市海淀区曙光花园中路9号　100097
电子邮箱：liushanjiang@263.net，
　　　　　wufengxia0570@163.com

39. 技术名称：次生盐渍化土壤改良与肥力提升技术

技术来源：北京市农林科学院植物营养与资源研究所

技术简介：次生盐渍化土壤改良与肥力提升技术是土壤改

良与培肥技术集成的农艺技术管理模式，包括灌溉水的筛选、轮作模式、肥料品种、有机氮与无机氮的配合比例、施肥技术与施用方法，提高生态脆弱的农田土壤预防与修复土壤次生盐渍化的能力。通过本技术提高了盐碱地块肥力水平，增加了土壤有机质，改善了盐碱土壤理化性状，培肥土壤，对缓解和解决园区肥料施用量过多、地力下降等问题有着不可替代的作用。

适用范围：次生盐渍化土壤。

经济、生态及社会效益情况：通过实施本技术后，达到了防治盐碱的效果，提高了土壤肥力水平，为通州种业园区企业育种种业的健康与快速发展，推动北京现代农业科技城顺利实施奠定扎实的健康土壤基础，对促进农业现代城的健康发展无疑具有重大的现实意义。

联系单位：北京市农林科学院植物营养与资源研究所
联 系 人：刘善江　联系电话：010-51503586
通讯地址：北京市海淀区曙光花园中路9号　100097
电子邮箱：liushanjiang@263.net

三、畜、禽、水产安全生产与疫病防控技术

1. 技术名称：母猪发情调控技术

技术来源： 北京市农林科学院畜牧兽医研究所

技术简介： 目前养猪生产中存在母猪繁殖生产效率低下、繁殖障碍高发问题，已严重影响养猪生产成本和养猪场经济效益，制约了我国现代畜牧业的发展。

本技术依据后备母猪、经产母猪和繁殖障碍母猪不同的生理状态，采取相应的生殖激素处理方案，能够提高母猪的发情率和配种受胎率，有效缩短母猪的产间距，减少母猪空怀饲养的成本，提高母猪群繁殖生产效率。

适用范围： 后备母猪、经产母猪、繁殖障碍母猪。

经济、生态及社会效益情况： 通过该技术实施，严格控制母猪非生产天数，可有效提高母猪生产水平，母猪平均年产窝数达到 2.0 ～ 2.2 窝左右，年提供断奶仔猪数提高 5% ～ 10%，

提升猪场劳动效率和生产水平，充分利用已有基础设施，增加养猪场生产效益。

联系单位：北京市农林科学院畜牧兽医研究所
联 系 人：白佳桦　联系电话：010-51503110
通讯地址：北京市海淀区曙光花园中路9号　100097
电子邮箱：bai_jiahua@126.com

2. 技术名称：奶牛同期发情定时输精技术

技术来源：北京市农林科学院畜牧兽医研究所

技术简介：奶牛同期发情-定时输精技术在欧美发达国家的奶牛生产中已作为常规方法得到广泛应用，其诱导产后泌乳奶牛发情效果明显。在奶牛产犊后40～50天起，即可对其进行促性腺激素释放激素和前列腺素的间隔处理，从而促进子宫和卵巢机能恢复，并实现奶牛发情、排卵、输精的同步化。对解决我国奶牛因输精率低、产犊间隔长而减少产犊数、增加

母牛的饲养管理和配种费用等问题具有重要意义。

适用范围：青年牛、泌乳牛、乏情奶牛。

经济、生态及社会效益情况：经过同期发情定时输精技术处理，奶牛平均产犊间隔可缩短 11 天。饲养 1000 头成母牛，每年可增加收益 55 万元。

联系单位：北京市农林科学院畜牧兽医研究所

联 系 人：刘彦 联系电话：010-51503450

通讯地址：北京市海淀区曙光花园中路 9 号 100097

电子邮箱：liuyanxms@163.com

3. 技术名称：肉用乳鸽人工孵育新技术研究与推广

技术来源：北京市农林科学院畜牧兽医研究所

技术简介：畜牧所围绕肉鸽高效养殖新技术逐级展开研究。从种蛋人工孵化、饲料营养、饲喂设施规模化和乳鸽疫病保障技术为主要研究点，通过大量的试验，研发了三个方面实用新技术：第一，建立乳鸽人工孵育新技术，包括人工孵化、人工合成鸽乳、饲喂技术、设备、饲喂工具、环境控制、车间

乳鸽人工育肥三层生产线的育雏笼

人工饲喂乳鸽

布局等配套技术；第二，建立乳鸽产品安全保障新技术，包括提高乳鸽新城疫母源抗体，全程不用疫苗免疫，添加哺喂自主分离的鸽乳酸菌剂，不用抗生素，保证乳鸽肠道菌群平衡，屠体无药残；第三，建立毛滴虫病净化防控新技术，人工哺喂乳鸽留种，切断毛滴虫传染源，为鸽毛滴虫病净化提供了技术保障。以上三点配套成果，国内同研究单位尚无先例。

适用范围：全国规模化肉鸽养殖场。

经济、生态及社会效益情况：关键技术的应用，与传统养殖技术相比，增加经济效益100%。中央电视台CCTV-7频道报道6期。

联系单位：北京市农林科学院畜牧兽医研究所

联 系 人：潘裕华　联系电话：13601261270

通讯地址：北京市海淀区曙光花园中路9号　　100097

电子邮箱：348706964@qq.com

4. 技术名称：提高肉种鸽生产效益的关键技术

技术来源：北京市农林科学院畜牧兽医研究所

技术简介：品种替代中，增加高产银王鸽存栏量，提高肉鸽生产量。颗粒饲料替代原粮的饲喂模式，提高种鸽生产性能。养殖设备改进房顶设计采光板的保温顶层，房顶安装保温、遮光的自动卷帘设备，保障肉鸽全年正常生产。安装无动力通风系统，减低了鸽舍的粉尘量，增加了空气循环。双巢盆阶梯笼具，哺喂与产蛋并行。减少破蛋率，应激性减低。行走自动料车，实现了喂料全自动。提高劳动效率。

适用范围：全国规模化肉鸽养殖场。

三层梯形笼在基地肉种鸽生产线上的使用　　　种鸽自动饲喂系统

经济、生态及社会效益情况：关键技术的应用，与传统养殖技术相比，提高纯效益 20%。中央电视台 CCTV-7 频道报道 2 期。

联系单位：北京市农林科学院畜牧兽医研究所
联 系 人：步卫东　　联系电话：13683057907
通讯地址：北京市海淀区曙光花园中路 9 号　　100097
电子邮箱：buweidong777@163.com

5. 技术名称：微生态发酵床养鸡技术

技术来源：北京市农林科学院畜牧兽医研究所

技术简介：生态健康养鸡技术是以发酵床养鸡模式为核心的系列综合配套技术，是新兴环保养鸡技术。其技术核心是采用特定益生菌发酵有机质，制作活性垫料，以一定的厚度铺设于鸡舍地面，其中的微生物将鸡粪快速酵解，在整个饲养过程不用清理粪便和更换垫料，只要对垫料进行科学的养护，保持发酵活性即可，实现了养殖粪污的零排放、无污染、无臭味，鸡在整个生命周期都生活在上面，为鸡的健康生长，提供了最适宜的生态环境。鸡在这种环境下生长快、产蛋多、肉蛋品质好、生病少，用工、用水 、用料大为节省，养鸡的效益显著提高。

适用范围：适用于地面散养蛋鸡和散养肉鸡。

经济、生态及社会效益情况：发酵床养鸡所用的主要原料是稻壳、秸秆、少量的木屑，在北京的广大农区，来源广泛，容易得到解决。农户自家养鸡所需，就不会再去焚烧农作物秸秆，秸秆可以做到就地消化利用。农牧结合又可为农作物秸秆处理的难题找到一条有效的解决办法。

不仅提高了动物福利和鸡群的整体健康水平，同时通过调整免疫程序，有效地减少甚至预防了多种疾病的感染和传播，用药成本大幅度降低，提高研制效益。

发酵床蛋鸡

密云县年出栏家禽 1500 多万，每年累计排泄粪污超过 15 万吨，这对于生态涵养，环境保护以及养殖安全都形成了巨大的威胁；低劣的养殖水平导致的经济损失，保守估计也超过 3000 万，这使得多数养殖户想通过家禽养殖而增收致富无望；药物

发酵床养鸡

残留所带来的社会问题更无法用金钱来衡量。发酵床养殖可以看作是目前养殖模式的补充和延伸，可以从根本上解决目前困扰我们的大部分问题。

联系单位：北京市农林科学院畜牧兽医研究所
联 系 人：王海宏　联系电话：010-51503356
通讯地址：北京市海淀区曙光花园中路9号　100097
电子邮箱：13911048443@126.com

6. 技术名称：黄粉虫人工养殖及利用

技术来源：北京市农林科学院畜牧兽医研究所

技术简介：黄粉虫又名面包虫、旱虾，在昆虫分类学上隶属于鞘翅目，拟步行虫科，粉虫甲属，原是仓库中和贮藏室的常见害虫，后经人工培育为人类所用。农业部已经将昆虫饲料列为被推荐的10种节粮型饲料资源之一，在2013年新版饲料

黄粉虫人工养殖

原料目录中将昆虫列入其中。

黄粉虫幼虫为多汁软体动物，可作为鲜活饲料用于饲养鱼、鸟、龟等价值较高的养殖观赏动物和经济动物。在畜禽饲料中，用黄粉虫替代鱼粉制作配合饲料，效果更好。鲜虫在饲料中的添加剂量为 3% ~ 5%，干虫为 1% ~ 3%。黄粉虫的粪便可作为良好的有机肥料使用，或作为鱼、畜禽的饲料原料替代麦麸使用，添加量控制在 8% 以内。

黄粉虫的养殖舍要求具备一定的保温隔热功能，以保证全年生产。养殖架可以用货架形式，具备一定承重稳定性。养殖盒根据养殖架设计，可采用塑料盒或纸盒。成虫取卵筛包括取卵盒和产卵筛，要有防止逃逸的覆膜。此外，包括筛沙分离筛和分级筛。

黄粉虫的饲养包括种虫的繁育、卵期的孵化、小幼虫、大幼虫、预蛹幼虫、成虫的管理等。饲料可根据养殖场就近取材，麦麸、蔬菜、瓜果皆可作为黄粉虫的饲料。

适用范围：全国各地皆可饲养。

经济、生态及社会效益情况：黄粉虫在我国将成为继桑蚕、蜜蜂养殖之后的第三大昆虫产业。黄粉虫以麦麸、糠粉及蔬菜、落果、瓜皮等为主要食物，能充分利用农业废弃物资源，建立循环农业。同时其本身饲养不会产生任何环境污染。黄粉虫生长速度快，繁殖系数高，抗病力强，生长周期短，饲养简易，利于实现规模化、工厂化、标准化养殖。

联系单位：北京市农林科学院畜牧兽医研究所

联 系 人：王海宏　联系电话：010-51503356

通讯地址：北京市海淀区曙光花园中路9号　　100097

电子邮箱：13911048443@126.com

7. 技术名称：规模养鸽专用的洁净型自动饮水技术

技术来源：北京市农林科学院畜牧兽医研究所

技术简介：洁净型自动饮水方式对肉鸽健康非常重要。为此，研制并服务推广一种规模养鸽专用的洁净型自动饮水系统，其中的关键技术是该系统的终端装置，包括两项专利产品，即微型减压阀和多功

微型调压阀

能双层专用饮水杯，同时还优化了该系统安装方法，形成了科学合理的"工"字形安装法。

适用范围：规模肉鸽饲养。

经济、生态及社会效益情况：该项技术与传统饮水方式相

终端装置

饮水装置示范应用

比，具有节省人工、提高鸽群健康水平、降低死亡率、方便乳鸽饮水等多项效果，提高经济效益 5%；该项技术改写了规模肉鸽饲养的饮水方式，是规模肉鸽饮水技术的升级换代，具有明显的生态和社会效益。

联系单位：北京市农林科学院畜牧兽医研究所

联 系 人：单达聪　联系电话：010-51503478

通讯地址：北京市海淀区曙光花园中路 9 号　100097

电子邮箱：1768301297@qq.com

8. 技术名称：规模养鸽饲养电动清粪技术

技术来源：北京市农林科学院畜牧兽医研究所

技术简介：针对肉鸽饲养主体笼具，研制并服务推广一种 3 层承粪带同时往复抽拉式电动清粪系统，其技术核心是自主研发并已获得专利授权的电动清粪机，其主要技术组成包括电动清粪机、平铺式塑料承粪带、配套安装的新型鸽笼。经过在基地鸽舍试用，完全取代了传统的人工清粪方法，大幅度提高了

电动清粪机专利证书

清粪过程

正面，标识　　　　　　右侧面

劳动效率，改善了鸽舍环境。

适用范围：规模肉鸽饲养。

经济、生态及社会效益情况：该项技术与传统人工方式相比，具有节省人工、降低环境污染、提高鸽群健康水平和成活率的效果，提高工作效率67.7%，降低人工清粪成本60%以上；该项技术使规模肉鸽饲养的清粪操作从此走上机械化水平，具有明显的生态和经济效益。

联系单位：北京市农林科学院畜牧兽医研究所
联 系 人：单达聪　联系电话：010-51503478
通讯地址：北京市海淀区曙光花园中路9号　100097
电子邮箱：1768301297@qq.com

9. 技术名称：规模肉鸽乳鸽期性别鉴定新技术

技术来源：北京市农林科学院畜牧兽医研究所

技术简介：由于鸽自身特点，性别鉴定一直是制约规模养鸽生产发展的关键技术之一，为此我们研制成功一种生物学方法，解决了该项技术难题，同时开展了示范应用。该项技术是采用 PCR 扩增 *CHD-W,Z* 基因，电泳图片鉴别，双亮线为母鸽，单亮线为公鸽，准确率 90% 左右。

 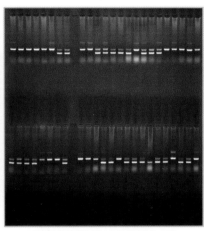

15 日龄乳鸽羽髓取样　　　　　性别鉴定结果（双亮线为母）

适用范围：规模肉鸽饲养。

经济、生态及社会效益情况：幼龄鸽性别鉴定技术可完全替代传统人工观察配对方法，大幅度提高种鸽留种配对工作效率，配对耗时周期从 2～3 个月缩短到 2～3 天；幼龄鸽性别鉴定对双母蛋鸽配对则不但大幅度缩短配对时间，同时降低因淘汰公鸽过晚而造成的经济损失达 80% 以上。

联系单位：北京市农林科学院畜牧兽医研究所

联 系 人：张莉　联系电话：010-51503361

通讯地址：北京市海淀区曙光花园中路 9 号　　100097

电子邮箱：1768301297@qq.com

10. 技术名称：规模肉鸽饲养混合型全价颗粒饲料新技术

技术来源：北京市农林科学院畜牧兽医研究所

技术简介：针对规模肉鸽饲养实践中的"原粮饲喂模式"不合理现状，研制出"混合型全价颗粒饲料"。该饲料是原粮颗粒占 30% ~ 50%、加工型浓缩颗粒占 50% ~ 70% 的混合型全价颗粒饲料，主要技术内容包括饲料配方、生产工艺和饲

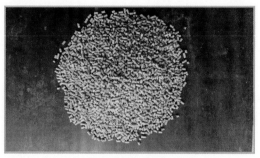

浓缩型颗粒饲料

喂技术。应用该技术可使"2+2"模式提升到"2+3"或"2+4"模式，大幅度提高生产水平；可取代保健沙，降低生产成本，方便饲喂。应用效果显示，可提高出栏乳鸽体重 6.5%，提高繁殖成活率 7%，饲料效率提高 7.1%。一级品出栏乳鸽率（活重 500 克以上）提高 15%。

颗粒饲料制粒设备

适用范围：规模肉鸽饲养。

经济、生态及社会效益情况：每对种鸽年出栏乳鸽增加 1.0～1.5 只，饲养 1 对种鸽年经济效益提高 10.5～16.0 元，饲养 1 万对种鸽的肉鸽养殖场年经济效益提高 10.5 万～16 万元；由于提高了饲料消化率，减少了粪便及其粪便中氮磷排放量，提高了饲料资源利用率，同时由于引进了非豌豆型蛋白质饲料，扩大了肉鸽饲养饲料品种来源，具有明显的生态和社会效益。

联系单位：北京市农林科学院畜牧兽医研究所

联 系 人：单达聪　联系电话：010-51503478

通讯地址：北京市海淀区曙光花园中路 9 号　100097

电子邮箱：1768301297@qq.com

11. 技术名称：一种鸭出血性卵巢炎灭活疫苗的效力检验方法

技术来源：北京市农林科学院畜牧兽医研究所

技术简介：本发明提供了鸭出血性卵巢炎灭活疫苗的血清学效力检验方法，该方法使用鸭出血性卵巢炎灭活疫苗免疫鸭，免疫 2 次，首免后 2 周进行二免，采集二免后 3～5 周的鸭血清进行 ELISA 抗体检测，非免疫组 ELISA 抗体阳性率为 0%，免疫组抗体阳性率为不

低于 80% 判为疫苗效力检验合格。本发明提供的鸭出血性卵巢灭活疫苗的血清学效力检验方法操作方便，结果准确，可广泛应用于鸭出血性卵巢炎灭活疫苗的效力评价。

适用范围：鸭出血性卵巢炎灭活疫苗的效力检验。

经济、生态及社会效益情况：为疫苗研发奠定基础，暂无经济效益。

联系单位：北京市农林科学院畜牧兽医研究所
联 系 人：刘月焕 联系电话：010-51503475
通讯地址：北京市海淀区曙光花园中路9号 100097
电子邮箱：liuyuehuan@sina.com

12. 技术名称：一种鸭出血性卵巢炎灭活疫苗的效力检验方法

技术来源：北京市农林科学院畜牧兽医研究所

技术简介：发明提供了一种鸭出血性卵巢炎灭活疫苗的效力检验方法，该方法使用鸭出血性卵巢炎灭活疫苗免疫鸭，共免疫2次，首免后2周进行二免，二免后3～5周用鸭出血性卵巢炎病毒对免疫鸭进行攻毒；攻毒后5～10天将试验鸭处死，进行剖检，观察生殖系统的大体病变。若雌鸭表现为雌鸭卵泡出血、变形和输卵管萎缩，或雄鸭表现为睾丸和输精管萎缩，则

为发生了病变。免疫组鸭的生殖器官未发生病变的攻毒保护率为 70% 以上判为疫苗效力检验合格。

适用范围：鸭出血性卵巢炎灭活疫苗的效力检验。

经济、生态及社会效益情况：为疫苗研发奠定基础，暂无经济效益。

联系单位：北京市农林科学院畜牧兽医研究所

联 系 人：刘月焕　联系电话：010-51503475

通讯地址：北京市海淀区曙光花园中路 9 号　　100097

电子邮箱：liuyuehuan@sina.com

13. 技术名称：一种鸭出血性卵巢炎灭活疫苗的效力检验方法

技术来源：北京市农林科学院畜牧兽医研究所

技术简介：发明提供了一种鸭出血性卵巢炎灭活疫苗的效力检验方法，该方法使用鸭出血性卵巢炎灭活疫苗免疫鸭，共免疫 2次，首免后 2 周进行二免，二免后3 ～ 5 周用鸭出血性卵巢炎病毒对免疫鸭进行攻毒；攻毒后 4 ～ 5 天，采集鸭血清，将分离的血清接种SPF 鸡胚或鸭胚，计算 24 ～ 168小时内死亡且鸭出血性卵巢炎病毒阳性的胚数，对照组鸭病毒分离阳性率为 80% 以上且免疫组鸭的病毒分离阴性率为 70% 以上判为疫

苗效力检验合格。

适用范围：鸭出血性卵巢炎灭活疫苗的效力检验。

经济、生态及社会效益情况：为疫苗研发奠定基础，暂无经济效益。

联系单位：北京市农林科学院畜牧兽医研究所

联 系 人：刘月焕　联系电话：010-51503475

通讯地址：北京市海淀区曙光花园中路9号　　100097

电子邮箱：liuyuehuan@sina.com

14. 技术名称：鸭出血性卵巢炎病毒毒株、灭活疫苗及其制备方法

技术来源：北京市农林科学院畜牧兽医研究所

技术简介：一种鸭出血性卵巢炎病毒毒株、灭活疫苗及其制备方法，所述鸭出血性卵巢炎病毒命名为黄病毒属，所述病毒对乙醚、氯仿敏感；大多数去污剂能将其迅速灭活，在37℃条件下，用0.1%福尔马林熏蒸6小时便可使其灭活；鸭出血性卵巢炎病毒不能凝集鸡、鸭、火鸡的红细胞，可以凝集1%鸽红细胞。该技术所述灭活疫苗由所述鸭出血性卵巢炎病毒毒株经接种、收获、灭活、浓缩和乳化而得，具有安全性好、免疫应答产生迅速、免疫持续期长等优点。

适用范围：鸭出血性卵巢炎病毒的免疫预防。

经济、生态及社会效益情况：为疫苗研发奠定基础，暂无经济效益。

联系单位：北京市农林科学院畜牧兽医研究所

联 系 人：刘月焕　联系电话：010-51503475

通讯地址：北京市海淀区曙光花园中路9号　100097

电子邮箱：liuyuehuan@sina.com

15. 技术名称：一种制备鸭出血性卵巢炎灭活疫苗的方法

技术来源：北京市农林科学院畜牧兽医研究所

技术简介：一种制备鸭出血性卵巢炎灭活疫苗的方法，属于生物技术领域。所述方法包括以下步骤：a. 制苗用细胞的培养；b. 病毒接种与培养；c. 病毒液收获；d. 病毒液灭活；e. 疫苗制备。本发明对制苗用细胞进行了筛选，加强了细胞与病毒的匹配性；使用激流灌注式生物反应器培养体系提高了病毒的增殖滴度及收获量；而且整个生产工艺不涉及其他生物安全和公共卫生问题，适合于大规模生产。

适用范围：鸭出血性卵巢炎病毒的免疫预防。

经济、生态及社会效益情况：为疫苗研发奠定基础，暂无经济效益。

联系单位：北京市农林科学院畜牧兽医研究所

联 系 人：刘月焕　联系电话：010-51503475

通讯地址：北京市海淀区曙光花园中路9号　100097

电子邮箱：liuyuehuan@sina.com

16. 技术名称：北方地区罗非鱼鱼种高产养殖技术

技术来源：北京市水产科学研究所

技术简介：通过增设增氧机，保证水体的溶解氧，可以大幅度提高水体的鱼载力。通过池塘底部清淤机定时排出沉积的粪便和残饵，减少氨氮、亚硝酸盐与硫化氢等有毒物质的产生，并降低底泥耗氧。定期施放药物和微生态制剂调节水质，进行罗非鱼鱼种培育高产养殖。

适用范围：最适合北方地区有越冬设施的企业。

经济、生态及社会效益情况：在11个月的养殖周期内，亩产罗非鱼鱼种和淡水白鲳4万千克以上，规格达到500克/尾。

联系单位：北京市水产科学研究所

联 系 人：史东杰　联系电话：13641312805

通讯地址：北京市丰台区角门路18号　100068

电子邮箱：sdj19850104@163.com

17. 技术名称：罗非鱼工厂化养殖技术

技术来源：北京市水产科学研究所

技术简介：通过养殖池、水处理系统等设备的合理设计、建造，放养5厘米以上的鱼种，放养密度根据水处理与养殖池的体积比例确定，一般确定为每立方米出产成鱼25～60千克为宜。根据养殖鱼的数量投放适量饵料，及时进行分规格养殖，一般在20日左右进行一次规格分选，工厂化罗非鱼养殖，应做好疾病预防工作，避免病害发生，一旦发生鱼病，则影响巨大，甚至导致生物处理系统瘫痪。

适用范围：全国具有工厂化养殖设施的企业。

经济、生态及社会效益情况：工厂化养殖技术是未来水产养殖的发展方向，在现阶段，由于成本因素，工厂化养殖罗非鱼还处于发展的初级阶段，但是通过先进的循环系统设计，以及良好的管理措施也可以把成本控制在合理范围，国家罗非鱼产业技术体系北京综合试验站昌平示范区通过工厂化循环水养殖大规格罗非鱼种或暂养罗非鱼，提高品质，获得了较好利润。

联系单位：北京市水产科学研究所

联 系 人：史东杰　联系电话：13641312805

通讯地址：北京市丰台区角门路18号　100068

电子邮箱：sdj19850104@163.com

18. 技术名称：罗非鱼鱼种池塘套养清道夫养殖技术

技术来源：北京市水产科学研究所

技术简介：选取具有简易越冬大棚，冬季棚顶为双层塑料薄膜保温，夏季将塑料薄膜撤掉的池塘，备有柴油发电机，出水温度50℃热水井一口，能够保证冬季水温在26℃以上。在6月中旬，池塘施肥7天后，饵料生物达到高峰时，每口2.2亩池塘投放规格为4厘米的清道夫苗种10万尾，15天后放养2厘米左右罗非鱼鱼苗，每口2.2亩池塘放罗非鱼鱼苗30万尾。

适用范围：北方地区。

经济、生态及社会效益情况：罗非鱼和清道夫总单产在2.8万千克左右。就效益来说，这种养殖方式与极限单产方式接近，

亩利润均在20万元以上，但混养模式投入产出比明显超出单养极限模式（混养模式为2.07，极限单产模式为1.8），是值得在北方地区大力推广的养殖方式。

联系单位：北京市水产科学研究所
联 系 人：史东杰 联系电话：13641312805
通讯地址：北京市丰台区角门路18号 100068
电子邮箱：sdj19850104@163.com

19. 技术名称：金鱼小池精养技术

技术来源：北京市水产科学研究所

技术简介：包括金鱼鱼池修建、水质调控、选水与换水、

放养密度、饵料选择及投喂、疾病防治等方面的技术内容。

适用范围：适用于全国规模化金鱼小池精养。

经济、生态及社会效益情况：金鱼小池精养技术的推出解决了传统粗放型养殖方式中存在的大量弊端，促进观赏鱼产业向集约型、高端型发展。

（1）合理高效利用了北京渔业养殖用地，避免了大型土池养殖所带来的池底底泥淤积、池塘老化、水体富营养程度严重的问题，同时为京郊农业庭院式养殖提供了可能，促进了农村经济的多种发展模式，在不多占用土地资源的前提下，大幅提高了养殖户的收入，也保证了观赏鱼养殖行业的可持续发展，对减轻环境压力，提高水体利用效率也有较大好处。

（2）丰富了观赏鱼养殖户的养殖模式，提高生产效益，每亩可实现经济效益8100元以上。

（3）解决了由于传统养殖方式池塘面积大、金鱼游动范围广，致使鱼体变形，品种特征褪化而产生的金鱼品质降低的问题。

联系单位：北京市水产科学研究所

联　系　人：史东杰　联系电话：13641312805

通讯地址：北京市丰台区角门路18号　100068

电子邮箱：sdj19850104@163.com

20. 技术名称：金鱼人工配组技术

技术来源：北京市水产科学研究所

技术简介：包括金鱼人工配组的原则、配组亲鱼的来源、优质亲鱼的选择标准、亲鱼的配组年龄、雌雄配比、品种配比、颜色配比和配组后亲鱼饲养等方面的技术内容。

适用范围：适用于全国规模化金鱼配组繁殖。

经济、生态及社会效益情况：通过规范金鱼人工配组技术，可使金鱼人工繁殖达到规范化、科学化、标准化生产的目的，同时可显著提高人工繁殖后代的品质，提高经济效益。

联系单位：北京市水产科学研究所

联 系 人：史东杰　联系电话：13641312805

通讯地址：北京市丰台区角门路18号　100068

电子邮箱：sdj19850104@163.com

21. 技术名称：优质锦鲤人工初选技术

技术来源： 北京市水产科学研究所

技术简介： 随着锦鲤的生长，鱼体各部分的发育已初具雏形，这时应及时进行选择，其原则是留优去劣，以减少饵料成本。因此锦鲤苗种的培育过程同时也是一个择优汰劣的过程，是一个多次挑选培养的过程，挑选过程一般在锦鲤孵化后的 3 个月内进行 3 次。

适用范围： 适用于全国规模化锦鲤养殖。

经济、生态及社会效益情况： 经挑选后选留的锦鲤，可显著提高人工养殖锦鲤

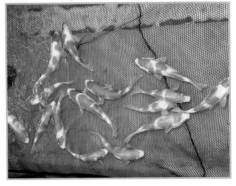

的品质，商品鱼养成后亩效益可达到 10000 元左右，每亩纯收益可提高 40.7%。

联系单位：北京市水产科学研究所

联 系 人：史东杰　联系电话：13641312805

通讯地址：北京市丰台区角门路 18 号　　100068

电子邮箱：sdj19850104@163.com

22.技术名称：锦鲤苗种分级技术

技术来源：北京市水产科学研究所

技术简介：根据红白锦鲤、大正三色锦鲤、昭和三色锦鲤的体型、颜色、斑纹的特征，将不同品系的锦鲤分成 A、B、C 三个级别。

适用范围：适用于全国规模化锦鲤养殖。

经济、生态及社会效益情况：将不同品质的锦鲤分级饲养，可显著提高商品品质和养殖效益，可实现亩效益 10000 元左右，每亩纯收益可提高 40.7%。

联系单位：北京市水产科学研究所

联 系 人：史东杰　联系电话：13641312805

通讯地址：北京市丰台区角门路 18 号　 100068

电子邮箱：sdj19850104@163.com

23.技术名称：锦鲤循环水养殖池建造技术

技术来源：北京市水产科学研究所

技术简介：根据锦鲤养殖及观赏要求，建造专业的锦鲤养殖池及生化过滤系统，包括鱼池设计与建造、水景设计与建造以及与之相配套的园林设计与建造等技术。

适用范围：适用于全国规模化锦鲤养殖。

经济、生态及社会效益情况：根据锦鲤养殖及观赏要求，建造专业的锦鲤养殖池及生化过滤系统，可显著提高锦鲤养殖品质、养殖成活率，每亩可提高经济效益 45.9%。

联系单位：北京市水产科学研究所

联 系 人：史东杰　联系电话：13641312805

通讯地址：北京市丰台区角门路18号　100068

电子邮箱：sdj19850104@163.com

24. 技术名称：架设丝网防止水鸟技术

技术来源：北京市水产科学研究所

技术简介：在露天池塘、水泥池等上方，架设钢丝网，防

止水鸟啄食养殖观赏鱼苗种。

适用范围：适用于全国规模化观赏鱼露天池塘、水泥池等观赏鱼的养殖。

经济、生态及社会效益情况：可完全防止水鸟啄食养殖的观赏鱼，提高养殖经济效益。

联系单位：北京市水产科学研究所

联 系 人：史东杰　联系电话：13641312805

通讯地址：北京市丰台区角门路18号　100068

电子邮箱：sdj19850104@163.com

25. 技术名称：锦鲤人工繁殖技术

技术来源：北京市水产科学研究所

技术简介：包括锦鲤亲鱼培育、鱼巢扎系、自然繁殖、人工催产、孵化管理等方面技术内容。

适用范围：适用于全国规模化锦鲤繁殖。

经济、生态及社会效益情况：通过锦鲤人工繁殖技术的应用，可显著提高锦鲤亲鱼怀卵量、苗种孵化率及成活率，从而

每亩提高养殖效益 46.5%。

联系单位：北京市水产科学研究所
联 系 人：史东杰　联系电话：13641312805
通讯地址：北京市丰台区角门路 18 号　100068
电子邮箱：sdj19850104@163.com

26. 技术名称：鲟鱼种质鉴定技术

技术来源：北京市水产科学研究所

技术简介：通过微卫星等分子标记，结合 DNA 含量和生物学特征，进行西伯利亚鲟、施氏鲟、俄罗斯鲟、小体鲟和达氏鳇的种质鉴定。

适用范围：应用于鲟鱼亲鱼管理和良种创制。

经济、生态及社会效益情况：通过种质鉴定技术选择亲鱼及后备亲鱼，保障苗种生产的种质质量，提高生产效益。

联系单位：北京市水产科学研究所
联 系 人：胡红霞　联系电话：010-67583152
通讯地址：北京市丰台区角门路 18 号　100068
电子邮箱：huhongxiazh@163.com

27. 技术名称：鲟鱼全年全人工繁殖技术

技术来源：北京市水产科学研究所

技术简介：通过亲鱼挑选，环境和繁殖内分泌调控，实现鲟鱼一年四季人工繁殖技术。

适用范围：应用于鲟鱼人工繁殖。

经济、生态及社会效益情况：全年全人工繁殖技术的应用避免春季繁殖导致的苗种集中供应，延长了苗种生产的供应时期，从而提高了养殖设备的利用率及养殖效益。

联系单位：北京市水产科学研究所
联 系 人：胡红霞　联系电话：010-67583152
通讯地址：北京市丰台区角门路 18 号　　100068
电子邮箱：huhongxiazh@163.com

28. 技术名称：节水型高效生态池塘养殖技术

技术来源：北京市水产科学研究所

技术简介：本技术科学地整合了新品种培育、环保饲料应用、水环境生态修复、疾病防治等在国内处于领先地位的新技术和新成果，形成以黄颡鱼、斑点叉尾鮰、鲟鱼和澳洲宝石鲈的养殖和推广为龙头的淡水池塘高效生态养殖模式，并取得以下研究成果：

（1）在国内外首次鉴定出西伯利亚鲟暴发性细菌病的病原菌，揭示了鲟鱼主要细菌病的发病规律。在北方地区养殖的西伯利亚鲟鱼和与其杂交的杂交鲟的暴发性鱼病，患病鲟鱼大量死亡，死亡率高达 65% 以上，且死亡速度较快，对鲟鱼养殖业造成了很大的危害。本项目首次从西伯利亚鲟鱼体内分离到致病的维氏气单胞菌（Aeromonas veronii），可单独引起感染鲟鱼的发病和死亡，揭示了该菌在水产养殖动物中的病原学意义。同时进行了该病原菌的药敏实验，筛选出有效的治疗药物，找到了鲟鱼暴发性细菌病的发病规律和防治措施。

（2）首次在饲料中添加了自行研制的新产品甘露聚糖酶和藤茶黄酮来提高饲料的利用率和鱼体的抗病力。通过在饲料中添加甘露聚糖酶以提高饲料的消化利用率，强化配合饲料的营养价值，明显提高鱼体对饲料的利用率，减少饲料代谢对水质的影响。同时在饲料中添加藤茶黄酮以提高鱼体的抗病力，减少药物的使用量。改进加工工艺，采用饲料熟化挤压和后喷涂工艺保证了饲料营养性能的高效发挥，实际生产中，根据不同日龄、体重的鱼的营养需求、摄食习性等总结出了不同鱼类的饲喂条件及饲喂方式，取得了良好的养殖效果。

（3）针对鲟鱼、澳洲宝石鲈、黄颡鱼、斑点叉尾鮰的不同生活习性和生长特点，总结出了包括苗种培育、病害防治、商品鱼养殖和运输等技术内容在内的高效生态养殖整体解决方案，制定个性化养殖管理模式，让养殖户在实际操作中有章可循。

适用范围：该技术适用于池塘养殖。与常规养殖相比，该模式能显著提高单位产出价值，降低药物的使用量和换水量，在土地资源、水资源、饲料、药物等的节约和合理循环利用方面起到了良好的示范带动作用。不仅实现了农民增收和城郊水

产养殖业的产业结构调整和升级，而且还带动推广区域的水产养殖业向着环保、低耗、高效的良性健康养殖方向发展。

经济、生态及社会效益情况：近几年来，随着农业产业结构的调整，同时与国人喜欢新、奇、变的饮食习惯相适应，名优水产新品种养殖将会有快速地发展，而且在相当一段时间需求量会有较快的增长。同时由于本项目所养殖和推广的食用鱼具有绿色环保无污染等优点，符合目前国家对于食品安全的要求，因此在销售价格上具有明显优势。

该养殖模式的推广将带动北京市健康养殖的快速发展，实现水资源、饲料、药物等的节约和合理利用，极大地缓解城市的供水矛盾和短缺问题，解决北京市郊依靠水产养殖生存和发展的深层次问题，对一定程度解决就业和社会稳定起到积极作用。同时能为北京市名特优水产品供应提供保障，其社会效益和经济效益极其显著。如将此模式推广至北京周边地区乃至中国广大的缺水地区，将产生巨大的社会及经济效益。经过三年的推广应用，在北京地区共示范推广了节水型高效生态池塘养殖模式 7144 亩，减少池塘换水量 700 多万米^3，增加直接经济效益 500 余万元。在全国累计推广面积 24 万亩，培训养殖户 5000 余人次，累积在天津、河北、辽宁、河南、湖北、湖南、广东等地的示范推广中为养殖户增收 1.2 亿元，减少换水量近 4000 万米^3。

联系单位：北京市水产科学研究所
联 系 人：罗琳　联系电话：010-67588781
通讯地址：北京市丰台区角门路 18 号　100068
电子邮箱：luo_lin666@sina.com

四、生态农业与环境保护技术

1. 技术名称：沼液滴灌技术

技术来源：北京市农林科学院植物营养与资源研究所

技术简介：北京市农林科学院植物营养与资源研究所经过多年研究，研究成功沼液过滤滴灌施肥系统并获得了二项国家发明专利。研究开发的主要内容是利用沼液过滤系统，对沼气工程中产生的沼液进行过滤，并通过反冲洗系统清洗过滤容器，以防止堵塞。过滤后的沼液通过与灌溉水的混合，实现不同类型蔬菜的养分和水分一体化管理,完成园区蔬菜灌溉施肥，提高有机蔬菜产量与品质。

适用范围：畜禽养殖场大中型沼气站周边蔬菜果树种植园区。

经济、生态及社会效益情况：在京郊园区累计推广沼液滴灌（或者管灌）面积2200亩，提高有机蔬菜产量15%左右，提高水分、养分利用效率5%～10%，平均每年每亩累计增收节支1700元以上，总经济效益达到374万元，此外，沼液资源化利用减轻了农村面源污染，因此，该技术还具有显著的生态环境效益和社会效益。

联系单位：北京市农林科学院植物营养与资源研究所
联 系 人：李吉进　联系电话：010-51503326
通讯地址：北京市海淀区曙光花园中路9号　100097
电子邮箱：lijijin65@163.com

2. 技术名称：生态农业园建设技术

技术来源：北京市农林科学院植物营养与资源研究所

技术简介：生态农业园建设技术主要是依据现代农业园区建设、农业生态规划、循环经济、清洁生产等学科的理论与实践知识，结合农业园区自身特点与发展需求，通过科学规划，优化园区的土地、设施、技术、管理等软硬件资源配置，充分挖掘资源潜力，整体设计打造园区生产、生态、

科技展示、休闲观光、市场品牌等功能，使整个园区形成一个良性循环的农业生态系统，为生态园区发展提供具有宏观性、方向性、指导性的决策依据。

技术主要包括：园区生态种养模式建设、投入品减量应用、

农业废弃物无害化循环利用、新能源与轻简化设备的应用、农业生态公园的设计与构建等内容，通过整体规划与设计，构建新型生态农业园区。

葡萄套种草莓

技术以生态循环规划为主线，以服务农业生产实践为切入点，以引入最新农业新品种、新技术、新装备为手段，实现农业园区的种植与养殖平衡发展、品质与效益合理最佳、生产与环境协调统一，园区可持续发展。

适用范围：各类现代农业园区。

经济、生态及社会效益情况：通过规划设计，为园区提供近期与中长期发展规划，完善功能设计，避免重复投资与浪费，降低运行成本。通过园区生态恢复，打造农业园区景观，吸引市民参观、采摘、游览，增加生产收入。

联系单位：北京市农林科学院植物营养与资源研究所
联 系 人：刘东生　联系电话：010-51503982
通讯地址：北京市海淀区曙光花园中路9号　100097
电子邮箱：llslds@163.com

3. 技术名称：山区沟域水体养护关键技术

技术来源：北京市水产科学研究所

技术简介：针对沟域养殖水体，研究并建立了一套集"水源净化—健康养殖—河道型表流湿地—生态复合多功能净化塘"四种技术为一体的养殖水体综合养护系统。该技术可使上游来水 TN 降低 30%，TP 降低 35%，水中 COD 等有效降低；出水悬浮颗粒物去除率＞30%，TN 除去率＞50%，TP 去除率达 30%，溶解氧＞3 毫克／升。通过冷水鱼苗种培育、种群调节、水质调控、饲料投饲和病害防治等关键技术的研究，制定了健康养殖技术规范，在同等养殖条件下，人工饲料利用率提高 10% 以上，TN、TP 减少 15% 以上。该技术将先进的生物技术与水处理技术相结合，建立一套有效的养殖水体综合养护系统，解决了沟域水体不合理养和用的问题，预期可以为沟域渔业经济的发展提供有力支撑。

适用范围：适用于山区沟域流水养殖水体的综合养护。

经济、生态及社会效益情况：该系统每小时能处理 1.86 千克的全氮和 0.24 千克的全磷，一年对经过该系统的氮磷等污染物的处理净化能力分别可达 16 吨和 2 吨，解决了粗放式冷水鱼养殖模式带来的水体恶化、养殖废水任意排放、鱼病频发等困扰产业发展的重要问题，其环境效益显著。该技术可使沟域水质环境得到明显改善，鱼病减少、饲料利用率提高，提高养殖业者的经济效益，而且通过河道型表流湿地、人工生态浮床等景观的构建，不仅使养鱼水体清澈无异味，而且环境优美，推动了山区沟域景观的建设，有效地带动了山区生态旅游、观光、餐饮等服务业的发展，促进产业融合，社会效益十分显著。

联系单位：北京市水产科学研究所

联　系　人：张清靖　联系电话：010-67588901

通讯地址：北京市丰台区角门路 18 号　100068

电子邮箱：2385261788@qq.com

4.技术名称：柳枝稷栽培技术

技术来源：北京市农林科学院草业与环境研究发展中心

技术简介：技术规定了柳枝稷（*Panicum virgatum* L.）种子检验、育苗移栽、大田直播、田间管理、收获、种子采收和贮藏等过程的实施条件和操作要求。

适用范围：适用于北京地区柳枝稷的栽培管理。

经济、生态及社会效益情况：该技术为开展能源草柳枝稷的种植管理提供了有力的技术支撑，有利于促进柳枝稷的高效种植与管理。在该规程指导下，基于小汤山基地长期种植情况，对柳枝稷从农业种植到纤维素乙醇制备整个过程进行的经济效益与生态价值初步评价结果表明，以柳枝稷为原料，每制备 1.00 吨纤维素乙醇的经济效益为 4147.85 元，每制备 1.00 吨纤维素乙醇所需种植的柳枝稷的大气净化生态价值为 4639.28 元，其中固定的大气 CO_2 量为 7.31 吨，具有较

强的碳汇强度，对于降低温室气体 CO_2 浓度、促进土壤有机碳的积累具有积极作用。

开展柳枝稷的规模化种植，将有力地推动我国新农村建设与农业现代化发展。能源草种植与管理的本质依然是农业生产，抓住生物质能发展的时代机遇，发展能源草种植与生物质原料生产这一新的高附加值产业，是我国农业现代化的新的内容与发展方向，将惠及我国亿万农民，对于解困我国"三农"问题具有积极作用。

联系单位：北京市农林科学院草业与环境研究发展中心
联 系 人：侯新村　联系电话：010-51503419
通讯地址：北京市海淀区曙光花园中路9号　100097
电子邮箱：houxincun@grass-env.com

5. 技术名称：芒荻类植物栽培技术

技术来源：北京市农林科学院草业与环境研究发展中心

技术简介：芒荻类植物均为理想的生态修复植物、观赏植物、能源植物。作为观赏植物与生态修复植物，近年来在延庆县小河屯湿地、朝阳区北小河公园、密云县京承高速公路废弃沙坑等地开展了广泛种植，累计种植6000余亩。作为草本能源植物，已经在昌平区挖沙废弃地、房山区污染土地、密云水库库滨带、大兴区沙化闲置土地、延庆伪河荒滩地等地累计规模化示范种植1000余亩，显现出良好的开发利用前景。

该技术依据多年来自主研发科研成果，结合北京实际，规定了芒和荻育苗、种植、养护的技术要求，结构完整，可操作性强，将指导北京地区芒和荻的种植与应用，推动京郊地区园林绿化建设、生态修复与生物质能产业的发展。

适用范围：适用于北京及周边地区芒荻类植物的栽培和

管理。

经济、生态及社会效益情况：利用边际土地大规模种植高生物量的芒荻类植物具有良好的生态效应。在北京郊区重金属轻度污染土地试验结果显示，柳枝稷、荻、芦竹和杂交狼尾草均属于非超积累植物，但与植株矮小、生物量低的超积累植物相比，芒荻类植物生物量较高，因而单位面积的富集量有可能更高，在重金属污染土壤修复中仍然具有独特优势。芒荻类植物具有强大的碳汇能力，规模化种植芒荻类植物有利于减缓温室气

体的排放，京郊挖沙废弃地上种植的芒、荻在一个生长季中固定的大气 CO_2 的量每公顷分别达到 6108.75 千克、18544.95 千克。同时芒荻类植物还具有释放 O_2、吸收 SO_2、滞降粉尘等生态功能。

开展芒荻类植物种植，发展生物质能，具有明显的经济效益。通过北京地区芒荻类植物产量数据和实验室小型纤维素乙醇制备装置得出的纤维素乙醇转化数据，对芒荻类植物种植的

生态效益进行评估，以芒、荻为原料，每制备1吨纤维素乙醇的大气净化生态价值分别为4320.39元、4639.28元。

联系单位：北京市农林科学院草业与环境研究发展中心
联 系 人：范希峰　联系电话：010-51503408
通讯地址：北京市海淀区曙光花园中路9号　100097
电子邮箱：fanxifengcau@163.com

6. 技术名称：林地果园人工草地低密度放养鸡模式及关键技术

技术来源：北京市农林科学院草业与环境研究发展中心

技术简介：①优选出了适宜北方林地果园种植、鸡喜食或乐食的草种4个，并科学凝练出了《果园生草技术规程》（北京市地方标准）。②提出了"林地果园种草及其草地低密度放养鸡"的技术模式4套，及鸡的精饲料配方3种，分别明确了适宜放养密度和放养期。与传统林下光板地散养方式相比，该模式放养鸡的活体重、屠体重、腿肌和胸肌的蛋白质、必需氨基酸和肌苷酸含量均显著增加，蛋黄胆固醇含量显著下降14.58%以上，放养期平均节约精料补饲量15%～20%。③研

究成果获北京市金桥工程项目三等奖 1 项，获北京市农林科学院科技服务基地建设奖 1 项，制订北京市地方标准 1 部，授权实用新型专利 3 项，SCI 收录 1 篇，出版专著 1 部。④北京市农林科学院获授牌"北方林（果）—草—畜（禽）复合系统工程技术研究中心"，成为联盟的 13 个工程技术研究中心之一。北京绿多乐农业有限公司（顺义张镇）基地被授予"北方林—草—禽复合系统创新示范基地"。

适用范围：北方林地和果园，且具有发展散养北京油鸡、农大 5 号鸡等条件的种养殖企业／合作社。

经济、生态及社会效益情况：在京郊养殖企业所辖的林地果园建植人工草地，累计 1000 余亩，低密度放养北京油鸡 10 万余只，经济、生态和社会效益良好。

联系单位：北京市农林科学院草业与环境研究发展中心
联 系 人：孟林　联系电话：010-51503345
通讯地址：北京市海淀区曙光花园中路 9 号　　100097
电子邮箱：menglin9599@sina.com

7. 技术名称：林地种草"别墅"养鸡模式

技术来源：北京市农林科学院畜牧兽医研究所

技术简介：林地种草"别墅"养鸡是一种新型林下种草低密度小群分散饲养系统，在林地分散建造小型"别墅式"鸡舍，每亩养鸡数量控制在 120 只以内，并在林地种植菊苣等优质牧草，实行轮牧放养。一般每亩林地建造鸡舍 1 个，每个鸡舍 20 平方米。养鸡品种以选择北京油鸡等优质地方鸡种为宜。鸡群 0～6 周龄在室内育雏，7 周龄脱温以后放入林地散养。

转群后鸡群先圈养 1 周，待鸡群熟悉环境后再逐渐放到林地散养。每个鸡舍可以饲养商品鸡 120 只。菊苣草为多年生牧草，可以春播或秋播。当菊苣生长到 25 ～ 30 厘米左右时，可以放出鸡群让其自由采食牧草。为了充分保障草地的再生能力，需要实行划片轮牧或控制性放牧。在北京等冬季温度较低地区，需要在霜冻来临前对草地浇水并进行地膜覆盖，以保证牧草能顺利越冬。

适用范围：对发展林下经济有需求的地区。

经济、生态及社会效益情况：该模式经济效益和生态效益显著，可充分利用闲置林地发展生态养殖，提高土地利用率，每亩林地增加经济收入 5000 元以上。同时避免了传统林下养

殖对林地生态的破坏，可以实现林、鸡、草、地四者的和谐共生和可持续发展。鸡群在散养期间可以采食到大量的优质牧草，产品品质得到提高，同时可节约精饲料 10%以上。林地养鸡对于培肥地力、控制林木害虫也有显著效果。

联系单位：北京市农林科学院畜牧兽医研究所
联 系 人：刘华贵　联系电话：010-51503472
通讯地址：北京市海淀区曙光花园中路 9 号　100097
电子邮箱：13601351244@163.com

五、农业信息技术

1. 技术名称：农业实用技术智能问答系统

技术来源：北京市农林科学院农业科技信息研究所

技术简介：系统基于智能检索模型开发，可对用户的自然语言问题进行分析，在全面理解用户提问意图的基础上，利用智能检索算法，提供若干最相关的答案信息。系统操作简单，避免了关键词拆分查询的不便；利用改进的经典检索模型——向量空间模型，使得检准率大大提高；同时可向专家留言提问，提供专家经验服务，提高了整个系统的实用性和使用满意度。

适用范围：农业信息检索服务。

经济、生态及社会效益情况：已经成功应用于北京农业信息网、12396 北京新农村科技服务热线，成功解答用户提问超万次。

联系单位：北京市农林科学院农业科技信息研究所

联 系 人：罗长寿　联系电话：010-51503387

通讯地址：北京市海淀区曙光花园中路9号　　100097

电子邮箱：luocs@agri.ac.cn

2. 技术名称：720 度全景展示技术

技术来源：北京市农林科学院农业科技信息研究所

技术简介：720 度全景展示系统是由信息所自主研发的全景漫游展示系统。系统通过相机捕捉整个场景的图象信息，然后运用 720 度全景展示系统进行合成，把二维的平面照片模拟成真实的三维空间，并通过专门的播放软件进行播放。三维全景空间可插入图片、音频、视频、地图等相关信息，充分完善了三维全景空间的信息内容。

适用范围：

（1）酒店网上三维全景虚拟展示。利用网络，远程虚拟浏览宾馆的外型、大厅、客房、会议厅等各项服务场所，展现宾馆舒适的环境，完善的服务给客户以实在感受，促进客户预定客房。

（2）商业展示空间网络展示。有了三维全景虚拟展示，公司产品陈列厅、专卖店、旗舰店等相关空间的展示就不再有时间、地点的限制，三维全景虚拟使得参观变得更加方便，快捷，点击鼠标就像来到现场一样，大大节省成本，提高效率。

（3）娱乐休闲空间三维全景展示。美容会所、健身会所、咖啡、酒吧、餐饮等

环境的展示，借助全新的虚拟展示推广手法，把环境优势清晰地传达给顾客，营造超越竞争对手的有利条件。

（4）博物馆、特色场馆三维全景虚拟展示。博物馆的宣传展示，以博物馆建筑平面或三维式方位导航，结合全景的导览应用，观众只需轻轻点击鼠标即可全方位参观浏览，配以音乐和解说，更加身临其境。

（5）虚拟校园三维全景虚拟展示。在学校的宣传介绍中，有了三维全景虚拟校园展示，可以实现随时随地参观优美的校园环境，展示学校的实力，吸引更多生源。

经济、生态及社会效益情况：该技术能够极大地提高用户的对场景的立体虚拟体验感受。该技术属于环境友好型，不会对生态环境造成任何影响或破坏。降低了场馆的宣传成本。

联系单位：北京市农林科学院农业科技信息研究所
联 系 人：李刚 联系电话：010-51503506
通讯地址：北京市海淀区曙光花园中路9号 100097
电子邮箱：215451119@qq.com

3. 技术名称：都市型现代农业综合评价系统

技术来源：北京市农林科学院农业科技信息研究所

技术简介：都市型现代农业综合评价系统是基于维生素C 6.0对都市型现代农业进行综合评价而开发的应用软件。其具有友好的交互界面，可依据具体情况自行设置都市型现代农业综合评价指标体系；输入都市型现代农业评价指标体系及指标现值和目标值；通过软件模型计算，可对都市型现代农业的总体进程、一级指标、二级指标以及三级指标实现度进行得分测算。

适用范围：适用于地区农业发展进程评价。

经济、生态及社会效益情况：

（1）经济效益：评价结果可对三级指标实现度进行测算，指导农业未来发展重点，使农业发挥更大的经济效益。

（2）生态效益：该系统可对农业的生态功能进行评价，给出其实现度得分。评价结果将指导区域农业因地制宜发挥更大的生态效益。

（3）社会效益：通过该系统对区域农业进行综合评价，肯定发展取得的成就，发现存在的问题，评价结果将为区域农业的未来发展提供决策参考。

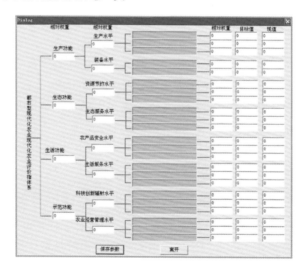

联系单位：北京市农林科学院农业科技信息研究所

联 系 人：王爱玲　联系电话：010-51503648

通讯地址：北京市海淀区曙光花园中路9号　100097

电子邮箱：ailw2000@126.com

4. 技术名称：一种农业领域的多级联想自动问答方法

技术来源：北京市农林科学院农业科技信息研究所

技术简介：当前通用搜索引擎解决农业技术信息检索时，结果反馈相关性不高。农业领域问答系统基于关键词检索，准确率不高，且需要"键入—提交—查看—键入—提交—查看"往复循环，无法直达咨询主题。对此，本技术提供了一种面向农业领域应用的多级联想问答方法。

技术通过对农业领域专家服务常见咨询问题特点进行分析梳理，从中提取常见咨询主题。在此基础上，建立咨询主题之间的关联，构建咨询主题树，并通过多级联想的方式，随着用户逐字输入，实现相关信息直接提示，最后利用具有同义词扩展功能的杰卡德相似度进行用户咨询和问题库问题相似度计算，能有效猜测用户提问意图，简化问答操作程序，优化系统运行效率，更准确更全面地为用户反馈所需要的技术信息。

适用范围：农业领域技术检索及自动问答。

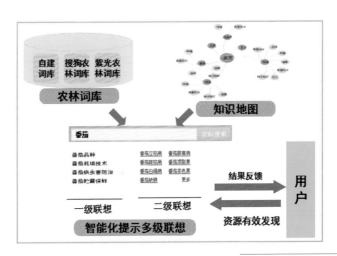

经济、生态及社会效益情况：

（1）构建体现农业用户咨询规律的咨询主题树，并通过一级、二级联想，对用户咨询意图进行了有效猜测和引导，使得用户在移动鼠标的过程中就能发现想要咨询的主题并一键直达咨询主题，操作简单快捷，用户体验性好。

（2）相似度计算模型采用杰卡德相似系数有效缩小计算范围，并考虑词义、词权和词专业性进行相似度计算，提高了计算的效率和精确度。

（3）基于本方法进行农业技术问答系统开发，其底层技术信息通过专业审核，能保证解决农业领域问题的专业性和准确性，降低了生产应用风险。

联系单位：北京市农林科学院农业科技信息研究所

联 系 人：罗长寿　联系电话：010-51503387

通讯地址：北京市海淀区曙光花园中路9号　100097

电子邮箱：luocs@agri.ac.cn

5.技术名称：二维追溯条码生成与打印技术

技术来源：北京市农林科学院农业信息技术研究中心

技术简介：针对现有农产品追溯标识过度依赖于数据库和网络的问题，提出了采用一维条码和二维

条码相结合的标识方案，并对编码优化技术、RS 纠错码及校正图形生成技术进行重点研究，并基于 AES 分组加密实现二维条码的嵌入式打印，克服了二维条码所载信息在物理空间传输时容易被破译和复制的缺点。

适用范围：为农产品追溯提供技术支撑。

经济、生态及社会效益情况：有效提高农产品追溯能力，增强防伪水平。

联系单位：北京市农林科学院农业信息技术研究中心
联 系 人：钱建平　联系电话：010-51503092
通讯地址：北京市海淀区曙光花园中路 11 号　　100097
电子邮箱：qianjp@nercita.org.cn

6. 技术名称：作物苗情遥感与传感集成监测技术系统

技术来源：北京市农林科学院农业信息技术研究中心

技术简介：本系统集成遥感、无线传感器网络、GIS、GPS、互联网技术、农学专家系统等信息技术，完全基于互联网的县域尺度作物苗情遥感与传感器网络监测平台。田间无线苗情监测站点采用太阳能供电的苗情监测站，数据通过 GPRS 或 3G 网络实时传输到数据中心；影像处理服务器采用 ENVI/IDL 技术实现了对 HJ 卫星遥感影像的自动化预处理、植被指数计算及自动粗分类；数据库采用通用的 Oracle 或 PostgreSQL，实现海量数据高效管理。通过 WebGIS 技术实现实时直观的专题图、统计图表、细节点击查询等多种展现方式，实现对作物长势监测及肥水诊断、病虫害监测、干旱及冻害监测、产量和品质预测预报等作物生产全过程的信息化和网络化管理。

本系统部分研究内容已经获得国家发明专利 3 项，软件著作权 5 项，通过北京市电子产品质量检测中心软件产品"双软认定"登记测试。并在黑龙江、河南、河北等地初步应用。

适用范围：适用于农业管理部门、农技推广部门、大型农场、家庭农场等单位或个人用于作物生长状态监测和评估。

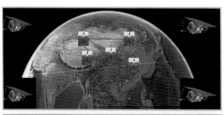

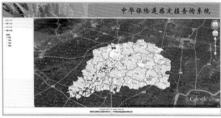

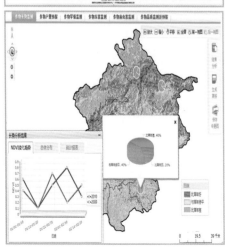

经济、生态及社会效益情况：该技术对基层农业生产管理部门实时掌握作物苗情长势、墒情和病虫害发生状况，具有非常重要的作用。

该系统在黑龙江、吉林、河南、山东、河北、江苏等主要粮食作物产区推广项目产品 50 套。

通过该系统实施及时进行肥水诊断，预计在示范基地减少作物种植过程中的农药施用 10 吨，氮肥施用 100 吨，有效减轻土壤环境负荷；通过及时准确发现和诊断旱情，节约用水1000 吨。

联系单位：北京市农林科学院农业信息技术研究中心
联 系 人：杨小冬　联系电话：010-51503215
通讯地址：北京市海淀区曙光花园中路 11 号　　100097
电子邮箱：yangxd@nercita.org.cn

7. 技术名称：农村地块基础信息采集技术

技术来源：北京市农林科学院草业与环境研究发展中心

技术简介：该项技术集成了高分辨率影像分割、合同界址点人机交互式判读、GIS 勾绘和移动 GIS 采集等主要关键技术，形成了农村土地承包经营权属与流转地块调查的技术方法体系，开发了适宜北京郊区基础地块信息采集的野外采集机。

适用范围：可应用于农村信息化领域，为北京农村土地承包经营权属登记提供技术支撑。

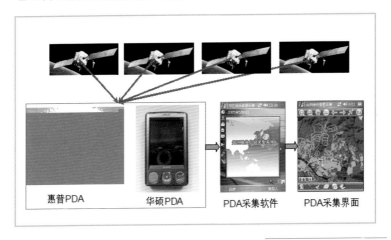

惠普PDA　　华硕PDA　　PDA采集软件　　PDA采集界面

　　经济、生态及社会效益情况：在该项技术的支持下，北京市农村合作经营管理站和北京市农林科学院农业科技信息研究所完成了北京市农村土地经营权属合同地块数据的采集工作，开发了村级农村土地经营权属信息管理系统，方便了土地经营权属信息查询，加强了农村土地流转的民主管理与监督，同时提升了京郊信息化建设水平，带动了其他地区土地经营权属信息调查工作。此外，通过与市经管站及区县经管站合作，将该技术推广应用到北京市农村土地承包经营权登记试点工作当中。

联系单位：北京市农林科学院草业与环境研究发展中心
联 系 人：李红　联系电话：010-51503310
通讯地址：北京市海淀区曙光花园中路9号　100097
电子邮箱：zhangwei492@163.com

3 新产品

一、肥料、菌剂

1.产品名称：养殖专用益生菌液

产品简介：由乳酸菌、酵母菌、芽孢菌和纳豆芽孢菌等多种有益微生物混合发酵的复合益生菌，应用于畜禽养殖，可以改善养殖环境，调整动物肠道菌群平衡，提高动物的抗病力，促进对饲料中营养物质的吸收利用，减少排放，从而对保护生态环境、提高动物的健康水平、提高畜禽产品的安全性、提高养殖效益等均有非常良好的效果。与市面产品相比，价格更低，效果更佳且稳定。几年来在北京推广应用效果非常显著。

适宜范围：适用于家畜和家禽的养殖，可用于制作发酵饲料、饮水、厚垫料发酵床养殖，以及环境喷雾消毒等。

经济、生态及社会效益情况：①降低恶臭，提高养殖福利。在养殖过程中合理使

用微生态制剂，可以降低粪便的恶臭污染，尤其是在人禽、人畜同栖的环境，效果非常显著，改善人居福利，减少邻里纠纷。使用益生菌液，使养殖舍内的有害气体减少，改善养殖环境，动物生存福利得到改善，增进群体健康水平，提高成活率和生产性能，提高养殖效益。②提高动物抗病力，减少抗生素的使用，降低药残，提高畜禽产品的安全性。使用益生菌液，可使有益微生物在动物的肠道形成占位效应，对有害微生物（大肠杆菌、沙门氏菌等）形成竞争性抑制，使动物的肠道菌群达到有益的生态平衡，使机体的健康水平得到大大提升，从而降低细菌性疾病的发病率，降低治疗性和预防性抗生素的使用，降低产品中的药物残留，提高畜禽产品安全。③提高饲料营养物质的消化吸收，减少排放，提高效益。有益微生物增加了肠道健康，提高了动物的消化吸收能力，使饲料中的营养物质能够利用得更加充分。同时有益微生物繁殖过程产生的有机酸、酶、肽类等活性物质，同样有助于营养的吸收和利用。不仅减少了饲料的废物排放，而且提高了养殖效益。

联系单位：北京市农林科学院畜牧兽医研究所
联 系 人：王海宏　联系电话：010-51503356
通讯地址：北京市海淀区曙光花园中路9号　　100097
电子邮箱：13911048443@126.com

2. 产品名称：马流感病毒 H3 亚型 HI 抗原与阴、阳性血清

产品简介：畜牧所动物疫病研究室与中国兽医药品监察所、北京中海生物科技有限公司合作，自 2007 年开始进行马流感

病毒 H3 亚型 HI 抗原与阴、阳性血清的研制工作。经过 7 年的研究，于 2014 年 5 月获得农业部新兽药注册证书（二类）。在国内首次研制成液态并可以在 4 ～ 8℃条件下稳定保存的马流感病毒 H3 亚型 HI 抗原，抗原敏感、特异、稳定，配套的检测方法简便易行，结果易于判定，填补了我国马流感诊断试剂的空白，在北京奥运会和广州亚运会使用。

适宜范围：用于马流感病毒 H3N8 亚型的诊断、疫苗的效力评估和免疫检测。

经济、生态及社会效益情况：成果以 150 万元转让中海生物科技有限公司，成果取得了较好的社会和经济效益。

联系单位：北京市农林科学院畜牧兽医研究所
联 系 人：刘月焕　联系电话：010-51503475
通讯地址：北京市海淀区曙光花园中路 9 号　　100097
电子邮箱：liuyuehuan@sina.com

3. 产品名称：母猪促繁殖抗应激复合添加剂

产品简介：将促繁殖添加剂和抗应激添加剂进行了科学配伍，配制出了能提升母猪繁殖性能的复合添加剂，获得相关发明专利 3 项。

适宜范围：妊娠母猪、哺乳母猪。

经济、生态及社会效益情况：试验示范基地的母猪年产活仔数提高近 1.6 头，初生窝重提高 0.3 ~ 3.0 千克。

联系单位：北京市农林科学院畜牧兽医研究所

联 系 人：刘彦　联系电话：010-51503450

通讯地址：北京市海淀区曙光花园中路 9 号　　100097

电子邮箱：liuyanxms@163.com

4.产品名称：养分缓释型育苗基质及基质块

产品简介：把无害化、基质化处理后的食用菌渣、园林废弃物、沼渣、牛粪及草炭等农业有机物混配具有保水、粘接、缓释营养等作用的辅助剂，经过压缩或复混工艺加工而成的育苗基质块和穴盘育苗基质产品，广泛应用于蔬菜、花卉、林果等作物育苗，基质养分缓释期 30 ~ 80 天，可达到播种后只浇清水，无须施肥，前期不烧苗。后期不脱肥的效果。育成的幼苗健壮整齐、抗病能力增强、定植后无须缓苗。具有操作简便、

省工省力，成苗迅速、培肥土壤等优点，是一种新型环保的育苗基质产品，既适合于工厂化育苗，也十分易于基层农户直接使用，特别适合于设施农业新建地区无育苗经验的农民应用，有着良好的推广应用前景。

适宜范围：适用于各类作物育苗、无土栽培。

经济、生态及社会效益情况：种苗可提前出苗1～2天，且整齐一致，节短茎粗，根系发达，壮苗指数提高20%～30%，移栽成活率达到99%以上，定植后没有缓苗期，提早成熟7～10天，作物

产量增加15%～23%，经济效益提高20%～40%。每培育2000～2500株幼苗，可节省人工5～7个，亩节支增收达

600～1500元。

联系单位：北京市农林科学院植物营养与资源研究所
联　系　人：邹国元、左强　联系电话：010-51503957
通讯地址：北京市海淀区曙光花园中路9号　　100097
电子邮箱：ZQ18189@163.com

5. 产品名称：植物栽培防渗水透气材料

产品简介：植物栽培防渗水透气材料是采用高分子疏水

材料与河砂按一定比例混配，增加河砂表面张力，从而实现防渗水和透气的功能。该材料防水透气效果好，成本低，制造工艺简单。

适宜范围：适用于高尔夫球场、垃圾填埋场、人工湿地、屋顶绿化的防渗等方面。

经济、生态及社会效益情况：成本为目前常用防渗材料的1/2。

联系单位：北京市农林科学院植物营养与资源研究所
联　系　人：谷佳林　联系电话：010-51503325
通讯地址：北京市海淀区曙光花园中路9号　　100097
电子邮箱：Gujialin2008@163.com

6.产品名称：樱桃专用叶面肥

产品简介：针对樱桃果实生长发育后期营养需求研制而成。使用该叶面肥可以显著提高果实可溶性固形物含量，增加果实硬度，提高产量20%，改善樱桃品质和贮藏性能，减少物流及贮藏腐烂损失。

 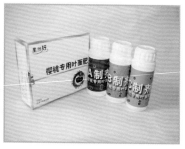

适宜范围：樱桃种植户、合作社、农场。

经济、生态及社会效益情况：使用樱桃专用叶面肥，可以增加果农和经销商的收益，满足消费者对高品质樱桃的需求。

联系单位：北京市农林科学院林业果树研究所
联 系 人：王宝刚　联系电话：010-62595984
通讯地址：北京市海淀区香山瑞王坟甲12号　100093
电子邮件：fruit_postharvest@126.com

二、加工产品

1. 产品名称：菊花茶

产品简介：《神农本草经》认为"久饮菊花茶，能够利血气，使身体轻盈，能耐老而延寿"；又云：白菊花茶"主诸风头眩、肿痛、目欲脱、恶风湿痹，久服利气，轻身延年。"茶用菊花的有效成分主要包括黄酮类化合物、挥发油成分、绿原酸、氨基酸、微量元素等，具有清暑生津、祛风、润喉、养目、降压、降脂、抗癌、抗肿瘤、抗氧化、抑菌抗病毒、抗心脑血管疾病、抗凝血、抗衰老、抗炎、驱铅、平喘、解酒等作用。适合头昏脑胀、目赤肿痛、嗓子疼、肝火旺以及血压高的人群喝。经常觉得眼睛干涩的人，尤其是常使用电脑的人，不妨多饮用些菊花茶。菊花茶是老少皆宜的保健饮品。

适宜范围：菊花性凉，适于头昏眼花、目赤肿痛、嗓子疼、

肝火旺、血压血脂高、常使用电脑、失眠等人群。体虚、脾虚、胃寒、易腹泻等人群不要喝或少喝。过敏体质喝之前先少量试饮。

经济、生态及社会效益情况：价格 400 ～ 2000 元 / 千克或 298 ～ 398 元 / 盒。

联系单位：北京市农林科学院农业生物技术研究中心
联 系 人：黄丛林　联系电话：010-51503801
通讯地址：北京市海淀区曙光花园中路 9 号　100097
电子邮箱：conglinh@126.com

2.产品名称：菊花酒

产品简介：菊花酒具有降压、降脂、清肝明目、益肝补阴、美容养颜、润肠通便、减肥、安神、抗菌消炎等功效。

适宜范围：各类人群。

经济、生态及社会效益情况：价格 298 ～ 598 元 / 瓶。

联系单位：北京市农林科学院农业生物技术研究中心
联 系 人：黄丛林　联系电话：010-51503801
通讯地址：北京市海淀区曙光花园中路 9 号　100097
电子邮箱：conglinh@126.com

3. 产品名称：叶黄素软胶囊

产品简介：以从药用花卉色素万寿菊中提取的叶黄素为原料制作而成。叶黄素在治疗中老年眼底视网膜黄褐斑方面效果明显，具有抗病、延缓衰老等作用。

适宜范围：各类人群。

经济、生态及社会效益情况：价格 160 ～ 180 元 / 瓶。

联系单位：北京市农林科学院农业生物技术研究中心

联 系 人：黄丛林　联系电话：010-51503801

通讯地址：北京市海淀区曙光花园中路 9 号　　100097

电子邮箱：conglinh@126.com

三、天敌产品

1. 产品名称：瓢虫

产品简介：包括异色瓢虫、七星瓢虫、龟纹瓢虫等。采用专利技术生产，是有效控制蚜虫等害虫的重要天敌昆虫。

适宜范围：适用于农林蚜虫等害虫的控制，特别是有机生产基地。

经济、生态及社会效益情况：能够控制害虫的危害，减少产量损失，并且提高果品品质，保护生态环境和食品安全。

联系单位：北京市农林科学院植物保护环境保护研究所

联 系 人：张帆　联系电话：010-51503688

通讯地址：北京市海淀区曙光花园中路9号　　100097

电子邮箱：zf6131@263.net

2. 产品名称：果园用松毛虫赤眼蜂

产品简介：经过筛选得到的适应果园生态条件的松毛虫赤眼蜂果园种群，能够用于北方果园主要鳞翅目害虫的防治。采用专利技术生产，是果树害虫的生物防治投入品之一。

适宜范围：苹果、梨、桃等果树卷叶蛾、梨小食心虫等鳞翅目害虫的控制。

经济、生态及社会效益情况：能够控制害虫的危害，减少产量损失，并且提高果品品质，保护生态环境和食品安全。

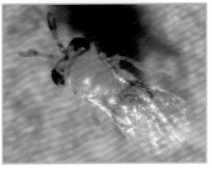

联系单位：北京市农林科学院植物保护环境保护研究所

联 系 人：张帆　联系电话：010-51503688

通讯地址：北京市海淀区曙光花园中路9号　　100097

电子邮箱：zf6131@263.net

3. 产品名称：粉虱寄生蜂

产品简介：包括丽蚜小蜂、浅黄恩蚜小蜂。采用专利技术生产，是有效控制蔬菜粉虱类害虫的重要天敌昆虫。

适宜范围：适用于保护地和露地蔬菜粉虱类害虫的控制，特别是有机生产基地。

经济、生态及社会效益情况：能够控制害虫的危害，减少产量损失，并且提高果品品质，保护生态环境和食品安全。

联系单位：北京市农林科学院植物保护环境保护研究所
联 系 人：张帆　联系电话：010-51503688
通讯地址：北京市海淀区曙光花园中路9号　100097
电子邮箱：zf6131@263.net

四、信息产品及装备

1. 产品名称：农民培训多媒体资源库

产品简介：应用数字媒体资产管理技术，研究创建了农民培训多媒体资源库系统。该库针对农村用户的多元化需求，建设了包含1万余项培训课程、40TB的教学资源，内容涉及11大类50余小类，是北京市服务农村内容最丰富的视频教学资源库。

适宜范围：京郊农民。

经济、生态及社会效益情况：①有效增强了北京市郊区农民综合素质。该资源库是农村应急知识培训的重要阵地，也是农民群众自我发展、自我成才的知识仓库，建成后，累计传播农业先进实用技术及农村劳动力转移就业技术一万余项,有效激发和增强了农民"学技术、奔富路"的热情和信心。为全面提升农民素质、建设学习型区县、构建终身学习体系提供了重要的基础保障。②有力助推了北京市城乡一体化进程。该资源库极大地满足了京郊农民多样化的学习需求,丰富了农民培训的内容,使京郊农民普遍享受到了自主学习和交互学习的方便与快捷,最大限度地缩小了城乡"数字鸿沟",为建设都市型现代农业、统筹城乡经济社会发展提供了强有力的信息和科技支撑,有力助推了北京市城乡一体化进程。

联系单位:北京市农林科学院农业科技信息研究所
联 系 人:秦莹 联系电话:010-51503117
通讯地址:北京市海淀区曙光花园中路9号 100097
电子邮箱:qiny@agri.ac.cn

2.产品名称:北京农业数字信息资源中心

产品简介:是面向全国提供农业科技信息共享服务的现代农业科技信息资源门户。汇集了农业基础信息、农业科技信息、农业实用技术信息、宏观政策信息、农产品市场信息、农

村社会生活信息等资源，已建成 200 个数据库，总数据量达 200TB。

适宜范围：面向涉农人群开展农业信息资源共享服务。

经济、生态及社会效益情况："资源中心"已成为北京实施的所有重大农业信息化项目的信息资源源头，利用范围覆盖了北京所有区、县的 1000 多个站点，缓解了农业信息资源匮乏的状况，促进了农业信息资源的整合与共享，为农业技术推广和农村科技文化传播提供了一条高速通道，自平台开通以来，利用率达 4000 多万人次，共享各类农业信息资源达 200TB。信息服务的便捷化，改变了农民传统的思维模式，使其主动利用"资源中心"提供的科技信息解决生产、经营、学习、生活中的问题，大大提高了农民的信息素质。同时提升了区县政府依靠信息科学决策的能力和开展农技推广服务的水平。

联系单位：北京市农林科学院农业科技信息研究所
联 系 人：郑怀国　联系电话：010-51503318
通讯地址：北京市海淀区曙光花园中路 9 号　　100097
电子邮箱：guanzhangxx@163.com

3. 产品名称：农业信息智能推介系统

产品简介：通过分析用户历史访问行为数据，实现精准信息推送，为用户提供个性化的信息服务，增加用户黏性，同时管理者能够准确把握各网站的用户访问情况，为进一步提升服务质量提供有效的数据支撑。

适宜范围：政府、农业部门、大型企业信息网站。

经济、生态及社会效益情况：极大拓展了用户对农技知识

农业信息智能推介系统

的接触面，提高用户获取农机信息的效率和准确性，节省时间成本，为用户带来真正的效益。

联系单位：北京市农林科学院农业科技信息研究所
联 系 人：李刚　联系电话：010-51503506
通讯地址：北京市海淀区曙光花园中路9号　100097
电子邮箱：215451119@qq.com

4.产品名称：物联网农情监测平台

产品简介： 产品主要包括环境因子监测、智能决策和专家远程咨询服务。环境因子监测实现对农业生产中的温度、湿度、光照、二氧化碳等环境因子实时监测和生产现场的视频监控；智能决策对收集的数据进行分析，根据阈值做出报警和自动调控，提醒生产者准确把握浇水、施肥、病虫害防治等时机，实现农业生产精细化；专家远程科技咨询服务，实现农户与专家远程面对面地咨询和交流，随时解决农业生产中遇到的问题，减少农业损失，并根据用户需求开展远程教育培训。

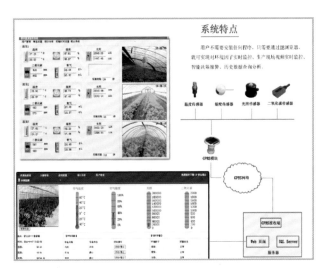

适宜范围：农业园区、种植基地、养殖场、农业生产主体。

经济、生态及社会效益情况：可有效节约农业生产人工成本，提升设施环境监控的自动化程度及农业生产效率，为用户带来较大收益。

联系单位：北京市农林科学院农业科技信息研究所

联 系 人：李刚　联系电话：010-51503506

通讯地址：北京市海淀区曙光花园中路9号　　100097

电子邮箱：215451119@qq.com

5. 产品名称："北京农科热线"手机应用系统

产品简介：针对新农民移动终端技术服务需求，基于首都农业专家团队智力资源优势，以及丰富精彩的咨询图文库，开发了"北京农科热线"手机问答系统，为农业用户提供了热线、语音、视频、留言、QQ、预约等多途径找专家功能，是国内首款具有开放多路咨询、快速互助解答、经验分享交流等特色的农业专家顾问式咨询服务系统。"北京农科热线"具有四大特点：①六大咨询方式，想怎么问就怎么问。系统具有电话、视频、语音、拍照、微信、QQ等多途径找专家功能，可以随时随地咨询。②简洁轻盈操作，一键即可找专家。直观化呈现专家信息，简洁的触控体验，无须拨号，可以一键找专家。③多方参与互助，问题高效快速解答。在专家团队值班服务的基础上，网络用户还可以广泛参与解答，大家齐帮忙，问题解决更高效。④贴心预约服务，咨询问题一个不落。预约指定专家，专家将用心回复每一个咨询。"北京农科热线"的七大功能：电话连线问专家、视频对讲问专家、语音对讲问专家、QQ群聊问专家、拍照留言问专家、问题集锦、专家预约。

适宜范围：农业领域技术咨询。

经济、生态及社会效益情况：①在单一电话咨询的基础上，拓展并集成了手机视频咨询、语音对讲咨询、图片文字咨询、

QQ群聊咨询等多种方式，契合了当前多渠道信息获取的特点，全面覆盖了不同层面的用户需求。②充分发挥了移动媒体的灵活及时、互动便捷、碎片时间利用等特点，促进了优势专家服务及资源的手机端广泛传播。

联系单位：北京市农林科学院农业科技信息研究所
联 系 人：罗长寿　联系电话：010-51503387
通讯地址：北京市海淀区曙光花园中路9号　100097
电子邮箱：luocs@agri.ac.cn

6.产品名称：双向视频咨询诊断系统

产品简介：产品可通过电脑、手机等多终端为农业生产者和专家间提供面对面的视频咨询、答疑、病虫害诊断和远程教育培训等服务。

适宜范围：农业种植户、农业养殖户、农业企业、政府部门。

经济、生态及社会效益情况：产品实现了农技推广部门、专家团和农户之间的多点互通，提高了农业科技服务工作的效率，实时解决农业生产方面的问题，减少因病虫害造成的农业生产损失。

联系单位：北京市农林科学院农业科技信息研究所
联 系 人：李刚　联系电话：010-51503506
通讯地址：北京市海淀区曙光花园中路9号　100097
电子邮箱：215451119@qq.com

7.产品名称：北京油鸡繁育生产管理系统

产品简介：产品用于存储和管理大量油鸡育种信息，运用报表统计、数字工作流、智能分析等技术，实现育种信息管理的数字化、自动化和智能化，覆盖油鸡育种的各个环节，将杂乱无章的数据有序地组织管理起来，方便用户查看和维护，并提供智能统计分析的功能，以图表形式提供给用户，供决策参考。

适宜范围：大型鸡场、油鸡养殖户、畜禽监管部门。

经济、生态及社会效益情况：产品颠覆了肉眼识别、手工记录、键盘输入的传统育种记录方式，降低了工作量，提高了工作效率，真正实现了油鸡育种生产管理

的数字化、可视化和自动化，为油鸡育种数据管理和智能分析提供了丰富的数据来源，提高了育种速度和产品质量。

联系单位：北京市农林科学院农业科技信息研究所

联 系 人：李刚　联系电话：010-51503506

通讯地址：北京市海淀区曙光花园中路9号　100097

电子邮箱：215451119@qq.com

8. 产品名称：北京市农村现代远程教育平台

产品简介：包括教学播出系统、市级中心资源库和学习支持系统。通过对对等网络（P2P）数据传输机制和内容分发网络（CDN）的数据分发策略进行算法优化，开发了可管理的P2P数据传输系统和流媒体课件分发系统，构建了国内第一个将 P2P 和 CDN 技术应用到农村远程教育领域的大规模应用平台。

适宜范围：可用于大范围的农民培训，不受时间、空间限制。

经济、生态及社会效益情况：①提高了农业科技传播的效率。改变了原有农村远程教育模式交互性差、可扩展性低的缺陷，提高了农业科技传播的广度和精细度，大大降低了农村传统科技培训中的车马与人力开销。②提升了农村网络资源的利用率。在相同服务质量和服务规模下，可节约80%的网络带宽和30%的硬件资源，大大降低运维成本。③增强了基层群众创新发展的能力。平台将集中学习、自主学习与专家辅助答疑相结合，创新了农村远程教育的手段和方式，有效缓解了工学矛盾。平台既是农村应急知识培训的重要阵地，也是农民群众自我发展、自我成才的知识仓库。

联系单位：北京市农林科学院农业科技信息研究所

联 系 人：秦莹　联系电话：010-51503117

通讯地址：北京市海淀区曙光花园中路9号　100097

电子邮箱：qiny@agri.ac.cn

9. 产品名称：农业生产决策服务平台

产品简介：基于 Android 系统研发的产品，通过对北京市农产品生产情况以及市场价格等海量数据进行统计分析，帮助农业生产管理部门及时把握农业发展动态，农业生产者及时获取农产品市场信息，为农业管理与生产提供决策支持。

适宜范围：政府主管部门、农业生产管理部门、农业生产主体。

经济、生态及社会效益情况：帮助农业生产管理部门提高农业决策效率，帮助农业生产主体及时了解农产品市场信息，掌握市场行情和动态，便于用户及时把握市场机遇。

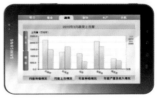

联系单位：北京市农林科学院农业科技信息研究所
联 系 人：李刚　联系电话：010-51503506
通讯地址：北京市海淀区曙光花园中路9号　　100097
电子邮箱：215451119@qq.com

10. 产品名称："智农宝"电子商务平台

产品简介：是以北京市为中心，辐射全国的优质农产品展销平台。产品可助推农业企业品牌宣传与产品销售，并为农业

企业提供规划咨询、物联网监控、专家诊断、产品溯源及推广销售的全产业链信息服务，从而有效提升农业企业竞争力，实现经济效益的增长。产品的客户群体主要以集团客户为主，零售客户为辅。

适宜范围：农业园区、农业基地、合作社、农业生产主体。

经济、生态及社会效益情况：产品可以实现农业企业品牌的宣传打造、优质产品的销售，提升农业园区、基地的现代化、信息化管理水平及经济社会效益的较大增长。

联系单位：北京市农林科学院农业科技信息研究所

联 系 人：李刚 联系电话：010-51503506

通讯地址：北京市海淀区曙光花园中路9号　100097

电子邮箱：215451119@qq.com

11. 产品名称：移动农业会务通服务平台

产品简介：产品实现对日常会议的一站式服务管理，用户通过平台能够快速便捷地对会议进行会前安排、会中管理、会后服务等统一管理。参会人员可通过平台进行会务查询和信息下载。

适宜范围：企事业单位、政府、公司。

经济、生态及社会效益情况：通过使用该产品，会议组织者可程式化组织会议、电子化管理会议，把会议相关事宜实时、便捷地传递给每一位参会者，极大降低了会议组织工作的压力，提高组织工作效率，实现了无纸化低碳办公。

联系单位：北京市农林科学院农业科技信息研究所
联 系 人：李刚　联系电话：010-51503506
通讯地址：北京市海淀区曙光花园中路9号　100097
电子邮箱：215451119@qq.com

12. 产品名称：农业资讯 APP 定制平台

产品简介：产品是为各级农业政府部门提供的手机 APP 定制系统，用户可在这个平台中自行定制 APP 的 LOGO、自行发布农业资讯信息、对访问用户进行统计和管理，通过一对

一、多对一的方式将农业资讯传递给广大用户，具备较强的针对性。

适宜范围：各级农业政府部门、农业生产主体、企事业单位、公司。

经济、生态及社会效益情况：可根据用户不同需求进行灵活定制，农户可以低成本、高效率地获取所需农业信息资源的农业资讯，具有快速、高效、覆盖面广、精准度高、方便优化、智能化程度高等优点，可更好地为基层干部、农技人员、农业企业和广大农民提供农业资讯服务。

联系单位：北京市农林科学院农业科技信息研究所
联 系 人：李刚　联系电话：010-51503506
通讯地址：北京市海淀区曙光花园中路9号　　100097
电子邮箱：215451119@qq.com

13.产品名称：智农云服务平台

产品简介：是针对农业产业链各环节实际需求，采用松耦

合多系统 IT 技术架构建设的新型农业全产业链管理服务平台。产品包括产前服务中心、产中管理中心和产后运营中心三大功能中心，通过软件即服务（SaaS）的模式为农业生产经营主体提供了全产业链的管理服务：在生产前提供市场预警预测和农业专题培训引导高效生产；在生产中利用农业物联网智能监测管理和移动农技答疑服务支撑高效生产；在生产后通过农产品质量溯源和电子商务服务实现高效生产。

适宜范围：农业园区、农业基地、合作社、农业生产主体。

经济、生态及社会效益情况：通过配套研发的 IP 接收机、移动数字资源包和信息服务一体机等终端服务设备，为涉农用户提供高效、便捷、多终端的信息服务，解决了农业产业链信息化现存的"条块分割、重复建设、资源零乱、信息孤岛"等突出问题，大幅提升了农业生产智能化、经营网络化、管理高效化、服务便捷化的能力和水平。

联系单位：北京市农林科学院农业科技信息研究所

联　系　人：李刚　联系电话：010-51503506

通讯地址：北京市海淀区曙光花园中路 9 号　　100097

电子邮箱：215451119@qq.com

14. 产品名称："U农"系列产品

产品简介：信息所利用自身资源和技术优势，研发了一系列以U盘为介质、可移动、可便携、可更新的农业信息化产品。该系列产品集动植物品种、种养殖技术、病虫害防治技术、科普动漫、多媒体培训资源于一体，融物种分类导航、自然语言检索、在线远程更新、咨询服务于一身。通过"一插即用、一查即得、一看就懂、一学就会、一键更新"等功能，可使一线农技人员和农户轻松掌握最新最全的农业科技知识，轻松解决种养难题，令"农业专家"常伴农户身边。目前，"U农"系列服务产品包括："U农蔬菜通""U农果树通""U农花卉通""U农家禽通""U农家畜通""U农养鸡通""U农旅游通"等7款产品。

适宜范围：全科农技员、农业园区、农民合作社、普通农业生产人员等涉农群体。

经济、生态及社会效益情况："U农"系列产品因其丰富的农业科技知识以及"一插就用、一看就懂、一学就会，一键更新"的"傻瓜化"特点，一经推出就受到广大农户的欢迎。目前"U农"系列产品累计免费发放15000余套，推广新品种、新技术4万余条，具有巨大的潜在经济效益；该系列产品通过

U 盘把农业信息资源传播到农村，降低了农民获取科技知识的成本，有效推进科研院所的科技成果向郊区县的快速传播与转化，有效提高了农村信息服务的水平和质量，有助于农户及时实现对产品技术的更新换代，推动北京市农业生产朝安全高效、环境友好型方向发展，促进农业增产增收，具有较好的社会效益和生态效益。

联系单位：北京市农林科学院农业科技信息研究所
联 系 人：秦晓婧　联系电话：010-51502787
通讯地址：北京市海淀区曙光花园中路9号　100097
电子邮箱：Xiaojing_qin@163.com

15. 产品名称：无公害农产品标准化生产全程监控产品

产品简介：产品可将不同生产基地的无公害产品在生产过程中的状态信息及时输入到系统中。产品支持用户通过手机短信、网络、查询机等方式来获得产品的最新信息，方便消费者的使用。系统支持数据同步，各农业生产基地需要获得对方数据时，可通过本系统进行数据交换。

适宜范围：农业、林业、畜牧业、种植业和养殖业产品生产过程的全程监控。

经济、生态及社会效益情况：系统运用完整的企业 ERP 技术、数据库管理和数据同步技术，建立了一个针对农产品生产过程的监控系统，记录农民或农业生产基地在生产过程中所有工作内容和工作效果。该产品在生产实践中具有非常好的生态效益和经济效益。

联系单位：北京市农林科学院农业科技信息研究所
联 系 人：李刚　联系电话：010-51503506
通讯地址：北京市海淀区曙光花园中路 9 号　　100097
电子邮箱：215451119@qq.com

16. 产品名称：触摸屏农业信息服务一体机

产品简介：产品将农业数字多媒体资源、远程视频咨询服务以及远程科技培训等集成于一体，通过网络与外部互动及可视化信息交互，满足不同层次用户的需求。

适宜范围：企业宣传、多媒体教学、视频会议、在线课程培训讲座等领域。

经济、生态及社会效益情况：产品已推广到京郊多个远郊区县及河北天津地区的 300 余个合作社、农业企业及协会，帮助农民解决生产过程中的技术问题，拓宽基层技术人员了解综合农业信息的渠道，提升基层农业生产者的综合素质。

联系单位：北京市农林科学院农业科技信息研究所
联 系 人：李刚　联系电话：010-51503506
通讯地址：北京市海淀区曙光花园中路9号　100097
电子邮箱：215451119@qq.com

17. 产品名称：便携式网络数字视频播放器

产品简介：产品属于媒体播放设备，用于播放加密多媒体片源，是一种满足特定领域需求的多媒体硬盘播放器，可随身携带，具备网络接口，可播放、下载互联网音视频文件，并进行本地的存储。

适宜范围：远程教育教学、科普、培训等。

经济、生态及社会效益情况：在远程培训工作中能够解决无网络连接问题，在有网络条件下定期更新内容；方便了远程教育、科普教育培训工作，节省了成本，提高受培训群众的综合素质，具有较好的经济和社会效益。

联系单位：北京市农林科学院农业科技信息研究所
联 系 人：李刚　联系电话：010-51503506
通讯地址：北京市海淀区曙光花园中路9号　100097
电子邮箱：215451119@qq.com

18.产品名称：北京长城网远程教育智能 TV 机顶盒

产品简介：产品体积小巧、安装便捷、操作简单，资源下载灵活、方便离线播放，切实解决了由于网络不畅和设备老化带来的学习问题，满足了远程教育入户和个性化点播学习的需求。

适宜范围：开展农业技术培训和科普教育的农村和社区居民。

经济、生态及社会效益情况：已覆盖北京市所有村及社区，并推广至河北、新疆部分地区。

联系单位：北京市农林科学院农业科技信息研究所

联系人：郭建鑫　联系电话：010-51503298

通讯地址：北京市海淀区曙光花园中路9号　100097

电子邮箱：guojx@agri.ac.cn

19. 产品名称：栽种生活

产品简介：一款面向都市居民的专业的家庭阳台种植体验APP。通过物联网、移动互联网、智能决策等信息技术，构建了一套科学的阳台种植模式，探索了一种农业科普的新模式。通过该APP能够实现将栽种知识学习与现实体验相结合，从而达到推广农业知识的目的。

适宜范围：种植爱好者。

经济、生态及社会效益情况：栽种生活在寓教于乐中向使用者传播绿色健康生活方式，拓展农作物的栽种、观赏、体验功能，激发人们关注农业、拥抱生活，能为沟通城乡、促进经济社会和谐发展提供有力的支撑。

联系单位：北京市农林科学院农业科技信息研究所

联 系 人：郭建鑫　联系电话：010-51503298

通讯地址：北京市海淀区曙光花园中路9号　100097

电子邮箱：guojx@agri.ac.cn

20. 产品名称：蔬菜安全生产管理与溯源系统

产品简介：以蔬菜类农产品为研究对象，采用 C/S 架构的企业生产管理系统与 B/S 架构的农产品追溯平台相结合的模式，对农产品的生产过程中的关键控制点进行跟踪与记录，实现集农产品生产视频跟踪、无线传感器环境监控、生产农事记录信息采集于一体的蔬菜安全生产管理系统。同时采用条码识别技术、移动开发技术、Web 应

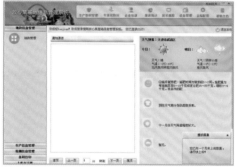

用技术、GSM 技术，实现包括网站追溯、触摸屏追溯、手机短信追溯、手机二维码扫描追溯的蔬菜安全生产溯源系统。

适宜范围：蔬菜产品生产企业。

经济、生态及社会效益情况：能够从生产到销售的整个供应链过程中对质量安全信息进行记录、存储，从而保障农产品的质量安全管理，为农产品质量安全问题的跟踪与溯源提供依据。在北京、天津、山东、广东等省市得到了应用示范，在提高产品品质，延长产品保质期，增强蔬菜生产企业市场竞争力，提高企业经济效益等方面取得了良好的效果。同时使企业的市场份额增大，生产规模扩大，从而提高了蔬菜生产企业的劳动

力就业水平。

联系单位：北京市农林科学院农业信息技术研究中心

联 系 人：钱建平　联系电话：010-51503092

通讯地址：北京市海淀区曙光花园中路11号北京农科大厦 A307　100097

电子邮箱：qianjp@nercita.org.cn

21. 产品名称：数字化果园管理系统

产品简介：是实现果园精准管理的基础，以单株果树为最小管理单元，利用 ArcGIS Server 提供的网络地理信息系统（WebGIS）应用服务构建了基于富互联网应用（Rich Internet Application，RIA）的系统，功能如下：①地图操作。用地图形式管理果园、果树及设施，包括基础操作、果园浏览、果树浏览和设施浏览。其中，基础操作提供地图缩放、信息查询、距离量算等；果园浏览用于管理人员对区域内的各个果园的总体信息进行快速查看；果树浏览用于查看果树的地理位置分布情况、按照位置查看果树的品种、农事操作情况等；设施浏览用于查看果园内的固定设施如房屋、水源、气象站点等的地理

位置，以及当前的使用情况等。②信息查询。提供对果树、农事操作及气象数据的查询，通过时间、树体编号、负责人等关键字查询，可以在地图上快速定位到相关的果树，并能查看每株果树的农事操作，如施肥、防治病虫害、灌溉、采收等信息。③农事管理。对各种农事操作进行记录并管理。施肥操作主要记录施肥的果树编号、施肥量、肥料名称、施肥日期、操作人员等；防治病虫害操作主要记录喷药的果树编号、喷药量、药名、喷药日期、操作人员等；灌溉操作主要记录灌溉的果树编号、灌溉方式、水量、日期、操作人员等；采收操作主要记录采收的果树编号、采收方式、产量、采收日期、操作人员等。针对单棵果树的农事记录，为果园精准管理提供了详细数据支持。④统计分析。针对单株果树农事操作记录数据、气候数据、产量数据等进行分析，生成生产日志图表、单株产量分布图表、果园产量分布图表、气象数据变化图表等信息。⑤权限管理。系统用户分为游客、管理员和果农三类，游客只能进行果园基础浏览，其他两类注册用户根据权限分配，可进行其他操作。

适宜范围：全国各地果园。

经济、生态及社会效益情况：目前已初步构建了山东肥城、辽宁兴城、江苏南京、河南郑州、海南海口等地的系统，提高了果树科研工作的效率，使用该系统的果园比不用的果园增产30%左右，而且果品质量大大提升。

联系单位：北京市农林科学院农业信息技术研究中心

联 系 人：钱建平 联系电话：010-51503092

通讯地址：北京市海淀区曙光花园中路11号北京农科大厦 A307 100097

电子邮箱：qianjp@nercita.org.cn

22. 产品名称：水产养殖管理与溯源系统

产品简介：是为了实现水产品生产过程的规范性和水产品质量安全的可追溯性而建立的重要工程。在遵循"分步实施，有序推进"的原则下，水产养殖管理与溯源系统以数据库技术和计算机网络技术为支撑，以各企业生产档案数据为基础，围绕"生产、监控、检测、监管"四条主线，对试点企业的育苗、放养、投喂、病害防治、收获、运输和包装等生产流程进行剖析，对水产养殖产品的生产环境、生产活动、质量安全管理及销售状况实施电子化管理。同时在水产养殖企业建立电子化跟踪技术体系的基础之上，从技术的可获得性、经济的可承受性和实施的合理性出发，构建适合我国国情的便于政府监管、消费者查询的以条码技术为支撑的可追溯技术体系，实现对上市水产养殖产品从产地环境到投入品管理，从生产过程控制到初加工管理的全程信息追溯，从而达到提高企业管理水平，增强政府的监管力度，提高水产品安全和质量，让消费者吃到完全的健康与真正的美味的目的。

适宜范围：国家农业科技园、现代农业园、农业高校、农科院所、养殖企业。

经济、生态及社会效益情况：近年来在北京市、天津市、江苏省、广东省、山东省60多家示范点应用，示范水产品种达20多种（涵盖鱼、虾、贝、龟鳖等大类），培训相关技术应用带头人51人，培训农民工152人，培训次数累计达229人次，示范企业平均农民人均收入8515元，人均比上年增收748元。生产企业通过应用该系统，用于各水产类产品进行科学养殖管理，可实现育苗、放养、投喂、病害防治到收获、运输和包装等全程信息可追溯。可有助于其提升信誉度、知名度以及品牌影响力，从而保证销量、实现优质优价，实现了水产养殖的科学化管理。社会效益从四个角度说明：①政府监管：监管工具和技术手段。管理海量信息，提高监管效率和执行力，准确识别责任主体。②行业：形成"市场倒逼"，建立长期、有效、自动运行的产品质量安全机制。③企业：规范内部管理流程和生产经营行为，增强产品质量安全保证能力、提高信息化管理水平。④消费者：满足知情权，保证消费信心，提高产品质量安全水平。

联系单位：北京市农林科学院农业信息技术研究中心

联 系 人：钱建平　联系电话：010-51503092

通讯地址：北京市海淀区曙光花园中路11号北京农科大厦A307　100097

电子邮箱：qianjp@nercita.org.cn

23. 产品名称：畜禽健康养殖管理与溯源系统

产品简介：主要面向具有一定规模的养殖企业、较大的养殖户与屠宰加工企业。主要用于畜禽类养殖过程中各个阶段的

饲养管理和屠宰加工过程管理。能够实现畜禽类养殖的入栏、出栏、饲喂、疾病防疫和屠宰加工过程的监控和预警等多种功能。可用于肉牛、猪、肉蛋鸡、肉鸭等的养殖和屠宰管理，具备完善的数据库管理系统和形象生动人性化的操作界面，功能丰富，操作简便。

适宜范围：国家农业科技园、现代农业园、农业高校、农科院所、养殖企业。

经济、生态及社会效益情况：为了保证畜禽类产品的质量安全，必须对畜禽类实行健康养殖和溯源管理，按照国际和国内的各种养殖和屠宰标准对畜禽类养殖及屠宰过程中的各个生产环节进行标准控制，并将各个养殖场和屠宰场的信息进行交流。在北京、天津、山东等省市得到了应用示范，在降低生产成本，提高产品品质，增强企业市场竞争力，提高经济效益等方面取得了良好的效果。同时系统的应用与实施使企业的市场份额增大，从而提高了企业的生产效率。

联系单位：北京市农林科学院农业信息技术研究中心

联 系 人：钱建平　联系电话：010-51503092

通讯地址：北京市海淀区曙光花园中路11号北京农科大厦A307　100097

电子邮箱：qianjp@nercita.org.cn

24.产品名称：便携式植物微观动态离子流检测系统

产品简介：是基于 Nerst 方程和 Fick's 第一扩散定律研发的植物离子流检测设备，包括信号采集调理、微距三维运动控制、小型倒置显微成像、隔震及静电屏蔽等模块，利用高效离子选择性微电极检测被测环境两点之间的电压差得到目标离子的流速。系统功能：可实现植物组织、器官细胞等被测样本的目标离子（K^+、Na^+、Ca^{2+}、Mg^{2+}、H^+、NH_4^+、Cl^-、NO_3^- 等）流速 [pmol/（$cm^3 \cdot s$）]、绝对浓度、三维运动方向及其对应的电流、电压等信息的无损检测。主要特点：无损、实时、长时间、多维扫描测量，便携式原位检测，可实时反应植物的生理活动特征。技术参数：系统输入阻抗 $\geq 10T\Omega$，频率响应 DC-10Hz，系统的重复性 < 5%，微操作器精度 2 μm。

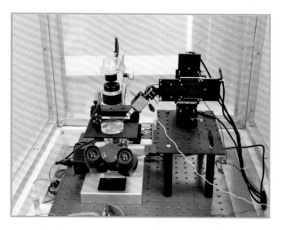

适宜范围：农业科学、生命科学、环境科学、医学、药物学、药理学等领域的科学研究工作。

经济、生态及社会效益情况：在离子检测方法方面实现材料的无损检测，与传统化学方法相比，实现无损、实时、快速检测，可保持珍贵植物材料的完整性，节省科研成本和时间，丰富农学、生命科学等领域的检测手段，具有良好的经济、社会效益。

联系单位：北京市农林科学院农业信息技术研究中心

联 系 人：王成　联系电话：010-51503659

通讯地址：北京市海淀区曙光花园中路11号北京农科大厦 B 座 809　100097

电子邮箱：wangc@nercita.org.cn

25. 产品名称：水稻智能化浸种催芽系统

产品简介： 针对水稻浸种催芽中温度、湿度、氧气的精确控制需求，应用多传感器数据采集单元、水 & 热动态循环分配体系、全覆盖循环喷淋结构、数据反馈控制模型、虚拟现实技术，构建浸种催芽环境温度场的精确监测控制系统，实现浸种、破胸、催芽三阶段温度、湿度、氧气的波段式精确管理，创造最适宜的水稻浸种催芽环境，有效解决传统催芽方式种子

中央控制室

受热不均匀、有氧呼吸不好、出芽不整齐的问题，提高水稻产量和品质。

适宜范围：应用于水稻浸种催芽生产领域，单次芽种产量0.5～400吨，可根据生产规模和需求对系统进行灵活调整。

经济、生态及社会效益情况：应用本产品，水稻种子发芽率提高10%左右，整齐度和健壮程度好，每亩可增产10%～15%，已连续3年在黑龙江地区

浸种箱循环加热系统

主管路及热水箱加热循环系统

进行大规模推广应用，所生产水稻优质芽种覆盖种植面积228万亩，直接经济效益达2.7亿元。同时本产品可降低农药用量，具备良好的生态及社会效益。

联系单位：北京市农林科学院农业信息技术研究中心

联 系 人：王成　联系电话：010-51503659

通讯地址：北京市海淀区曙光花园中路11号北京农科大厦B座809　100097

电子邮箱：wangc@nercita.org.cn

26. 产品名称：育种小区远程监控系统

产品简介：系统具有视频监控、环境监测、无线覆盖等功能，主要用于获取育种基地的气象信息，远程查看基地作物生长情况。功能特点：①系统配置高清红外摄像头，可进行全天候连续监控，监控距离可达 120 米，分辨率 1280×960 像素，水平方向 360°连续旋转，垂直方向 -2°～90°旋转，无监视盲区。②可实时监测空气温湿度、风速、风向、雨量、土壤温度、土壤湿度等多种气象参数，可存储整个生育期内的气象信息，具有历史数据掉电保护功能。③系统通过远程无线网桥和无线路由器实现育种小区的无线覆盖，可为田间 PDA 采集终端和仪器设备提供无线网络支持。④育种家可在任意地点通过浏览器查看视频及气象数据。

适宜范围：育种试验、区域试验。

经济、生态及社会效益情况：①跨省区多个育种基地的远程实时监测和集中管理。②区域试验全过程远程监控和视频录像，保证小区监管的客观性，防止区域试验中造假现象的产生。

联系单位：北京市农林科学院农业信息技术研究中心

联 系 人：张云鹤 联系电话：010-51503409

通讯地址：北京市海淀区曙光花园中路 11 号北京农科大

厦 *100097*

电子邮箱：zhangyh@nercita.org.cn

27 产品名称：育种资源管理系统

产品简介：系统主要用于农作物种质资源、中间材料等育种资源的信息化管理。通过条形码或电子标签为每一份种子建立唯一标识，实现育种资源的动态出入库管理，方便育种家远程对种质性状查询检索。系统功能：①出入库管理：记录育种资源入库和出库的时间、数量、预警提醒等相关信息；根据出入库操作，系统实时更新数据，实现育种资源出、入库的动态管理。②种质信息管理：综合管理育种资源的表型性状、基因等相关信息和图片，可对种质基本信息和性状数据进行多条件检索，查找需要的资源。③预警提醒：对储存期到期、库存量低于预设值、发芽率低于预设值、达到库存核对时间的种子进行自动提醒，防止种子生活力丧失以及库存不足。④设备管理：根据实际需要添加、删除、修改育种资源实体储藏库设备。

适宜范围：小麦、玉米等作物育种资源管理。

经济、生态及社会效益情况：辅助育种家快速定位需要的育种资源；自动预警提醒，促进育种资源的妥善保藏，提高育种资源管理的规范化、信息化。

条码打印

联系单位：北京市农林科学院农业信息技术研究中心

联 系 人：王成　联系电话：010-51503659

通讯地址：北京市海淀区曙光花园中路11号北京农科大厦B座809　100097

电子邮箱：wangc@nercita.org.cn

28.产品名称：植物生理生态信息监测系统

产品简介：系统以植物茎流传感器、叶面温度传感器、叶面湿度传感器、果实膨大传感器等植物生理传感器为主，以空气温度、空气湿度、光照强度和地温传感器等环境传感器为辅助，可长时间、连续监测作物生长过程中的

系统主机

生理参数和所处的环境参数。系统可采用 220 伏交流电或高能量锂电池供电，功耗低，持续工作能力强，监测精度高。系统采用无线通讯技术设计，通讯距离可达 100 ～ 300 米，便于用户灵活安装。系统主机采用工业级触摸式平板电脑设计，可进行大容量数据存储、曲线分析、数据对比等。可为用户提供稳

系统测试

定可靠的植物生理、生态信息采集、存储和分析方案，为现代化植物生产管理提供技术支持。

适宜范围：用于大田作物、蔬菜、果树等的生长监测，也可用于林业、环境监测等领域。

经济、生态及社会效益情况：产品可实现对作物生理生态信息的长时、远程、精确监测，并对获取的信息

进行处理分析，科学指导作物生产，同时可大幅降低人力成本和时间成本，填补了植物生理生态监测系统国产化的空白，具有良好的经济、社会效益。

联系单位：北京市农林科学院农业信息技术研究中心

联 系 人：张云鹤　联系电话：010-51503409

通讯地址：北京市海淀区曙光花园中路11号北京农科大厦 100097

电子邮箱：zhangyh@nercita.org.cn

29. 产品名称：水稻高效立体育秧系统

产品简介：系统基于多层、易组装立体式育秧苗架，结合LED生物补光技术、环境监控技术、智能雾化微喷灌溉技术，解决普通育秧过程易受天气或气候条件影响的问题，实现温室光、温、水、气综合调控，保障秧苗不同生育周期的环境需求，促进秧苗的均匀、健壮、整齐生长，为水稻生产提供高质量的秧苗。

适宜范围：应用于水稻育秧生产，也可根据需求构建植物工厂，应用于某些蔬菜、水果生产。

经济、生态及社会效益情况：应用本产品，可减少环境、气候等不利因素对秧苗生产的影响，提高土地利用率，成秧率

生物补光灯

高，育出的秧苗素质好，病虫害少，适合机械插秧。秧苗移栽大田后，发根快，分蘖好，抗逆性强，成穗率高，水稻产量大幅提高。

智能灌溉系统

联系单位：北京市农林科学院农业信息技术研究中心

联 系 人：王成　联系电话：010-51503659

通讯地址：北京市海淀区曙光花园中路11号北京农科大厦B座809　100097

电子邮箱：wangc@nercita.org.cn

30. 产品名称：育种过程管理系统

产品简介：系统主要用于作物育种全过程中的数据、图片等信息的管理和分析，实现从亲本配组、试验规划、数据采集到选种决策的信息化管理，可追溯育种材料从亲本圃到产量试验多个世代的数据，从而提高育种数据利用效率。系统支持远程登录与异地数据汇总，支持不同用户角色权限定制和数据安全需求。系统功能：①组合管理：提供手动配组和计算机辅助配组两种方法，可按

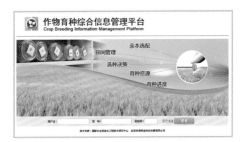

登录界面

年度、配组人等多角度查询历年配组结果，自动生成系谱图，为亲本材料评价和下步组合选配提供参考。②试验管理：提供对比法、间比法、完全随机区组等常用试验设计方法，支持田间育种材料图形化排布，自动生成电子记载本。③数据管理：综合管理育种过程中获

主界面

取的文字、数值及性状特征图片、分子标记图谱信息，提供多种形式数据获取以及多层次的数据筛选查询，可对比查看数据和照片。④数据分析与选种决策：提供单因素、双因素方差分析等常规统计分析；还提供 DOPSIS 等多种综合评判方法，通过设定权重，综合育种家的经验，辅助育种家筛选出综合性状优良的材料。

适宜范围：小麦、玉米等作物育种过程管理。

经济、生态及社会效益情况：显著提高育种数据利用分析效率，辅助育种家筛选优良品系，为大规模商业化育种提供高效的数据管理分析系统。

联系单位：北京市农林科学院农业信息技术研究中心

联 系 人：王成 联系电话：010-51503659

通讯地址：北京市海淀区曙光花园中路 11 号北京农科大厦 B 座 809 100097

电子邮箱：wangc@nercita.org.cn

31. 产品名称：作物光合呼吸蒸腾测量系统

产品简介：基于高灵敏度二氧化碳传感器、叶面温湿度传感器、光照传感器和嵌入式数据采集分析装置，结合适用于不同作物的密闭叶室，系统可实现植物光合效率、呼吸系数、蒸腾速率的快速、无损测量，为植物生长状态分析提供支持。

适宜范围：系统可在野外使用，用于研究光合作用机理、各种环境因子（光照、温度、湿度）对植物生理生态的影响以及植物的长期生态学变化等。适用于植物生理学、农学、林学、园艺学等领域。

经济、生态及社会效益情况：应用本产品可进行长期生态学定位监测，指导灌溉决策，有利于作物精细灌溉和施肥，具有一定的经济、生态效益。

联系单位：北京市农林科学院农业信息技术研究中心

联 系 人：王成　联系电话：010-51503659

通讯地址：北京市海淀区曙光花园中路11号北京农科大厦B座809　100097

电子邮箱：wangc@nercita.org.cn

32.产品名称：农机深松作业补贴监管系统

产品简介：农机深松作业补贴监管系统由国家农业智能装备工程技术研究中心研发，系统综合了传感器技术、计算机测控技术、卫星定位技术和无线通讯技术，可以实现深松机作业状态和作业面积的准确监测，为深松作业补贴提供量化依据，提升了农机作业管理信息化水平。

适宜范围：应用于深松作业的补贴监管。

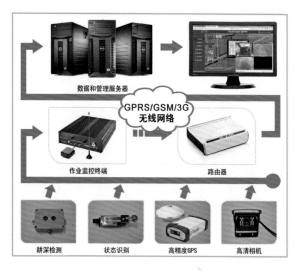

数据和管理服务器

GPRS/GSM/3G
无线网络

作业监控终端　　　　　路由器

耕深检测　　　状态识别　　　高精度GPS　　　高清相机

经济、生态及社会效益情况：2015 年，系统在全国推广了大约 6000 套,大幅度提高了监管效率,经济与社会效益显著。

联系单位：北京市农林科学院农业信息技术研究中心
联 系 人：张云鹤　联系电话：010-51503409
通讯地址：北京市海淀区曙光花园中路 11 号北京农科大厦　100097
电子邮箱：zhangyh@nercita.org.cn

33. 产品名称：小麦播种监控系统

产品简介：小麦播种监控系统具有种管状态监测、排种轴转速测量、地速测量、作业面积测量等功能。系统具有计量准确、灵敏度高、抗尘性好、扩展性强、安装简便等优点。系统由车载终端 WMT04、监测模块 CM16、监测传感 MMS36 组成。

适宜范围：应用于小麦播种监控管理。

经济、生态及社会效益情况：系统能够使精量播种计量误差低于 5%，有效提高了播种质量和效率。

联系单位：北京市农林科学院农业信息技术研究中心

联 系 人：张云鹤　联系电话：010-51503409

通讯地址：北京市海淀区曙光花园中路 11 号北京农科大厦　100097

电子邮箱：zhangyh@nercita.org.cn

34. 产品名称：拖拉机 GPS 自动导航系统

产品简介：拖拉机自动导航系统由车载控制计算机、RTK-GPS 接收机、转向控制器、转角传感器、电液比例转向控制系统等部分组成。拖拉机自动导航系统借助高精度定位传感器和自动控制技术，按照预设路径精准作业，能够使田间直线作业精准度达到到厘米级。

适宜范围：应用于拖拉机作业自动导航。

经济、生态及社会效益情况：作业过程不需要人为控制转向操作，从而最大限度减少了作业垄间的重叠和遗漏，提高了作业质量，同时有效减轻了驾驶人员的劳动强度。

联系单位：北京市农林科学院农业信息技术研究中心
联 系 人：张云鹤　联系电话：010-51503409
通讯地址：北京市海淀区曙光花园中路 11 号北京农科大
厦　100097
电子邮箱：zhangyh@nercita.org.cn

35. 产品名称：低功耗无线温室环境信息采集传感器系统

产品简介：低功耗无线温室环境信息采集传感系统采用了超低功耗单片机和高度集成超低功耗微功率单向发射无线传感模块，同时内置 12bit 高精度 AD，可以直接连接主流的各种数

字与模拟传感器。产品采用星型网络、树形网络（增加中继），传感器节点按照设置的时间间隔（1～120秒）向无线传感模块传输数据，两节2号电池可工作1年以上。星型网络节点之间传输视距达700米，树形网络覆盖距离达2千米，适合在塑料大棚、联动温室以及小规模日光温室环境中使用。

适宜范围：应用于温室环境的信息采集、传送与监控等信息管理。

经济、生态及社会效益情况：系统能够快速收集温室环境信息，为生产提供重要的管理依据，有效提高了劳动生产效率。

联系单位：北京市农林科学院农业信息技术研究中心

联　系　人：张云鹤　联系电话：010-51503409

通讯地址：北京市海淀区曙光花园中路11号北京农科大厦　100097

电子邮箱：zhangyh@nercita.org.cn

36.产品名称：IC卡智能水电计量系统

产品简介：系统由WM1000型IC智能水表、流量计、电表、水泵控制单元等设备构成，在管理机构配置IC卡售水系统软件终端，农户到管理机构办理IC卡注册手续，明确用户身份与用水位置，并根据自身用水需求购买适量灌溉用水。在灌溉现场，被授权的用户采用刷卡方式，控制对应的水泵进行灌溉工作。同时，各个IC卡读卡

控制器将存储的用水量及耗电量信息，通过 GPRS 网络发送至软件终端，方便管理机构了解辖区内各个地点水资源的利用情况。

适宜范围：应用于农业水电用户的信息管理，便于农业水电的购买使用和统计管理。

经济、生态及社会效益情况：系统的建设方便了用户的水电使用，能够有效地管理各个水源地点以及水源分配，极大地缓解了农村用水不均的矛盾。

联系单位：北京市农林科学院农业信息技术研究中心

联 系 人：张云鹤　联系电话：010-51503409

通讯地址：北京市海淀区曙光花园中路 11 号北京农科大厦　100097

电子邮箱：zhangyh@nercita.org.cn

37. 产品名称：大田农作物及设施农业物联网系统

产品简介：农业物联网系统利用先进的传感器感知技术，获取作物生长环境参数信息，通过网络将信息上传至综合管理控制中心，中心软件平台根据农学理论知识，根据作物生理生态需求，向控制器下达决策指令，控制响应设备启停，如：在温室温度偏高时，系统自动打开风机及湿帘进行降温；大田某位置土壤含水量偏低时，系统自动控制对应区域电磁阀开启，实施灌溉补水措施等。系统实时测控环境信息，按需分配农资，全程自动化、智能化决策，为作物生长营造最适宜的环境空间，节省人力、物力投入，为提高农业生产效益打下坚实的基础。

适宜范围：应用于农田或设施环境、农作物生长情况、农产品加工等农业生产方面的监控管理。

　　经济、生态及社会效益情况：农业物联网核心是通过物联网技术实现农产品生产、加工、流通和消费等信息的获取，通

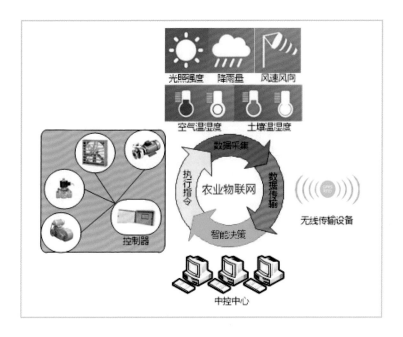

过智能农业信息技术实现农业生产的基本要素与农作物栽培管理、畜禽饲养、施肥、植保以及农民教育相结合，提升农业生产、管理、交易、物流等环节的智能化程度。

联系单位：北京市农林科学院农业信息技术研究中心
联　系　人：张云鹤　联系电话：010-51503409
通讯地址：北京市海淀区曙光花园中路 11 号北京农科大
厦　100097
电子邮箱：zhangyh@nercita.org.cn

38. 产品名称：温室专用监测控制系统

产品简介：系统主要应用于温室内，基于环境调控设备，针对温度、湿度两个关键参数，配合多输入接口、多模式逻辑、多条件组合以及突发恶劣条件强制自我保护等功能，实现无人职守条件下对温室环境的自动控制。

适宜范围：应用于温室无人环境调控管理。

经济、生态及社会效益情况：系统不仅节省了劳动力，还显著提高了温室的管理效率。

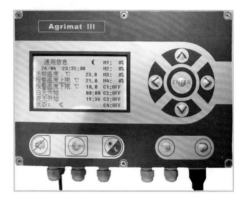

联系单位：北京市农林科学院农业信息技术研究中心

联 系 人：张云鹤　联系电话：010-51503409

通讯地址：北京市海淀区曙光花园中路 11 号北京农科大厦　100097

电子邮箱：zhangyh@nercita.org.cn

39. 产品名称：温室环境群测控物联网系统

产品简介：系统可广泛应用于温室种植、园艺栽培、畜牧养殖等领域，能够实时采集空气温度、空气湿度、光照强度、土壤温度、土壤湿度和二氧化碳浓度等环境信息，采集的环境信息通过有线或者无线的方式发送到中央监控器，中央监控器

采用工业平板电脑，能够以直观的图表和曲线的方式将数据显示给用户；用户可以根据生产需要设置温室内天窗、

湿帘、灌溉等执行设备的自动调控条件，从而实现农业生产管理的先进化、智能化和高效化。

适宜范围：应用于温室种植、园艺栽培、畜牧养殖等农业生产环境的监控管理。

经济、生态及社会效益情况：系统能够及时采集温室环境信息，并精确调整环境参数，确保农业生产管理的正常运行，温室病虫害发生率可降低 12%，经济效益显著。

联系单位：北京市农林科学院农业信息技术研究中心

联 系 人：张云鹤　联系电话：010-51503409

通讯地址：北京市海淀区曙光花园中路 11 号北京农科大厦　100097

电子邮箱：zhangyh@nercita.org.cn

40. 产品名称：温室臭氧清洁生产系统

产品简介：温室臭氧清洁生产系统以空气中的氧气为原料，在高频、高压放电作用下产生臭氧，通过气体传输管道进行空气置换，实现清洁农业生产，提高产品品质。主要用于温室大棚的消毒、杀菌和灭虫，生产无公害蔬菜；用于制造臭氧水对

土壤进行消毒；用于营养液栽培、岩棉栽培等的消毒、除味；用于蔬菜水果贮藏的保鲜、防霉等，并能根据不同使用环境、不同蔬菜作物和不同生长阶段释放适宜作用浓度的臭氧，有效替代传统的农药、消毒剂和保鲜剂。

适宜范围：应用于温室臭氧消毒和果蔬保鲜贮藏。

经济、生态及社会效益情况：系统可以使温室病虫害发生率降低 25% 以上，同时可以有效保鲜果蔬，具有较高的应用价值。

联系单位：北京市农林科学院农业信息技术研究中心

联 系 人：张云鹤　联系电话：010-51503409

通讯地址：北京市海淀区曙光花园中路 11 号北京农科大厦　100097

电子邮箱：zhangyh@nercita.org.cn

41. 产品名称：基于负水头装置的灌溉施肥栽培系统

产品简介：负水头灌溉施肥系统是基于盘式负压入渗原理，将供液压力设定为负压，利用土壤张力特性和作物水分生理特性，实现植物对适宜浓度肥液的连续自动获取。系统主要包括肥液调控装置、恒液装置、控压装置及供液器等。肥液调控装置可实现肥液浓度的调配和肥液储存，恒液装置用于恒定储液桶内的液位，控压装置通过控制供液吸力实现不同土壤水分条件的控制，供水器埋于土壤中以实现对作物根系持续、恒定地直接供液。负水头灌溉施肥系统能够同时供给水分和养分，并可根据作物生育期的变化供应不同浓度的肥液，满足作物生长发育对水分和养分的一体化需求，从而实现作物水肥一体的自动化管理。

适宜范围：应用于作物水肥一体化的自动化管理。

经济、生态及社会效益情况：负水头灌溉施肥系统能够实现作物水肥一体的智能管理，促进作物生长发育，达到作物优质高产栽培的目的。同时，自动化的管理也显著提高了作物水肥供给的作业效率，提高了劳动生产率。

联系单位：北京市农林科学院农业信息技术研究中心
联 系 人：张云鹤 联系电话：010-51503409
通讯地址：北京市海淀区曙光花园中路 11 号北京农科大厦 100097
电子邮箱：zhangyh@nercita.org.cn

42. 产品名称：分布式温室集群水肥灌溉管理系统

产品简介：结合先进的计算机、自动控制以及物联网技术，根据作物的需水需肥规律、生长环境条件以及土壤状况进行设计。系统可以按照用户需求对灌溉施肥程序进行设置，实现精确配比，精准灌溉施肥；也可人工管理灌溉施肥，灵活满足多种生产环境要求。系统自动配制满足作物生长需求的适宜浓度营养液，通过相应的管道与滴管系统均匀、定时、定量地直接供应给作物。

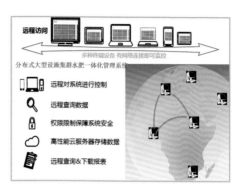

适宜范围：应用于温室集群灌溉施肥管理。

经济、生态及社会效益情况：系统通过远程控制室的监控平台实时显示装备系统的运行状态，节约了大量劳动力，显著提高了生产效率。同时，智能精准的施肥灌溉可以有效节约水肥施用量，提高水肥利用率，减少环境污染。

联系单位：北京市农林科学院农业信息技术研究中心
联系人：张云鹤　联系电话：010-51503409
通讯地址：北京市海淀区曙光花园中路 11 号北京农科大厦　100097
电子邮箱：zhangyh@nercita.org.cn

43. 产品名称：玉米果穗自动化考种系统

产品简介：最新研发的玉米果穗自动化考种系统突破玉米果穗性状指标特征提取关键技术，完成了玉米果穗自动化考种线控制模块、图像特征提取模块、果穗性状指标计算与分析模块，在玉米果穗考种效率和精度上均达到国内领先水平。玉米果穗自动化考种系统利用托辊链条传动机构实现批量果穗的自动推送、数据采集和表型解析，效率达2秒/穗；利用果穗图像序列完整恢复果穗表面信息，基于果穗表面全景图解析出果穗和穗粒的30多个几何、数量和颜色纹理性状，主观指标精度在97%以上，客观指标精度达99%；果穗考种过程无须人工干预，实现考种过程的可视、可测、可追溯，并基于标准化考种流程输出统计分析图表。

适宜范围：玉米果穗自动化考种。

经济、生态及社会效益情况：玉米果穗自动化考种系统适合在科研单位和育种公司推广，可显著降低育种单位的人力和时间成本，与传统考种方法相比效率提高10倍以上。

联系单位：北京市农林科学院农业信息技术研究中心
联 系 人：张云鹤　联系电话：010-51503409
通讯地址：北京市海淀区曙光花园中路11号北京农科大厦　100097
电子邮箱：zhangyh@nercita.org.cn

44. 产品名称：作物考种系统

产品简介：采用高精度称重传感器测量种子重量，采用高分辨率摄像头拍摄被测种子图像，在获取种子重量的同时，计算出被测种子的粒数，根据被测种子粒数和重量，快速转换成被测种子千粒重。可对被测数据进行存储，方便后期数据处理。

适宜范围：油菜、水稻、大豆等作物考种。

经济、生态及社会效益情况：提高了育种过程的效率，降低了育种专家的工作强度。

联系单位：北京市农林科学院农业信息技术研究中心
联 系 人：张云鹤　联系电话：010-51503409
通讯地址：北京市海淀区曙光花园中路 11 号北京农科大厦　100097
电子邮箱：zhangyh@nercita.org.cn

45. 产品名称：作物穗层温湿度监测系统

产品简介：系统包括空气温湿度传感器和数据采集模块，能够全天候实时监测作物穗层不同高度的温湿度情况，为作物病虫害预警提供数据支撑。系统具备实时数据存取、导出及简单的数据处理功能。使用时直接插入土壤中即可，系统数据采用无线方式进行传输，内部蓄电池可单独工作 6 个月。

适宜范围：作物穗层温湿度监测。

经济、生态及社会效益情况：提高了育种过程的效率，降低了育种专家的工作强度。

联系单位：北京市农林科学院农业信息技术研究中心

联 系 人：张云鹤　联系电话：010-51503409

通讯地址：北京市海淀区曙光花园中路 11 号北京农科大厦　100097

电子邮箱：zhangyh@nercita.org.cn

46. 产品名称：放心菜基地管理系统

产品简介：是一款企业放心菜产品的生产过程、检测信息、农户信息、条码打印信息的管理软件，实现了对放心菜产品从定植到采收、包装的信息化管理。实现包括产品定植、施肥、用药、灌溉、采收等一系列生产流程的信

息化。同时，系统将生产过程中所记录的农事操作、施药用量以及产品产量等以图、表的形式进行统计，为放心菜监管平台的有效追溯提供数据支持。

适宜范围：放心菜基地管理。

经济、生态及社会效益情况：系统提高了放心菜生产过程中的管理水平，提高了产品的知名度，进而提高了生产效益。

联系单位：北京市农林科学院农业信息技术研究中心
联 系 人：张云鹤　联系电话：010-51503409
通讯地址：北京市海淀区曙光花园中路 11 号北京农科大厦　100097
电子邮箱：zhangyh@nercita.org.cn

47. 产品名称：农产品质量安全追溯与监管系统

产品简介：通过黄河三角洲农产品质量安全追溯平台汇聚农产品生产各个环节采集的信息，整合追溯平台服务平台等数据信息，针对不同数据类型和格式采用不同工具进行处理，采用 Oracle10g 企业版作为数据库管理工具，通过设计数据字段、制定存储规范、设定数据备份机制等建立中心数据库，提高数据存储效率和安全性。

适宜范围：农产品交易。

经济、生态及社会效益情况：针对客户对特色农产品追溯的需求，开发黄河三角洲农产品质量安全追溯平台，实现消费者知情权，提高农产品安全水平和政府公信力。

联系单位：北京市农林科学院农业信息技术研究中心

联 系 人：张云鹤　联系电话：010-51503409

通讯地址：北京市海淀区曙光花园中路11号北京农科大厦　100097

电子邮箱：zhangyh@nercita.org.cn

48.*产品名称*：航空植保作业监管与面积计量系统

产品简介：系统主要由机载定位模组、机载无线通信模组、机载喷洒状态监测传感器、地面接收基站及作业管理计量软件

等组成。定位模组支持北斗、GPS双模单点定位和RTK多频差分定位。无线通信模组可在地面基站通信网络（3G/GPRS）和北斗短报文通信网络间自主切换，形成以地面基站通信网络为主、北斗短报文通信网络为补充的可靠通信链路。机载喷洒状

态传感器可实时监测喷头的开启状态，为作业面积自动计量提供参考数据。

适宜范围：现代农业园区及农业产业规划咨询。

经济、生态及社会效益情况：实现农用航空植保作业飞行器作业位置、状态的实时监控和作业面积实时自动计量，对保障空域安全、提高农业作业生产效率具有重要意义。

联系单位：北京市农林科学院农业信息技术研究中心

联 系 人：张云鹤　联系电话：010-51503409

通讯地址：北京市海淀区曙光花园中路 11 号北京农科大厦　100097

电子邮箱：zhangyh@nercita.org.cn

49. 产品名称：农民专业合作社——绿云格平台

产品简介：产品是一个面向农业生长环境监测并提供生产管理服务的 Web 平台，配合"便携式微型气象站"使用。主要功能：①实时监测生长环境参数，比如空气温度、空气湿度、光照强度、土壤水分、土壤温度等。②提供历史数据的统计分析，支持监测数据在线下载。③当环境监测参数异常时智能告

警提醒，比如短信报警、网页保存报警信息等。④在线种植指导，为用户提供决策服务、市场服务、实用技术等。

适宜范围：面向农业专业合作社、农业种植企业、农业生产基地等用户对象提供托管式农业生产环境远程管理服务，为用户提供24小时不间断的农业生产现场监控和管理服务。

经济、生态及社会效益情况：①平台将"云＋物联网端"技术应用到实际生产中，实现多网渠道、灵活终端、随时随地信息服务的创新服务手段。通过在基地部署农业生产环境信息监控设备，实现生产现场数据的采集、传输；在平台服务中心整合农业知识和实时农情数据，通过快速处理与挖掘获得农业生产者需要的指导信息；然后将各类预警、市场、栽培知识信息通过电脑、手机、终端设备发送给用户。这种信息服务模式能够有效减少生产基地信息化建设的资金、人力投入。②平台应用形成了"租赁式、零投入、低门槛、无运维"的创新服务模式。③平台通过提供生产决策支持、生产经营服务，实现动态监测、异常预警等服务，提高了基地农作物病害防控能力、蔬菜安全质量水平、蔬菜商品率与高端蔬菜市场份额，提高了产品附加值，增加了农民收入。平台的应用在设施生产效率、工作效率、农民增收节支、农产品质量安全和农业生态环境改善等方面为基地带来巨大的经济效益。

联系单位：北京市农林科学院农业信息技术研究中心

联 系 人：吴华瑞　联系电话：010-51503921

通讯地址：北京市海淀区曙光花园中路11号北京农科大厦 A316　100097

电子邮箱：wuhr@nercita.org.cn

50.产品名称：作物育种及农情监测无人机遥感平台

产品简介：针对大规模作物育种和农业灾害等信息快速获取需求，研发了低成本、操作便捷及性能优越的小型农业无人机遥感监测系统。系统利用无人机搭载高清数码相机、农业多光谱相机、成像高光谱仪、热像仪等遥感器，通过自主开发的数据处理软件，快速获取精确的作物育种表型信息和农情信息。自主研发无人机遥感数据处理与解析软件，能够实现无人机数据几何、辐射校正和作物叶面积指数（LAI）、生物量、氮密度等作物表型信息解析。

适宜范围：作物育种及农情监测。

经济、生态及社会效益情况：提高了育种过程的效率，降低了育种专家的工作强度。

联系单位：北京市农林科学院农业信息技术研究中心

联 系 人：张云鹤 联系电话：010-51503409

通讯地址：北京市海淀区曙光花园中路11号北京农科大厦 100097

电子邮箱：zhangyh@nercita.org.cn

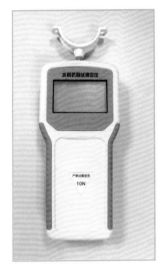

51. 产品名称：便携式田间抗倒伏性测定仪

产品简介：采用高精度力学及倾角传感器，无损、实时获取受力大小及倾斜角度，通过无线蓝牙通讯方式，把田间获取的数据传输到智能手机采集终端，可以直观显示受力及倾斜角度对应曲线关系，并且通过内嵌抗倒伏模型，得出抗倒伏性能等级，为客观评定抗倒伏能力提供有力的数据支持。

适宜范围：品种选育。

经济、生态及社会效益情况：提高育种过程中抗倒伏性状测量效率，减少不同研究人员对抗倒伏性状的测量差异，为抗倒伏性状提供客观的评定依据。

联系单位：北京市农林科学院农业信息技术研究中心

联 系 人：潘大宇　联系电话：010-51503715

通讯地址：北京市海淀区曙光花园中路11号北京农科大厦B座809　100097

电子邮箱：pandy@nercita.org.cn

52. 产品名称：麦穗形态测量仪

产品简介：基于机器视觉技术，利用高分辨率摄像头获取麦穗的图像，利用图像处理算法对麦穗进行实时分析，从而输出麦穗形态参数。产品为便携式设计，方便田间测量使用，能

够在离体或活体情况下测量麦穗形态，实现了一次测定同时获得麦穗穗长、小穗数等多项指标数据，测量精度≤5%。

适宜范围：小麦育种、小麦遗传研究等领域。

经济、生态及社会效益情况：设备实现了小麦麦穗形态的活体测量，能够准确检测出麦穗小穗数和穗形态，用摄像头"机器眼"代替育种家"人眼"，测量更快速、更准确，是辅助育种家进行田间考种和育种材料抗病性鉴定的有力工具。

联系单位：北京市农林科学院农业信息技术研究中心

联系人：王成　联系电话：010-51503659

通讯地址：北京市海淀区曙光花园中路11号北京农科大厦B座809　100097

电子邮箱：wangc@nercita.org.cn

53. 产品名称：作物叶片形态测量仪

产品简介：产品基于机器视觉技术，利用高分辨率摄像头获取作物叶片的图像，利用图像处理算法对叶片图像进行实时分析，从而输出叶片及病斑的形态参数。产品为便携式设计，方便田间测量使用，能够在离体或活体情况下测量作物叶片及病斑形态，实现了一次测定同时获得叶片面积、叶长、叶宽、病斑面积及等级等多项指标信息，测量精度≤ 5%。

适宜范围：作物育种中抗病性分析、植物生理研究、作物栽培管理、生态系统研究等领域。

经济、生态及社会效益情况：设备实现了田间活体测量作物叶片的形态和病斑的形态，和传统的直尺、网格纸方法相比，测量过程更加快速、准确，能够方便地辅助育种家进行育种材料抗病性分析和鉴定。

联系单位：北京市农林科学院农业信息技术研究中心
联 系 人：张云鹤　联系电话：010-51503409
通讯地址：北京市海淀区曙光花园中路 11 号北京农科大厦　100097
电子邮箱：zhangyh@nercita.org.cn

54. 产品名称：便携式 LVF 光谱仪

产品简介：便携式 LVF 光谱仪是基于线性可调谐滤光片（LVF）分光技术的新型光谱仪，主要用于作物叶片及冠层光谱的测量，可现场诊断作物的营养状况。设备具有以下优点：①采用线性可调谐滤光片（LVF）分光；②光学系统紧凑，无移动部件；③体积小，超便携，适合农田环境下光谱测量；④

高速嵌入式系统，可现场采集、处理光谱数据；⑤内置作物预测模型，实时输出作物叶绿素、氮素、水分含量的诊断结果。

适宜范围：大田生产田间作物长势监测；设施作物养分实时诊断；高光效育种材料筛选；农产品、食品快速检测。

经济、生态及社会效益情况：相对于传统化学分析方法，仪器可实现作物营养状况的无损检测，并提高了测量效率。

联系单位：北京市农林科学院农业信息技术研究中心

联　系　人：王成　联系电话：010-51503659

通讯地址：北京市海淀区曙光花园中路11号北京农科大厦B座809　100097

电子邮箱：wangc@nercita.org.cn

55.产品名称：便携式玉米株高测量仪

产品简介：产品综合运用了机器视觉、无线传输和图像识别技术，包括倒置测量标杆和智能手机两个关键部件。田间测量时，首先对齐玉米雄穗的顶端，通过智能手机自带的高分辨率摄像头获取测量标尺的图像，然后通过模式识别技术准确识别刻度标尺，测量的株高数据可以通过 Wi-Fi 或 3G 网络上传至服务器，确保了玉米株高测量的快速性、客观性及准确性，测量误差 ≤ 5 毫米。

适宜范围：玉米育种、玉米遗传研究等领域。

经济、生态及社会效益情况：设备实现了玉米株高的精确测量，取代了传统的直尺测量方式，测量过程更方便、结果更准确，是育种家进行玉米品种筛选和鉴定的高效工具。

联系单位：北京市农林科学院农业信息技术研究中心

联 系 人：王成　联系电话：010-51503659

通讯地址：北京市海淀区曙光花园中路 11 号北京农科大厦 B 座 809　100097

电子邮箱：wangc@nercita.org.cn

56. 产品名称：便携式墒情速测仪

产品简介：土壤墒情信息采集传输系统是安装在土壤墒情速侧仪 JNSQ02 上的专业采集软件（简称速侧仪 02），主要用于土壤墒情检测，可以探测不同监测站、不同土层的温湿度以及经纬度信息，为农业、水利、林业、气象等客户提供农作物种植与水分补给依据。系统内置了东北、西北、华北地区多种

作物不同生长期的需水规律（与用户共同开发），检测土壤温湿度值后可参考其范围为农田适当补给水分。

适宜范围：应用于土壤墒情检测管理。

经济、生态及社会效益情况：用户根据仪器提供的土壤墒情信息及作物需水规律进行灌溉，有效地提高了农田精准灌溉的水平，显著地提高了灌溉水的利用率。

联系单位：北京市农林科学院农业信息技术研究中心
联 系 人：张云鹤　联系电话：010-51503409
通讯地址：北京市海淀区曙光花园中路 11 号北京农科大厦　100097
电子邮箱：zhangyh@nercita.org.cn

57.产品名称：植被健康诊断仪

产品简介：植被健康诊断仪能够快速测得植被叶绿素含量、生物量、覆盖度以及预测产量，同时通过集成红外测温仪、GPS 模块、高清摄像头以及高精度超声波仪，同步测量植被

冠层温度、冠层株高、测量点坐标、测量点图像等信息。通过对诊断仪进行"三防"处理后，可将其固定在野外长期观测，亦可通过手持式便携观测。

适宜范围：植被健康诊断。

经济、生态及社会效益情况：可以快速诊断植被的健康情况，提高管理水平，降低管理成本。

联系单位：北京市农林科学院农业信息技术研究中心

联 系 人：张云鹤　联系电话：010-51503409

通讯地址：北京市海淀区曙光花园中路 11 号北京农科大厦　100097

电子邮箱：zhangyh@nercita.org.cn

58. 产品名称：激光平地机

产品简介：激光控制平地技术是利用激光测量平面和电子控制系统作为非视觉的控制手段，利用控制系统控制液压调节

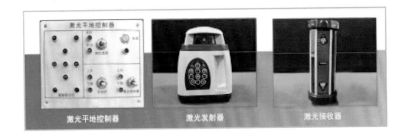

系统来实现平地铲的自动升降，避免人工操作所造成的误差，达到农田精准平整的目的，能够大幅度提高土地平整精准度，具有常规平整方法无法比拟的优势。激光平地机能够改善农田

平整状况，有效提高农田灌溉水利用率，同时对于农田节水、杂草控制、作物增收等均有明显的效果。

适宜范围：农田土地平整。

经济、生态及社会效益情况：利用产品进行农田平整作业，能够大大提高农田灌溉的效率，节省灌溉成本。平地前1亩地灌溉时间为3小时，按照13元/小时的灌溉费用，灌溉1亩地需要39元，利用设备平地后1亩地灌溉时间为1小时，按照13元/小时的灌溉费用，灌溉1亩地只需要13元。

联系单位：北京市农林科学院农业信息技术研究中心
联 系 人：张云鹤　联系电话：010-51503409
通讯地址：北京市海淀区曙光花园中路11号北京农科大厦　100097
电子邮箱：zhangyh@nercita.org.cn

59. 产品名称：稻田自走喷药施肥一体机

产品简介：机械能够独立在田间行走，实现施肥和喷药一体化作业。具备以下特点：①采用独特的专利机械传动设计，行走灵活、通过性能好；②机械传动动力足，传动效率高，安装的新型水田轮，既适用旱田作业，同时也适应水田作业；③底盘地隙高，适用于作物各生长时期化肥农药喷洒作业；④喷杆液压自动折叠展开，操作方便；⑤抛肥盘由液压驱动，撒肥高度可由驾驶室自动调节，抛肥宽度能够灵活调节，抛肥量可以通过落肥口远程调节；⑥通过车辆行走影像实时监控路况信息；⑦驾驶室安装空调，提高了操作者作业舒适度；⑧具备用户自定选配的电子控制喷洒调节系统，适应了不同层次用

户的配置需求。

适宜范围：设施农业喷药施肥管理。

经济、生态及社会效益情况：一体机系统具有撒肥和施药复合作业的功能，在撒肥的同时实现农药的同步喷洒，减少了机具进地作业次数，既提高了机具的作业效率，同时也避免了重复进地作业造成的作物碾压损失。

联系单位：北京市农林科学院农业信息技术研究中心

联　系　人：张云鹤　联系电话：010-51503409

通讯地址：北京市海淀区曙光花园中路 11 号北京农科大厦　100097

电子邮箱：zhangyh@nercita.org.cn

60. 产品名称：3W-VRTG19 型自走式精准变量喷雾机

产品简介：系统采用电子集成控制技术，通过综合运用 GPS 定位系统、电子液压控制系统、超声传感探测系统，集成压力传感器、流量传感器、车量行走速度传感系统，可以实现化肥农药喷洒系统的自动驾驶作业，安装的喷杆高度自动探测系统可以自动依据作物的高低和地面的起伏自动调节喷杆的离地间隙。自动变量控制系统自动采集各路传感器信号，通过信息融合实现化肥农药的变量喷洒，达到节约化肥农药和提高化肥农药喷洒效果的目的。

适宜范围：农药、化肥的自动喷施管理。

经济、生态及社会效益情况：系统 GPS 自动导航驾驶，可以实现夜间化肥农药无漏喷作业，同时自动驾驶作业节省了劳动力，提高了作业效率。

联系单位：北京市农林科学院农业信息技术研究中心
联 系 人：张云鹤　联系电话：010-51503409
通讯地址：北京市海淀区曙光花园中路 11 号北京农科大
厦　100097
电子邮箱：zhangyh@nercita.org.cn

61. 产品名称：3W－VRTG01型自走高地隙精准变量喷药机

产品简介：稻田自走高地隙农药喷洒机底盘离地间隙大，田间通过性能好；较大的药箱容量确保了化肥农药的高效喷洒；喷杆自动平衡调节系统实现了化肥农药的均匀喷洒；独特的传动系统设计满足了现代规模化生产条件下化肥农药精准喷洒的需要，可以广泛应用于旱田和水田在作物生长条件下的农药喷洒作业。

适宜范围：旱田和水田等作物的农药喷洒作业。

经济、生态及社会效益情况：产品的自动喷杆高度探测功能可以实现驾驶人员无需进行连续喷杆高低调整也能在起伏变化较大地块进行农药喷洒作业，大幅度提高了作业效率。

联系单位：北京市农林科学院农业信息技术研究中心
联 系 人：张云鹤　联系电话：010-51503409
通讯地址：北京市海淀区曙光花园中路 11 号北京农科大厦　100097
电子邮箱：zhangyh@nercita.org.cn

62. 产品名称：3W-GDRT2 型果园对靶喷药机

产品简介：果园对靶精准喷药机通过对果树轮廓识别定位和变量控制，能显著节约药量，主要用于果园幼树以及园林苗木农药的高效喷洒。喷药机通过小型拖拉机的三点连接机构悬挂牵引，采用红外传感技术精确探测喷洒靶标，通过传感器实时测定作业速度，通过控制器自动控制喷洒喷头的开闭，实现了有树的地方喷药，两棵树间及无树的地方自动停止喷药。系统采用触摸屏作为人机交互界面，方便更改作业参数，实时显示喷洒作业信息，整个系统可进行自动作业。

适宜范围：果园以及园林苗木农药的高效精准喷施。

经济、生态及社会效益情况：高效、精准、自动化的喷药设计显著节约了农药喷洒量，提高了作业效率，同时对于实现农药"零增长"目标具有促进作用。

联系单位：北京市农林科学院农业信息技术研究中心

联系人：张云鹤　联系电话：010-51503409

通讯地址：北京市海淀区曙光花园中路 11 号北京农科大厦　100097

电子邮箱：zhangyh@nercita.org.cn

63.产品名称：2BSZ-200型蔬菜育苗播种机

产品简介：设备采用针式播种，主要适用于蔬菜（圆形、扁片形）种子的播种生产，通过切换正负压实现吸排种，利用气动技术和 PLC 控制系统完成播种机构的循环作业。其针式吸嘴具有自清洁功能，达到了无堵塞的要求，实现了连续作业。为提高播种定位精度，播种机设计了新型同步传送单元。此外，导种机构可保证种子直接落入穴孔底部，避免排种时种子落到穴孔外。通过搭配基质装填、蛭石覆盖以及喷淋等设备，可组装成用于工厂化育苗的播种生产线。

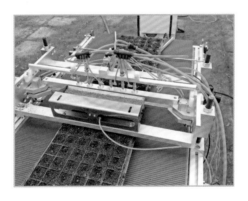

适宜范围：蔬菜育苗播种生产。

经济、生态及社会效益情况：设备可以实现精准播种，显著提高育苗播种效率以及降低缺苗率。

联系单位：北京市农林科学院农业信息技术研究中心

联 系 人：张云鹤 联系电话：010-51503409

通讯地址：北京市海淀区曙光花园中路 11 号北京农科大厦 100097

电子邮箱：zhangyh@nercita.org.cn

64. 产品名称：2TJGQ-600 型蔬菜自动嫁接机

产品简介：产品综合运用气动技术和传感器技术，通过单片机控制实现各执行机构的精准作业，采用人工上苗和上夹作业，使切口对接更加准确，适用于茄果类作物（茄子、辣椒、番茄）的贴接法嫁接，能够满足设施农业工厂化嫁接育苗的生产需要。

适宜范围：茄果类蔬菜嫁接育苗生产。

经济、生态及社会效益情况：设备的精准作业大幅度提高了嫁接成功率，嫁接成功率可达到 95%，同时也节省了大量劳动力和时间，提高了嫁接效率。

联系单位：北京市农林科学院农业信息技术研究中心
联 系 人：张云鹤　联系电话：010-51503409
通讯地址：北京市海淀区曙光花园中路 11 号北京农科大厦　100097
电子邮箱：zhangyh@nercita.org.cn

65. 产品名称：小型智能程控水稻催芽机

产品简介：产品可实现浸种箱内温度、湿度、氧气的自动化波段式精确管理，简单实用，安装方便，能有效缩短浸种催

芽时间，提高水稻种子出芽率和整齐度，大幅降低水、肥、药及人力投入，为水稻浸种催芽提供了高效、节能、环保的解决方案，可满足全国各地小面积水稻种植需求。

适宜范围：水稻催芽。

经济、生态及社会效益情况：提高水稻种子出芽率和整齐度，大幅降低水、肥、药及人力投入。

联系单位：北京市农林科学院农业信息技术研究中心

联 系 人：张云鹤　联系电话：010-51503409

通讯地址：北京市海淀区曙光花园中路11号北京农科大厦　100097

电子邮箱：zhangyh@nercita.org.cn

66. 产品名称：便携式微型气象站

产品简介：产品是一种面向温室大棚使用的可实时监测空气温湿度、土壤温湿度和光照强度的设备。产品通过 GPRS 网络将采集到的环境信息发送到指定的服务器上，以便于用户对环境数据进行统计与分析。产品使用简单，无须复杂的安装过程，通电后即可通过产品显示屏或平台网页轻松查阅采集到的数据。产品参数：①环境温度：－10～70℃。②环境相对湿度：0%～100%。③土壤温度：－10～70℃。

④土壤相对湿度:0% ～ 100%。⑤光照强度:0 ～ 60000 勒克斯。

适宜范围:①对环境参数要求严格的温室大棚。②露天农田环境。

经济、生态及社会效益情况:①有效缓解温室内低温、高温、高湿的现象,减少水肥药的使用以及减轻病害造成的损失。②环境调控及时得当,保证设施湿热环境适宜,提高农产品商品率和销售价格。③降低工作人员的劳动强度,提高工作效率。

联系单位:北京市农林科学院农业信息技术研究中心

联 系 人:吴华瑞 联系电话:010-51503921

通讯地址:北京市海淀区曙光花园中路 11 号北京农科大厦 A316 100097

电子邮箱:wuhr@nercita.org.cn

67.产品名称:WS-1800 气象墒情监测站

产品简介:WS1800 固定式远程墒情监测站是一款采用太阳能供电并具有自动采集、存储、远程传输土壤温湿度以及气象信息功能的远程自动墒情采集设备。WS1800 能够自动计算每小时 ET 值(蒸腾值)和有效降雨量值,并能获取反应作物

长势的图像信息。采用短信和无线数据传输等通讯方式，配合

USB 数据导出功能，使墒情数据的获取更加灵活、方便。

WS1800 可以采集 4 路土壤温湿度信息和气象信息。气象信息包括空气温湿度、紫外线强度、辐射强度、风速风向和降雨量。WS1800 可以选配摄像头，摄像头拍摄的照片通过 GPRS 网络上传到服务器。用户可以根据需要选择短信或 GPRS 通讯方式，设置数据存储和发送时间间隔。在供电的情况下，太阳能、气象传感器、远程传输等部分均为可选部件。

适宜范围：农田气象墒情监测管理。

经济、生态及社会效益情况：目前系统已经在全国推广 1000 多套，可以使用户方便及时地获取气象信息，有效提高了农田信息管理效率。

联系单位：北京市农林科学院农业信息技术研究中心

联 系 人：张云鹤　联系电话：010-51503409

通讯地址：北京市海淀区曙光花园中路 11 号北京农科大厦　100097

电子邮箱：zhangyh@nercita.org.cn

68. 产品名称：M-WF 型水肥一体化装备

产品简介：装备适用于单体日光温室和连栋温室，具有人工和自动两种控制模式，通过液晶触摸屏和模块化灌溉施肥控制器，实现人机界面显示、数据采集储存和设备控制等功能。在自动控制模式下，可以根据作物种类、

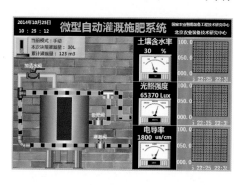

生长阶段、光照强度和土壤条件等实施智能化精细灌溉施肥。

适宜范围：温室水肥灌溉的智能化操作管理。

经济、生态及社会效益情况：通过智能化控制，设备可以有效降低水肥的应用量，提高水肥利用率，减少资源浪费，降低环境污染。

联系单位：北京市农林科学院农业信息技术研究中心

联 系 人：张云鹤　联系电话：010-51503409

通讯地址：北京市海淀区曙光花园中路 11 号北京农科大厦　100097

电子邮箱：zhangyh@nercita.org.cn

69. 产品名称：育种信息移动采集系统终端

产品简介：又称为电子记载本，与电子标签、育种过程管理系统联用，实现育种过程中田间观测的数值、文本、图片等信息的快速记载与传输。产品具备以下特点：①基于安卓系统

研发，支持目前主流的智能手机、平板电脑。②支持电子标签读写，快速读取试验信息、材料信息，实现材料的快速查找、定位与记载。③支持采集性状自定义，在采集过程中即时添加、删除采集性状，支持单行、多行、默认采集，支持育种材料性状单次、多次、有重复值的多种采集方式。④支持本机当年数据查询的同时，与服务器交互查询连续多年的数据，辅助育种家现场筛选材料。

NFC 卡读取信息

育种移动采集系统主界面

适宜范围：小麦、玉米等作物育种性状采集。

经济、生态及社会效益情况：省去了田间记载后人工录入的环节，提高了数据采集记载的效率。

联系单位：北京市农林科学院农业信息技术研究中心

联 系 人：张云鹤　联系电话：010-51503409

通讯地址：北京市海淀区曙光花园中路 11 号北京农科大厦　100097

电子邮箱：zhangyh@nercita.org.cn

70. 产品名称：物流配送车载监控终端

产品简介：是由微电脑主机、触摸显示屏、电源模块、GPS 模块、GSM/GPRS 通信模块、ZIGBEE 无线传感器网络等硬件模块组成的卫星电脑设备，用来安装在配送车辆上工作，除了具有普通电脑的基本功能外，还增加了触摸屏操作、GPS 接收、GSM 短信通信、GPRS 无线通信功能以及通过无线传感器网络采集湿度、温度等车厢环境信息的功能。

适宜范围：农产品物流配送车载监控。

经济、生态及社会效益情况：减少了生鲜农产品在物流运输过程中的损失。

联系单位：北京市农林科学院农业信息技术研究中心

联 系 人：张云鹤　联系电话：010-51503409

通讯地址：北京市海淀区曙光花园中路 11 号北京农科大厦　100097

电子邮箱：zhangyh@nercita.org.cn

71. 产品名称：ASE300 智能控制器

产品简介：ASE300 是具备逻辑编辑功能的智能控制器，可采集各类传感信息，并根据该信息自动对相应设备下达启停命令，实现局部智能化、自动化逻辑控制功能，可作为控制系统从机使用，依据上位机软件系统决策执行响应命令，亦可以取代传统计算机和计算机软件的控制方法，作为独立主机使用，采用7寸真彩触摸屏操作，性能稳定可靠，使用简单，配置灵活。

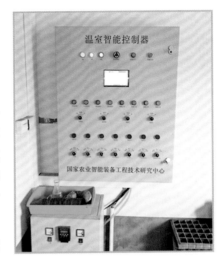

适宜范围：应用于农业灌溉的控制管理。

经济、生态及社会效益情况：产品有效地提高了劳动效率，节省了人力物力，实现节水率15%以上。

联系单位：北京市农林科学院农业信息技术研究中心

联 系 人：张云鹤　联系电话：010-51503409

通讯地址：北京市海淀区曙光花园中路11号北京农科大厦　100097

电子邮箱：zhangyh@nercita.org.cn

72. 产品名称：iEspS2 控制器

产品简介：iEspS2 一体式灌溉控制器是一款针对农业大田灌溉，基于太阳能供电系统的小型低功耗现场灌溉控制设备，具备传感数据采集，门闩型直流阀门控制，数据显示、存储、传输及基于 GPRS 的远程控制功能。应用于大田大面积灌溉控制、家庭式小面积灌溉等场合，应用方式灵活，安装简便，便于控制。

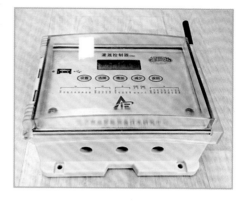

适宜范围：大田大面积灌溉控制、家庭式小面积灌溉等场合。

经济、生态及社会效益情况：系统可以准确地远程控制灌溉量，灌溉水量节省率可达 15% 左右，有效地节约了水资源，减少了灌溉成本。

联系单位：北京市农林科学院农业信息技术研究中心
联 系 人：张云鹤　联系电话：010-51503409
通讯地址：北京市海淀区曙光花园中路 11 号北京农科大厦　100097
电子邮箱：zhangyh@nercita.org.cn

73. 产品名称：TJ-M 型蔬菜嫁接切削器

产品简介：针对茄果类嫁接用砧木苗和接穗苗的精准切削而设计，产品可实现秧苗切口标准化和快速切削作业，能够适用于穴盘苗和营养钵苗两种栽培模式，解决手工切削秧苗切口角度不标准、效率低等问题。

适宜范围：产品不仅能够满足小型农户的生产需求，还可通过组建嫁接小组适用于工厂化育苗企业的大规模嫁接生产作业。

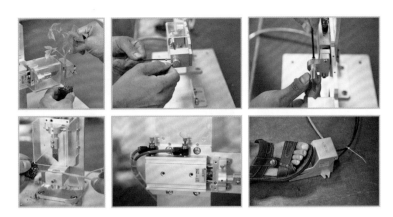

经济、生态及社会效益情况：产品促进了蔬菜嫁接规范化和标准化，使嫁接生产效率显著提高了 2 ～ 3 倍。

联系单位：北京市农林科学院农业信息技术研究中心

联 系 人：张云鹤 联系电话：010-51503409

通讯地址：北京市海淀区曙光花园中路 11 号北京农科大厦 100097

电子邮箱：zhangyh@nercita.org.cn

74.产品名称：条码电子秤

产品简介：条码电子秤是一台具有网络通信功能和二维 QR 码、汉信码打印功能的便携式电子秤，可以进行商品的称重、液晶显示、热转印打印、网络传输保存、RFID 身份识别、GPS 产地定位等功能，采用闪电存储器，便于软件升级，可以支持热敏标签纸和热敏连续纸。有 3 种工作模式：称重模式（标准称重状态，进行商品交易），配置模式（适用于各种特殊功能、配置、编程操作），校准模式（用于重量校准、标定）。产品主要应用于食品安全监控、追溯等称重领域，也可以应用于其他需要打印二维码的场合。针对布置网线困难的应用场合，使用该秤的无线传输是一个很好的选择。键盘上的商

品信息可以灵活定制，交易记录可以实时与离线上传到服务器，进行分析、统计与追溯。具有条形码、QR 码、汉信码等二维码打印功能，具备防伪、监控与追溯功能。指标与参数：① 13.56MHz 高频 RFID 读写，距离为 10 厘米之内；② 24 位高精度 AD 转换器，最大量程为 30 千克，分度数 3000，分度值 10 克，符合Ⅲ级认证标准；③ GPS 定位精度 5 ～ 15 米，满足产地定位；④ 2M 字节的内部存储器，最大可存储大约 2 万条商品记录；⑤双面 16 位 LED 高亮显示（重量 5 位，单价 5 位，总价 6 位）；⑥ 70 个按键轻触薄膜键盘，50 个品种键盘 + 20 个功能键；⑦通信方式包括：串口、网口以及无线通信（Wi-Fi、ZIGBEE、RF），通信距离 300 米；⑧票据和热敏标签打印兼容，打印速度为 120 毫米 / 秒，标签大小主要有 6 厘米 ×4 厘米和 9 厘米 ×5 厘米两种，可以定制内容。

　　适宜范围：①生产企业：原产地定位，二维条码加密防伪，保护企业品牌和产地追溯。②流通市场：身份卡识别，确认责任主体，打印出责任人名字身份信息。③超市:票据打印，还可以追溯条码与网址标识，方便消费者实时获取商品来源信息。

经济、生态及社会效益情况：实现了产品称重、一维和二维条码打印、身份识别、GPS 定位、数据存储和上传于一体，同时具备称重、防伪、监管和追溯等功能。

联系单位：北京市农林科学院农业信息技术研究中心

联 系 人：钱建平　联系电话：010-51503092

通讯地址：北京市海淀区曙光花园中路 11 号北京农科大厦 A307　100097

电子邮箱：qianjp@nercita.org.cn

75. 产品名称：温室娃娃

产品简介：温室娃娃是一种环境监测仪器，可对温室内的空气温度、空气湿度、露点温度、土壤温度、光照强度等环境信息进行实时监测。仪器可以将测量信息直观显示在显示屏上，同时根据用户设置的适宜条件判断当前环境因素是否符合种植

作物的当前生长阶段，并通过语音方式（汉语、维语、藏语）把所测环境参数值、作物管理方法以及仪器本身的工作情况等信息传达给用户。

适宜范围：农田或温室环境的监测。

经济、生态及社会效益情况：目前，温室娃娃已经在全国推广了 1 万套

左右，有效促进了作物的环境控制管理，取得了显著的经济、生态及社会效益。

联系单位：北京市农林科学院农业信息技术研究中心

联 系 人：张云鹤 联系电话：010-51503409

通讯地址：北京市海淀区曙光花园中路11号北京农科大厦 100097

电子邮箱：zhangyh@nercita.org.cn

76.产品名称：无线温室娃娃

产品简介：无线温室娃娃能够实现塑料大棚、日光温室、连栋温室等环境空气温度、湿度、露点温度、光照强度、土壤

温度、土壤含水量、二氧化碳浓度等参数的测量，可以在中文液晶屏上直观显示测量结果，并且可以通过语音、无线的方式把测量值和科学的温室管理方法以及温室娃娃本身是否正常工作的情况等信息提供给用户，便于用户科学地指导生产。传感器通过无线组网方式，将数据传输到无线版温室娃娃中，温室娃娃通过数据显示、存储和报警以指导生产，同时通过外扩多种通讯模块构建多种应用模式，以满足不同需求。

适宜范围：农田、塑料大棚、日光温室、连栋温室等环境的监测。

经济、生态及社会效益情况：产品可以有效地指导用户在生产中安排作物的种植茬口与生长管理，劳动生产率可以提高20%。

联系单位：北京市农林科学院农业信息技术研究中心
联 系 人：张云鹤　联系电话：010-51503409
通讯地址：北京市海淀区曙光花园中路 11 号北京农科大厦　100097
电子邮箱：zhangyh@nercita.org.cn

77. 产品名称：温室轨道车

产品简介：温室轨道运输车按照轨道路径行走于物料装卸作业区，具有障碍探测与及时停车功能，可实现果菜和农用物资自动运输，对于减轻人工劳动压力，保证温室采收作业质量具有重要意义。此外作为一种温室管理设备搭载平台，可集成灌溉、喷药以及采摘等多种设备并实现相应功能，从而满足温室多种作业的需求。

适宜范围：温室轨道运输全方位作业管理。

经济、生态及社会效益情况：配合温室物资运输、灌溉、喷药以及采摘等多种作业设备，大幅度提高了劳动生产效率。

联系单位：北京市农林科学院农业信息技术研究中心

联 系 人：张云鹤　联系电话：010-51503409

通讯地址：北京市海淀区曙光花园中路 11 号北京农科大厦　100097

电子邮箱：zhangyh@nercita.org.cn

78. 产品名称：草莓采收剪

产品简介：北京市农林科学院林业果树研究所采后研究室开发的草莓采收剪可以实现草莓的无伤采收，具备以下优点：①避免手工拉拽拉伤结果枝，保证预留果实的生长；②轻松摘除感病果实，避免沾染人手，造成二次污染；③避免接触果实造成表面机械伤，影响保鲜期；④使用方便，省时省力，采摘效率高。本产品已获得 2 项实用新型专利、1 项外观专利授权。

适宜范围：产品可作为草莓、树莓等中小型水果的采摘工具，也可用于蔬果和观赏花卉的修剪。

经济、生态及社会效益情况：草莓剪采收的果实表面无机械伤，提高了外观品质，延长了保鲜期，这一方面可以提高销售价格，增加果农收益，另一方面有利于减少腐烂损失。

联系单位：北京市农林科学院林业果树研究所
联 系 人：王宝刚　联系电话：010-62595984
通讯地址：北京市海淀区香山瑞王坟甲 12 号　100093
电子邮箱：fruit_postharvest@126.com

79.产品名称：樱桃规格卡

产品简介：北京市农林科学院林业果树研究所采后研究室开发的樱桃规格卡依据林果所制定的农业行业标准 NY/T 2302—2013《农产品等级规格　樱桃》制作，方便了标准的执行，便于果农、经销商对樱桃进行分选处理，同时也可为育种工作者提供田间调查便利。

适宜范围：产品可作为樱桃测量和分选的工具。

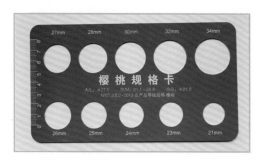

经济、生态及社会效益情况：产品促进了樱桃行业标准的执行，提高了樱桃产品分选处理的效率，为育种工作提供了便利。

联系单位：北京市农林科学院林业果树研究所
联 系 人：王宝刚　联系电话：010-62595984
通讯地址：北京市海淀区香山瑞王坟甲 12 号　100093
电子邮箱：fruit_postharvest@126.com

80 产品名称：板栗幼树整形器

产品简介：板栗幼树整形器包括第一支撑件、第二支撑件和岔口固定件，第一支撑件和第二支撑件上分别对应设置若干个定位孔，螺栓穿过第一支撑件和第二支撑件重合的定位孔，并与螺母拧紧固定，第一支撑件和第二支撑件的外端设有用于固定树枝的岔口固定件，通过定位孔调节第一支撑件和第二支撑件组合后的长度，可以调节板栗幼树整形器的长度。整形器结构简单、使用方便、成本低廉、经久耐用，是板栗幼树整形管理的好工具。

适宜范围：板栗等幼树的整形修剪。

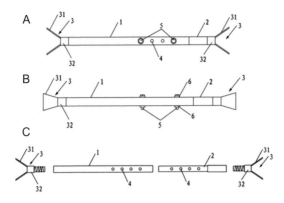

(A) 主视图；(B) 仰视图；(C) 分解状态图

注：1.第一支撑件；2.第二支撑件；3.岔口固定件；31.固
定板；32.连接部；4.定位孔；5.螺栓；6.螺母。

板栗幼树整形器结构示意图

经济、生态及社会效益情况：产品操作简便，为板栗树形
的整形管理提供了很大的便利，提高了树形修剪的工作效率。
此外，产品价格低廉、经久耐用，具有较大的推广价值。

联系单位：北京市农林科学院林业果树研究所
联 系 人：黄武刚　联系电话：010-82590742
通讯地址：北京市海淀区香山瑞王坟甲 12 号　　100093
电子邮箱：Huang_wugang@hotmail.com

81.产品名称：NIR-F2016 果品品质快速无损分析仪

产品简介：NIR-F2016 果品品质快速无损分析仪是北京
农业质量标准与检测技术研究中心针对果品品质快速检测技

术需要研制开发的具有自主知识产权的农业检测装备。产品采用线性渐变分光近红外光谱技术，对果品进行快速无损品质检测，具有样品无需破损、检测耗时少（单

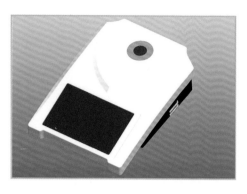

样品检测耗时少于 10 秒）、检测成本低（单样品检测直接成本少于 1 元）、定量检测准确度和精密度高等优点，被广泛认可为果品品质速测领域中快速无损检测的有效手段。

适宜范围：京产大宗水果（梨、苹果、桃）品质的速测分析；各类产品品质检测参数如下表。

产品品质检测参数表

统计量		相关系数	准确度 /%	精密度 (RSD)/%	检测限
糖度	梨	0.8643	93.2	6.4	11.6
	苹果	0.8569	92.8	7.1	9.9
	桃	0.8714	93.1	6.4	16.1
硬度	梨	0.9219	88.2	2.4	1.6
	苹果	0.8322	89.7	2.9	1.8
	桃	0.8098	82.3	2.0	3.6

经济、生态及社会效益情况：①果品品质是决定果品分级和价格的重要因素，低成本快速检测有利于提高果品附加值、果农增收、进军国际高端市场；②与传统的分级方法相比，NIR-F2016 在单样本检测成本方面可减少百倍的经济投入；③由于实现了快速无损检测，在最大限度提高样本覆盖率的同时，减少了因样本量不足导致的漏检，大幅度提高了检测效率；

④快速无损检测方法的推广普及在提高监管能力和引导科学消费等方面具有重要社会意义。

联系单位：北京市农林科学院农业质量标准与检测技术研究中心

联 系 人：田晓琴　联系电话：010-51503793

通讯地址：北京市海淀区曙光花园中路9号　　100097

电子邮箱：bjatfm@163.com

82. 产品名称：农产品安全现场快速检测仪

产品简介：针对叶菜中农药残留速测的技术需求和管理需求，北京农业质量标准与检测技术研究中心按照国家标准GB/T 5009.199—2003的技术要求，整合了农产品质量快速检测、信号传输与空间定位等技术，开发试制了便携式农产品安全现场快速检测仪。与普通的农残速测仪不同的是，仪器整合了空间地理信息定位和数据远程发送的功能，可以实时的将检测数据、检测地的地理信息、检测时间和检测人员等信息发送到课题研发的农产品质量安全管理平台。通过软硬件的互联互通实现了检测信息的网络化管理，同时还防范了数据的篡改和伪造。2014年5月，北京电视台"生活2014"节目报道了仪器参加"舌尖安全樱花行"的科普工作。

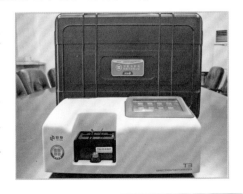

适宜范围：农业监管部门、农业企业、生产基地的"产地准出"质量安全监管。

经济、生态及社会效益情况：仪器与监控数据平台无缝集成，为提高农产品质量安全监管水平提供了技术支持，有效提高了监管效率，使企业质控成本降低了20%。

联系单位：北京市农林科学院农业质量标准与检测技术研究中心

联系人：田晓琴　联系电话：010-51503793

通讯地址：北京市海淀区曙光花园中路9号　100097

电子邮箱：bjatfm@163.com

83.产品名称：便携式 X 射线荧光土壤重金属检测仪

产品简介：便携式 X 射线荧光土壤重金属检测仪是北京农业质量标准与检测技术研究中心研制的专用于土壤中重金属速测和污染排查的专用仪器。仪器测试性能极高，能够实现多元素同时测量以及极低的检出限，同一标准土壤样品多次测定的重复性误差基本控制在10%以内。仪器长时间测试2小时，

各元素主峰计数率的变化幅度不超过 5%。仪器集成了 GPS 定位、数据安全锁定与远程传输、定量校正分析和上位机软件空间分析功能，不仅可以在田间现场快速检测 20 多种重金属，而且可以在米级精度上实时匹配重金属定量信息与监测点的位置信息。上位机软件可以实现重金属含量插值、空间分布特征分析、污染原因查找、污染等级评价和专题图可视化表达等功能。目前围绕仪器的研制，已先后获得 4 项发明专利授权。

适宜范围：仪器是目前国内外少数专用于土壤重金属速测和污染排查的专用检测仪器，可应用于农田环境中重金属污染监测。

经济、生态及社会效益情况：省去了田间记载后人工录入的环节，提高了数据采集记载的效率。

联系单位：北京市农林科学院农业质量标准与检测技术研究中心
联 系 人：田晓琴　联系电话：010-51503793
通讯地址：北京市海淀区曙光花园中路 9 号　　100097
电子邮箱：bjatfm@163.com

84. 产品名称：农产品质量与农田环境安全信息管理系统

产品简介：系统采用 B/S 架构，基于 WebGIS 平台开发，整合了农业生产基地的遥感影像，真实、直观地体现生产布局，利用 IE 等浏览器即可访问、操作、修改；整合了农田环境质量、农业生产履历、农产品质量等信息，形成农产品质量安全全程信息管理，为农产品溯源提供信息基础；农田环境质量信息可以选择多种自定义插值方式，将点状的环境监测数据转化为直观的面状信息。当地的污染物含量状况以及污染与否，一目了然；质量检测不合格的信息同样可以在系统中以高亮点的形式体现，图形化管理信息，直观方便；以地块或大棚为管理单元，同时加入了生产负责人、种植品种、产量等信息，为企业提供简单的电子化管理；设置多种数据权限，不同的权限查阅、修改的数据类型、数据范围都可以根据用户的需求进行设置。该技术已经在北京绿富隆农业股份有限公司示范应用，覆盖面积1000 亩。

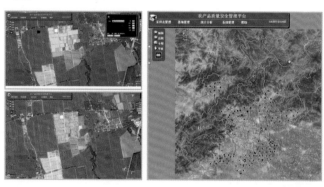

适宜范围：农业监管部门、农业企业、生产基地的产品质量安全监管。

经济、生态及社会效益情况：产品显著提高了监管效率，可以与溯源系统有效集成，保障农产品质量安全。

联系单位：北京市农林科学院农业质量标准与检测技术研究中心

联　系　人：田晓琴　联系电话：010-51503793

通讯地址：北京市海淀区曙光花园中路 9 号　　100097

电子邮箱：bjatfm@163.com

85. 产品名称：微型蔬菜树式栽培架

产品简介： 栽培架可应用于承载和支撑番茄、黄瓜、丝瓜、茄子、西瓜等蔬菜作物植株的生长，作物的茎叶顺着架体结构生长并缠绕其上，可形成枝繁叶茂、硕果累累的树型景观。栽培架由1个底座、1个放置板和4个竖向支撑杆构成。栽培架顶部的网格结构上方设有补光灯，以补充光照；栽培架底座的底部设有万向轮，以便于移动；横向支撑杆采用拼插结构，可根据蔬菜植株生长的大小和形态来调节冠层的大小。

适宜范围： 可满足家庭阳台、庭院的园艺种植与休闲体验的需求，也可作为宾馆、酒店、写字楼及观光园区的特色园艺景观。

经济、生态及社会效益情况： 产品采用立体栽培装置，有效提高了土地利用率；采取轻简省力化设计，提高了劳动效率和趣味性；在提供观赏性的同时，可为家庭或园区供应健康的蔬菜产品。

联系单位：北京市农林科学院蔬菜研究中心

联 系 人：刘伟　联系电话：010-51503559

通讯地址：北京市海淀区彰化路50号　　100097

电子邮箱：liuwei@nercv.org

86. 产品名称：土壤养分速测箱

产品简介：土壤养分速测箱由快速分析测试管及配套器件所组成。主要用于土壤中有机质、硝态氮、速效磷、速效钾及土壤水分、pH 等多种参数的检测，具有快速、准确、灵敏度高、抗干扰能力强、使用简单方便、不耗电、成本低廉等优点。适用于基层农技部门和农户个人使用，尤其是田间现场使用非常便捷，对普及土壤测试技术、指导平衡施肥具有巨大的推动作用。仪器采用的测定方法具有稳定性好，保持时间长，用量少，显色时间短，价格低等优点。测试结果表明，与常规方法比较，不论在室内还是田间，土壤、植株均有较好的相关性。推荐施肥系统采用模块化的设计方法，运用了数据库技术以及面向对象的编程技术，建立了施肥专家咨询系统，可服务于不同级别用户的计算机施肥系统。

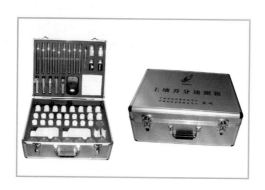

适宜范围：养分指标测定适合全国各地（有机质比色卡需根据当地土壤自行制作），推荐施肥指标只适合北京周边地区，其他地区应根据当地实际情况设定。

经济、生态及社会效益情况：采用速测箱进行测土配方施肥，每亩可减少化肥投入成本 10 ~ 30 元。以推广面积 120 万亩，每亩减少化肥 20 元计算，可节约化肥成本 2400 万元。

联系单位：北京市农林科学院植物营养与资源研究所
联　系　人：孙焱鑫　联系电话：010-51503503
通讯地址：北京市海淀区曙光花园中路 9 号　　100097
电子邮箱：Sunyanxin@sohu.com

87. 产品名称：能源草资源管理信息系统（V1.0）

产品特点：是一套基于 Asp.Net 开发、兼容各主流浏览器的网络版软件系统。系统以能源草资源信息为管理对象，运用 SQLite 文件型数据库集中存储信息资源，通过 Ado.net 技术实现数据的管理、查询和分析，并应用 jQuery 类库及其相关扩展插件来进行前端展示，在提供能源草资源数据库基本 CRUD 功能的基础上，提高了 Web 交互过程中的用户体验。该信息管理系统汇集了国内外 5 属 23 种 200 余份能源草资源

的基本信息，包括名称、种类、物候期、生长习性、生物学特性、繁殖、生态学习性、生物质品质和应用价值等。系统允许用户浏览学习，经注册并经管理员认证后可以下载其中的详细内容。另外用户可将自己的信息添加到数据库管理系统中，经过管理员认证后即成为该库内容中的一部分。系统操作简便，简单易学，适合绝大多数的专家学者应用，查询速度快，操作流畅。

适宜范围：多年生纤维素类能源草研究与应用。

经济、生态及社会效益情况：能源草具有生物质产量高，品质优，抗逆性强和适应范围广等强大优势。利用边际土地种植能源草，一方面可以实现边际土地生态治理，实现防沙固尘、净化空气、保持水土、改善土壤环境等功能；另一方面可以生产优质生物质原料，提供就业岗位，推动生物质能源产业发展。

联系单位：北京市农林科学院草业与环境研究发展中心
联 系 人：范希峰　联系电话：010-51503408
通讯地址：北京市海淀区曙光花园中路9号　　100097
电子邮箱：fanxifengcau@163.com